机械振动机理及控制技术

陈虹微/著

中国纺织出版社

内容提要

振动可分为有害的振动和有用的振动两大类。为了最大限度地抑制有害的振动，有效地利用有用的振动，首要的任务是弄清振动的机理，揭示和了解振动的内在规律及其外部影响因素。因此，对振动的机理进行研究是一项十分迫切的任务，在此基础上，进一步采取有效措施，对振动与波施行有效的控制及利用，以便防止和减轻它对人类生活和生产所造成的有害影响，或者使有用的振动与波更好地为人类服务。本书对机械振动机理及控制技术进行了系统研究，主要内容包括：机械振动概论、单自由度系统的振动、两自由度系统的振动、多自由度系统的振动、弹性体振动、随机振动简介、振动控制技术等。本书结构合理，条理清晰，内容丰富，是一本值得学习研究的著作。

图书在版编目(CIP)数据

机械振动机理及控制技术 / 陈虹微著. -- 北京 ：中国纺织出版社，2019.1 (2022.1重印)

ISBN 978-7-5180-3514-4

Ⅰ. ①机… Ⅱ. ①陈… Ⅲ. ①机械振动－原理②机械振动－振动控制 Ⅳ. ①TH113.1

中国版本图书馆 CIP 数据核字(2017)第 071336 号

责任编辑：姚　君　　责任印制：储志伟

中国纺织出版社出版发行

地址：北京市朝阳区百子湾东里 A407 号楼　邮政编码：100124

销售电话：010－67004422　传真：010－87155801

http://www.c-textilep.com

E-mail：faxing@c-textilep.com

中国纺织出版社天猫旗舰店

官方微博 http://www.weibo.com/2119887771

北京虎彩文化传播有限公司印制　各地新华书店经销

2019 年 1 月第 1 版　2022年1月第8次印刷

开本：710×1000　1/16　印张：18.5

字数：274 千字　定价：81.00 元

前　言

振动是自然界和工程技术中十分普遍的物理现象，发展到现在其内容不仅仅局限于物体或系统在其平衡位置附近的往复运动，而是变得越来越广泛了。随着国民经济的发展和现代工业对工程质量、产品精度及其可靠性方面要求的不断提高，许多工程技术领域，如航空航天、能源化工、机械制造、交通运输、工程材料、土木建筑、核工业等，在机电装备设计和运行过程中都会遇到大量振动问题，振动理论已成为科研人员和工程技术人员正确进行产品设计、结构优化以及开发新产品等必备的基础知识。

振动可分为有害的振动和有用的振动两大类。为了最大限度地抑制有害的振动，有效地利用有用的振动，首要的任务是弄清振动的机理，揭示和了解振动的内在规律及其外部影响因素。因此，对振动的机理进行研究是一项十分迫切的任务，在此基础上，进一步采取有效措施，对振动与波施行有效的控制及利用，以便防止和减轻它对人类生活和生产所造成的有害影响，或者使有用的振动与波更好地为人类服务。

本书内容：第 1 章概论，叙述了人类生活及工程中的振动问题、机械振动的基本概念、机械振动的分析、简谐振动；第 2 章叙述了单自由度系统的振动，包括无阻尼、有阻尼的自由振动和受迫振动原理，重点是建立起振动学基本概念及对其重要性的认识；第 3 章叙述了两自由度系统的振动，包括无阻尼自由和受迫振动的原理；第 4 章阐述了多自由度系统的振动，着重介绍了系统振动微分方程的建立，求固有频率和主振型的方法，主坐标与正则坐标，并列举了若干应用实例；第 5 章介绍了弹性体振动，包括杆的纵向振动、均质圆轴的扭转振动、梁的横向振动等；第 6 章简要介绍随机振动，着重介绍了随机过程，单自由度和多自由度系统对随机激励的响应；第 7 章介绍振动控制的基本技术。

本书主要有如下特点：①突出实践性，讲解振动问题从工程实际情况出发;②考虑普遍性,为使读者较全面地掌握振动系统的特点及其建模和求解方法,本书系统地介绍了单自由度、二自由度和多自由度的振动问题,既突出重点又照顾一般;③重视实用性,在了解物理本质的基础上分析工程实际振动问题,通过应用进一步加深对理论的理解。

本书在撰写时参考了大量的同类书籍及文献资料,在此对这些作者表示衷心的感谢。

由于作者水平所限以及时间仓促,书中错误之处在所难免,敬请读者不吝赐教。

编　者

2018 年 9 月

目 录

第1章　机械振动概论

机械或结构系统在其平衡位置附近的往复运动称为机械振动。机械振动是一种物理现象，它的强弱可以通过系统的位移、速度或加速度来表征。机械振动的种类有很多，广泛存在于机械系统中。19世纪后期，人们在工程实践中遇到大量灾害性机械振动问题，由此引发了对机械振动问题的研究。

1.1　人类生活及工程中的振动问题

1.1.1　人类生活及工程中的振动问题

无论是在人类生存的生活环境，还是在社会环境中，振动无处不在。不仅仅在人类生活的物质世界中存在着振动，人类自身的许多器官及循环系统也都处在持续的振动之中。在很久以前，人类就认识到了振动所带来的坏处，并与之展开了百折不挠的斗争，以期能够克服或者预防振动所带来的危害。然而振动也能够带给人类生活有益的一面，例如，人类可以利用振动的规律和特征，生产和制造为人类生活带来便捷的振动机械。

我们知道，对大多数机械而言，振动对其性能都会产生不良影响、带来危害。例如，如机床的振动会降低机械加工的精度、加大其表面粗糙度，汽车会因共振而产生疲劳断裂，飞机会因颤振而坠毁，铁塔会因风振而倒塌，高压输电线会因自振而断裂，石油钻机振动引起噪声污染，海洋轮船的振动恶化了承载的条件，地震、暴雨、台风等造成巨大的经济损失等。

然而，人们也可以利用机械振动原理，设计制造各种机器设备和仪器仪表。例如，利用钟摆振动原理制造钟表；利用石油泥浆振动筛筛分重晶石；利用振动还可以完成破碎粉磨、成形、整形、冷却、脱水、落砂、光饰、沉拔桩等各种工艺过程，出现了各种类型的振动机械，如图 1-1 所示为部分振动机械产品。

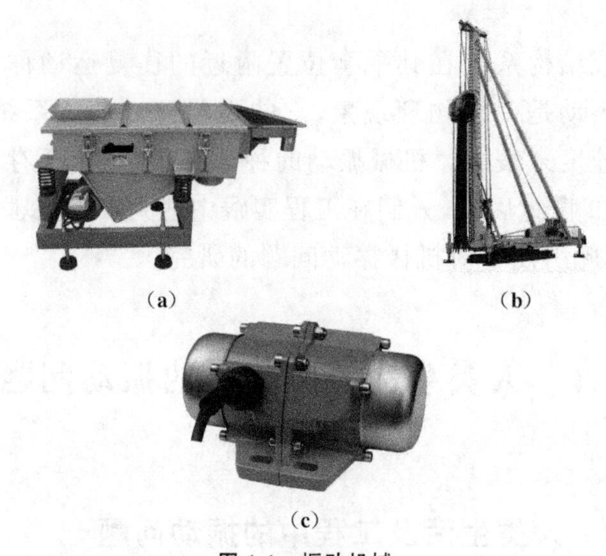

图 1-1　振动机械

(a)振动筛选机；(b)振动打桩机；(c)振动电动机

在工程实际中，还会出现共振、自激振动、不平衡惯力、非线性振动等问题。

(1)共振

当外部激振力的频率和系统固有频率接近时，系统将产生强烈的振动，这种振动甚至可能造成构件的失效或系统的破坏。例如，1940 年美国塔可马(Tacoma)吊桥因风载引起共振而毁于一旦。在机械设计和使用中，对系统共振问题多数情况下是应该防止或采取控制措施的。例如，隔振系统和回转轴系统应使其工作频率和工作转速在各阶固有频率和各阶临界转速的一定范围之外。尽管如此，机械系统在启动和停机过程中，仍然要通过共振区，仍有可能产生较强烈的振动，所以必要时仍须采取抑制共振的减振、消振措施。

在近共振状态下工作的振动机械，就是利用弹性力和惯性力基本接近于平衡以及外部激振力主要用来平衡阻尼力的原理工作的，因而所需激振力和功率较非共振类振动机械显著减小。

(2)不平衡惯性力

不平衡惯性力的存在是旋转机械和往复机械产生振动的根本原因，为减小机械振动，应采取平衡措施。转子中心与回转中心不重合时，旋转状态下就会产生不平衡力，在不平衡力的作用下，转子就会产生振动。高速旋转的汽轮机、压缩机等旋转机械，由于旋转质量的不平衡、轴承的刚度、滚珠的缺陷、滑动轴承的油膜振荡等因素的影响都会引起振动。动平衡是旋转机械平衡的重要手段，如图 1-2 所示为一汽轮机转子动平衡试验台。

图 1-2　汽轮机转子动平衡试验台

(3)非线性振动

如果一个机械振动系统的质量不随运动参数而变化，系统的惯性力、阻尼力、弹性恢复力分别与加速度、速度、位移呈线性关系，能用常系数线性微分方程描述的振动系统统称为线性振动系统。凡是不能简化为线性振动系统的都称为非线性振动系统。

在减振器设计中涉及的摩擦阻尼器和黏弹性阻尼器均为非线性阻尼器。自激振动系统和冲击振动系统也都是非线性振动系统。实际上客观存在的振动问题几乎都是非线性系统。

(4)自激振动

自激振动有机床切削过程的自振、低速运动部件的爬行、滑动轴承的油膜振荡、传动带的横向振动、液压随动系统的自振等。自激振动对各类机械及生产过程都是一种危害，应加以控制。例如，齿轮的自由振动与自激振动，齿与齿之间的撞击是一种瞬态激振，它将使齿轮产生自由衰减振动，振动频率就是齿轮的固有频率。另外，齿与齿之间的摩擦在一定条件下也会诱发自激振动，自激振动与齿面加工质量及润滑条件有关，自激振动的频率接近齿轮的固有频率。这些都是诱发齿轮轮齿发生破坏的原因，如图 1-3 所示。

图 1-3　轮齿点蚀

1.1.2　研究工程振动问题的途径

从远古时期起，人们就注意到可以利用振动制作乐器。随着对振动现象认识的深入和普及，利用振动已逐渐成为一个新的工程分支。目前，已有上百种利用振动的机械和一系列应用振动为人类造福的新技术。

过去，人们在设计机械或结构时，通常只采用静态设计，也就是只考虑静载荷和静特性，经常发生试制的产品有效载荷小，振动和噪声水平高的现象，无法满足要求，再采取局部措施进行补救。这种设计是不完善的，具有事故的隐患。

新的设计思想是在市场经济推动下萌芽、生长和发展起来的，要求在产品的设计、制造、使用和维护各阶段都全面考虑其静、动态特性，以满足高技术指标的要求。其中，振动问题的处理是新设计路线的重要内容，对运载工具、机电产品的研制成败往往起决定性作用。新的设计路线通常称为振动工程设计路线。图 1-4 体现了这一设计路线的产品研制过程。

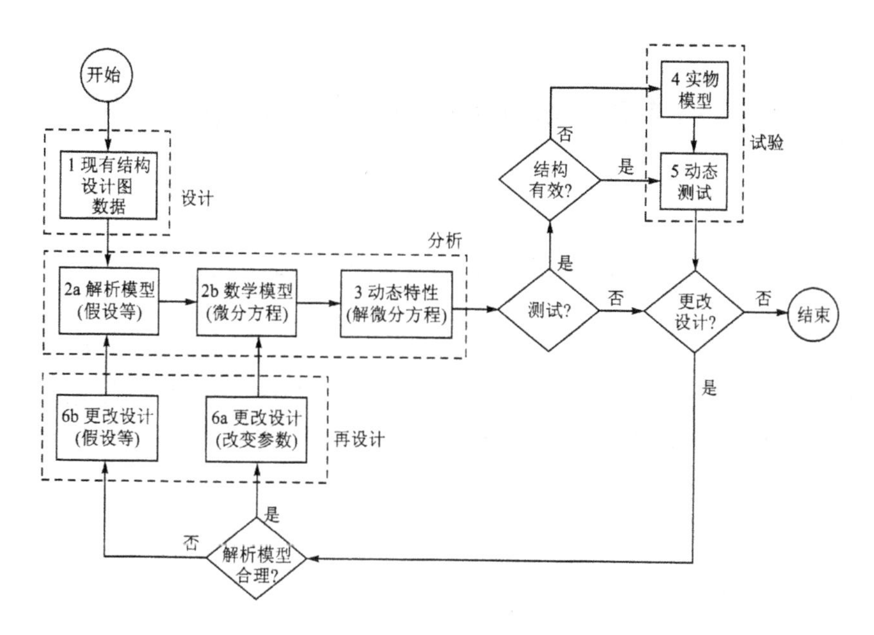

图 1-4　产品研制中的振动问题处理

机械振动分析的问题大致可分为如图 1-5 所示的三类。

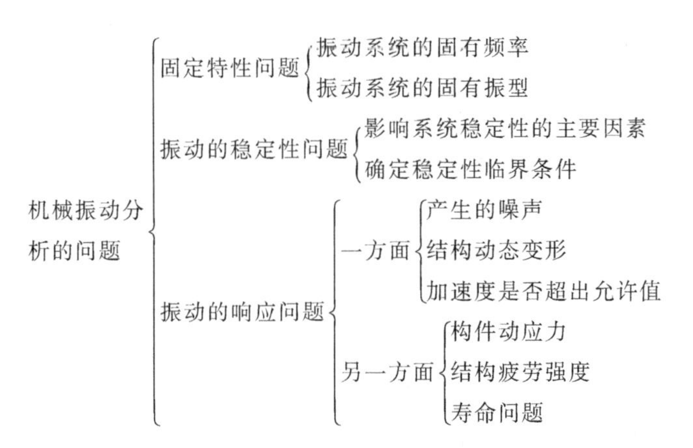

图 1-5　机械振动分析的问题

1.2 机械振动的基本概念

1.2.1 机械振动及机械振动系统的概念

机械振动是一种特殊形式的机械运动，可以解释为：机器或结构物在其静平衡位置附近随时间变化做往复变化的现象。可以产生机械振动的力学系统称为振动系统，简称系统。简化后的单自由度弹簧—质量系统力学模型见图 1-6。

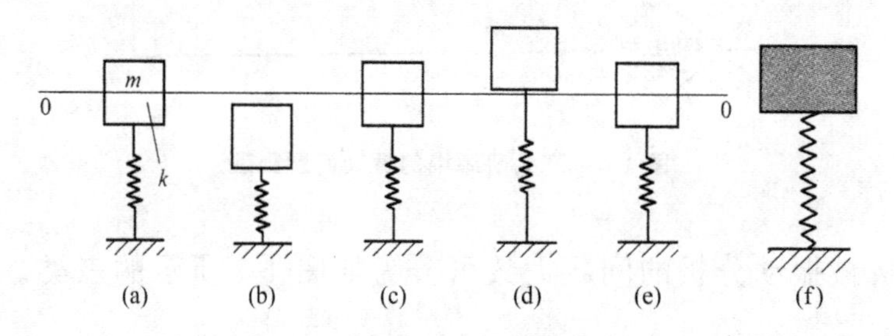

图 1-6 弹簧—质量系统力学模型

当物体处于静力平衡位置时，见图 1-6(a)，物体的重力与支持它的弹簧的弹性恢复力相互平衡，其合力 $F=0$，所以物体处于静止状态，物体的速度 $v=0$，加速度 $a=0$。

当物体受到向下的冲击力作用时，合力大于 0，物体在冲击力的作用下向下运动，弹簧被压缩。随着弹簧压缩长度的增长，弹簧的恢复力越来越大，物体向下运动的速度越来越小。当物体的运动速度 $v=0$ 时，物体运动到最低位置[图 1-6(b)所示位置]，此时弹簧的恢复力比物体的重力要大，所以物体受到的合力 F 的方向向上，物体产生向上的加速度 a，物体即转而向上运动。

当物体返回到平衡位置[图 1-6(c)所示位置]时，它所受的重力与弹簧弹性力的合力 F 又为零。但由于物体的运动速度此时不为 0，物体依然向上运动，弹簧被拉伸。随着弹簧拉伸长度的增长，弹性恢复力渐渐增大且方向向下，此时物体受到的合力方向向下，物体的速度减小。当物体向上的速度减为 0 时，物体运动到最高位置[图 1-6(d)所示位置]，此时由于被压缩弹簧的弹性恢复力与重力的合力 F 大于惯性力，物体又开始向下运动，直至再次回到平衡位置[图 1-6(e)所示位置]。此后，由于惯性的作用，物体继续向下运动，重复前面的运动过程。如此物体在其平衡位置附近做往复运动。当系统内无阻尼存在时，这种往复运动将进行无穷次。

①一次振动。物体从平衡位置开始向下运动，然后向上运动，经过平衡位置再继续向上运动，然后又向下运动回到平衡位置[从图 1-6(a)到图 1-6(e)]。

②周期振动——物体在相等的时间间隔内做往复运动。

③周期。物体完成一次振动所占用的时间，即往复一次所需的时间间隔(T)。

周期振动(图 1-7)可用时间的周期函数表达为

$$x(t)=x(t+nT)\ (n=1,2,\cdots)$$

④频率。单位时间内振动的次数，它是周期的倒数，其表达式为

$$f=\frac{1}{T}(1/\text{s 或 Hz})$$

⑤非周期振动(图 1-8)不可用时间的周期函数表达。

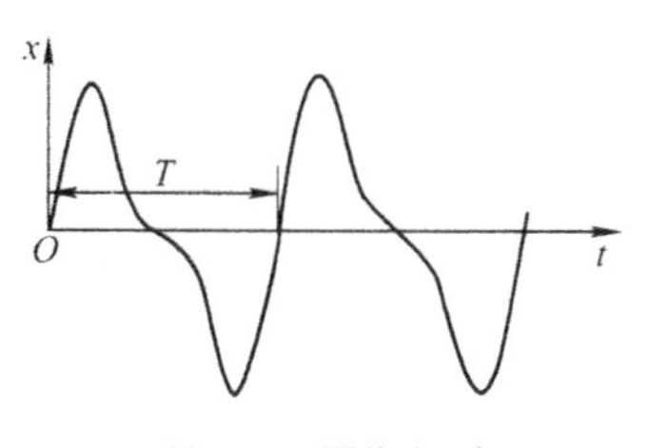

图 1-7 周期振动

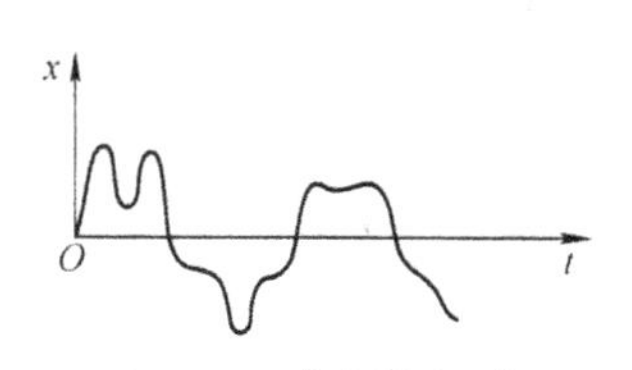

图 1-8 非周期振动

1.2.2 分类

机械振动可根据不同的特征分为不同的种类，如图 1-9 所示。

机械振动的种类
- 按振动的输入特性
  - 自由振动
  - 受迫振动
  - 自激振动
- 按振动的周期特性
  - 周期振动
  - 非周期振动
- 按振动的输出特性
  - 简谐振动
  - 非简谐振动
  - 随机振动
- 按振动系统的结构参数特性
  - 线性振动
  - 非线性振动
- 按振动系统的自由度数目
  - 单自由度系统振动
  - 多自由度系统振动
  - 无限多个自由度系统振动

图 1-9 机械振动的分类

1.2.3 自由度数与广义坐标

振动系统数字模型的建立、运动微分方程的建立，都必须先确定系统的自由度数和描述系统运动的坐标。

物体运动时，受到各种条件的限制。这些限制条件称为约束条件。物体在这些约束条件下运动时，用以描述振动系统的运动规律所必需的独立坐标数目，称为该振动系统的自由度数。如只需要一个独立坐标就可以描述其运动规律的系统称为单自由度振动系统；需要两个独立坐标才能描述清楚其运动规律的系统称为二自由度振动系统，如图 1-10 所示；决定其位置需要三个独立坐标才能描述其运动规律的系统的自由度数为 3；由 n 个相对位置可变的质点组成的质点系，描述其运动规律需要的自由度数为 $3n$。

当系统受到约束时，其自由度数为系统无约束时的自由度数与约束条件数之差。对于 n 个质点组成的质点系，各质点的位移可用 $3n$ 个直角坐标$(x_1, y_1, z_1, \cdots, x_n, y_n, z_n)$来描述。当有 i 个约束条件时，约束方程为

$$f_k(x_1, y_1, z_1, \cdots, x_n, y_n, z_n) = 0 \ (k = 1, 2, \cdots, i)$$

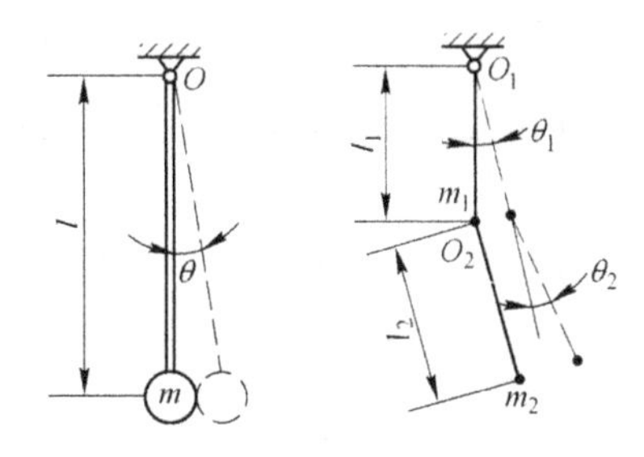

(a)单自由变振动系统　(b)二自由变振动系统

图 1-10　单自由度振动系统与二自由度振动系统

为了确定各质点的位置，可选取 $N=3n-i$ 个独立的坐标：

$$q_j=q_j(x_1,y_1,z_1,\cdots,x_n,y_n,z_n)\quad(j=1,2,\cdots,N)$$

来代替 $3n$ 个直角坐标。这种坐标叫做广义坐标。在广义坐标之间不存在约束条件，它们是独立的坐标。因为选取了个数为自由度数 N 的广义坐标，运动方程就能写成不包含约束条件的形式。

1.3　机械振动的分析

1.3.1　建立振动力学模型

实际的振动系统往往是很复杂的，给研究解决振动问题带来很大困难。因此，在处理实际工程问题时，必须根据所研究问题的实际情况，抓住系统中的主要影响因素，忽略那些次要的因素，把复杂的振动系统加以合理地简化和抽象，研究起来就方便多了。有时候对那些不能够研究的复杂问题，经过简化以后就能够研究解决了。经过简化抽象以后的振动系统，在振动学上称为力学模型。

实际的机械结构是非常复杂的，为了对其进行振动分析，必须结合研究的目的，抓住主要因素，略去一些次要因素，将实际结构简化和抽象为振动力学模型。简化的程度取决于结构复杂程度和分析的目的。

如由一辆载有骑乘人员的自行车构成一机械振动系统，自行车又可大致拆分为轮胎、车轮、车架和座椅。在行驶的过程中，由于路面起伏不平，自行车会产生振动。这个振动系统可以简化为一个简单的单自由度振动模型，如图 1-11(a)所示，该模型由系统的等效质量元件、等效弹性元件(弹簧)和等效阻尼元件组成。系统的等效质量 m_{eq} 考虑了骑乘人员的质量 m_p、车轮的质量 m_w 和车架的质量 m_f；系统的等效弹簧刚度系数 k_{eq} 考虑了座椅的刚度系数 k_s、车架的刚度系数 k_f 和轮胎的刚度系数 k_t；系统的等效阻尼系数 c_{eq} 则考虑了座椅的阻尼系数 c_s、车架的阻尼系数 c_f 和轮胎的阻尼系数 c_t。为了更真实地模拟这个振动系统，可以把骑乘人员的质量 m_p、坐椅的刚度系数 k_s 和阻尼系数 c_s 以及轮胎的刚度系数 k_t 和阻尼系数 c_t 分别表示出来，从而得到图 1-11(b)所示的二自由度系统模型。如果还考虑车架的质量 m_f、刚度系数 k_f 和阻尼系数 c_f，则可以得到图 1-11(c)所示的三自由度振动系统模型。实际上，振动系统的力学模型简化不止这几种形式，可以根据研究目的和实际需要合理进行简化。

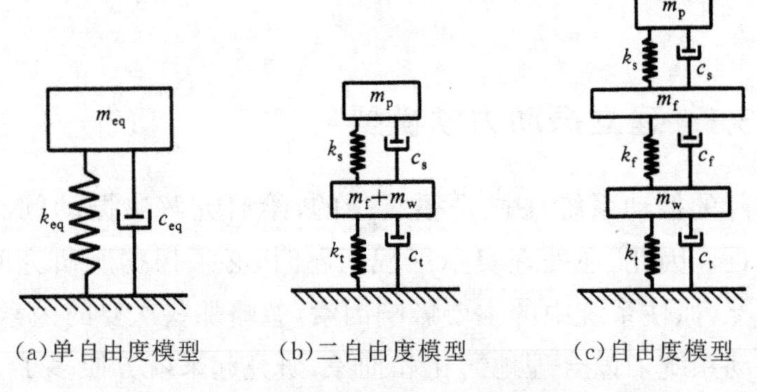

图 1-11　载人自行车的力学模型

如图 1-12(a)所示的单圆盘转子系统，当圆盘在其静平衡位置附近产生横向振动时，转轴的弹性很大，系统弹性变形主要是转轴产生的，所以可将转轴当作无质量的弹性体处理，其弹性刚度 k 为圆盘所在位置时转轴的刚度。对质量为 m 的圆盘，由于其弹性很小，则可认为是一个没有弹性的集中质量。这样，图 1-12(a)所示的单圆盘转子系统即被简化为图 1-12(b)所示的力学模型。

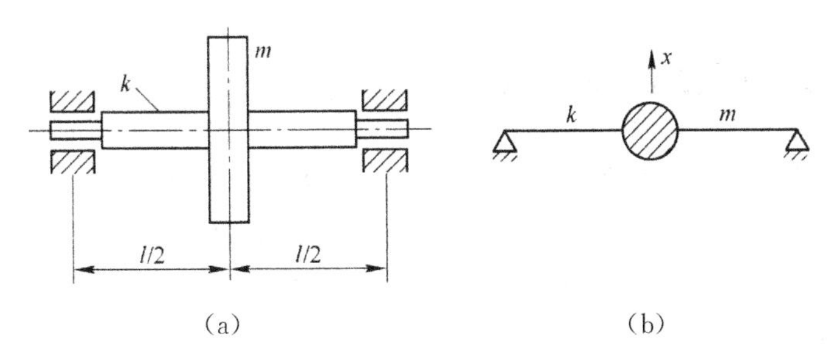

图 1-12　单圆盘转子系统及其力学模型

扭转振动也是工程实际中常遇到的振动问题，需用角位移作为独立坐标来描述其运动状态[图 1-13(a)]。根据运动特点，可以把转轴简化为无质量的扭转弹簧；将工作叶轮 2 与齿轮 B 间的阶梯轴用一等直径的当量轴代替[图 1-13(b)]，把 J_1 向低速轴简化为 J_{10}；用刚度为 k_θ 的当量转轴代替图 1-13(b)中的两根轴，k_θ 称为扭转刚度，其单位为单位转角所需的力矩(N・m/rad)；将转动惯量为 J_{10} 及 J_2 的圆盘看成无弹性的刚体。这样，原扭转振动系统即被简化为如图 1-13(c)所示的力学模型。

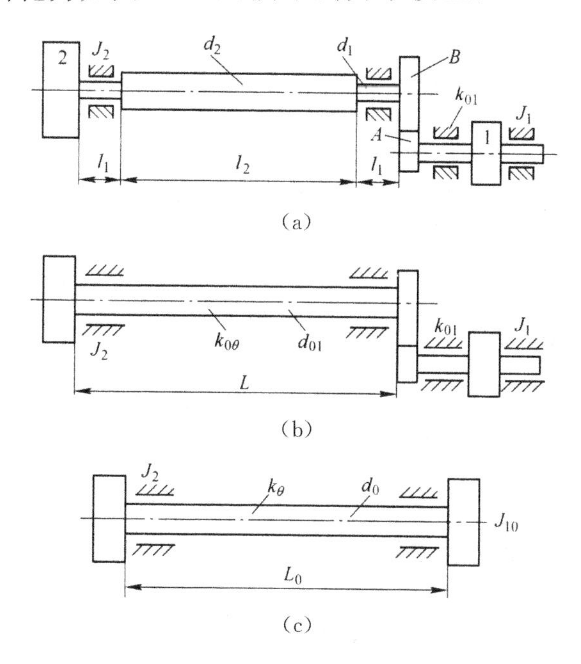

图 1-13　扭转振动系统及其力学模型

1—原动机转子；2—工作叶轮

1.3.2 建立数学模型

有了所研究系统的物理模型，就可应用某些物理定律对物理模型进行分析，以导出一个或几个描述系统特性的方程。通常，振动问题的数学模型表现为微分方程的形式，且微分方程的形式可以是线性的，也可以是非线性的。

现以图 1-11(a)所示的力学模型为例进行说明。在静止状态下，由于重力的作用，弹簧被压缩 x_s，由此产生的弹性恢复力与重力相平衡，如图 1-14 所示，即

$$k_{eq}x_s = m_{eq}g \tag{1-1}$$

假设系统的坐标原点位于静平衡状态下等效质量 m_{eq} 的质心位置，如图 1-14 所示。现将等效质量 m_{eq} 相对于平衡位置移动位移 x，位移 x 向下为正、向上为负，则系统产生的弹簧弹性恢复力 F_e 和阻尼力 F_d 的大小分别为

$$F_e = -k_{eq}(x + x_s)$$

$$F_d = -c_{eq}\dot{x}$$

根据牛顿第二定律可列出系统的运动微分方程为：

$$m_{eq}g - k_{eq}(x + x_s) - c_{eq}\dot{x} = m_{eq}\ddot{x} \tag{1-2}$$

根据式(1-1)，将式(1-2)整理为

$$m_{eq}\ddot{x} + c_{eq}\dot{x} + k_{eq}x = 0 \tag{1-3}$$

式(1-3)即为图 1-11(a)所示力学模型的数学模型，它反映了系统的位移、速度以及加速度之间的关系。

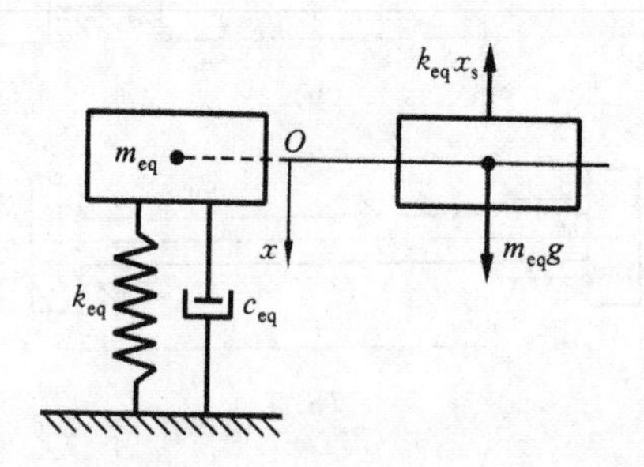

图 1-14 载人自行车的单自由度振动系统力学模型

1.3.3　数学模型的求解

要了解系统所发生运动的特点和规律，就要对数学模型进行求解，以得到描述系统运动的数学表达式。通常，这种数学表达式是位移表达式，表示为时间的函数。表达式表明了系统运动与系统性质和外界作用的关系。

现仍以图 1-11(a)所示的力学模型为例进行说明。为了计算的方便，忽略系统阻尼的影响，则系统的运动微分方程，即式(1-3)表示为

$$m_{eq}\ddot{x}+k_{eq}x=0 \tag{1-4}$$

式(1-4)可整理成

$$\ddot{x}+\frac{k_{eq}}{m_{eq}}x=0 \tag{1-5}$$

令 $\omega_0^2=\frac{k_{eq}}{m_{eq}}$ 并代入式(1-5)得

$$\ddot{x}+\omega_0^2 x=0 \tag{1-6}$$

设式(1-6)的通解为

$$x(t)=a_1\cos\omega_0 t+a_2\sin\omega_0 t \tag{1-7}$$

式中：a_1、a_2 为待定常数，可由系统的初始条件确定。如果在初始时刻 $t=0$，位移 $x(t)$、速度 $\dot{x}(t)$ 的值分别为 x_0 和 $\dot{x}_0$，由式(1-7)可得

$$\begin{cases} x(t=0)=a_1=x_0 \\ \dot{x}(t=0)=\omega_0 a_2=\dot{x}_0 \end{cases}$$

解该方程组可得

$$a_1=x_0, a_2=\frac{\dot{x}_0}{\omega_0}$$

于是式(1-4)的解为

$$x(t)=x_0\cos\omega_0 t+\frac{\dot{x}_0}{\omega_0}\sin\omega_0 t$$

则系统的速度、加速度可分别表示为

$$\dot{x}(t)=-x_0\omega_0\sin\omega_0 t+\dot{x}_0\cos\omega_0 t$$

$$\ddot{x}(t)=-x_0\omega_0^2\cos\omega_0 t-\dot{x}_0\omega_0\sin\omega_0 t$$

1.3.4 结果分析

根据方程解提供的规律和系统的工作要求及结构特点，我们就可以做出设计或改进的决断，以获得问题的最佳解决方案。工程实际中，系统的力学模型和数学模型更为复杂，研究方法更为多样。

1.4 简谐振动

简谐振动是指机械系统的某个物理量(位移、速度、加速度)按时间的正弦(或余弦)函数规律变化的振动。这是周期振动的最简单而又极重要的一种形式。

1.4.1 简谐振动的运动方程

物体做简谐振动时，位移 x 和时间 t 的关系可用三角函数表示为

$$x=A\cos\left(\frac{2\pi}{T}t-\varphi\right)=A\sin\left(\frac{2\pi}{T}t+\psi\right) \tag{1-8}$$

式中：A 是运动的最大位移，称为振幅；T 是从某一时刻的运动状态开始再回到该状态时所经历的时间，称为周期；φ 和 ψ 决定了开始振动时($t=0$)点的位置，称为初相角，有 $\psi=\frac{\pi}{2}-\varphi$。

图 1-15 右边所示的正弦波形表示式(1-8)所描述的运动，它也可看成是该左边半径为 A 的圆上一点做等角速度运动时在 x 轴上的投影。角速度 ω 称为简谐振动的角频率或圆频率，单位为 rad/s，可表示为

$$\omega=\frac{2\pi}{T}$$

它与频率 f 有关系式

$$\omega=2\pi f$$

通常，ω 也简称为频率。

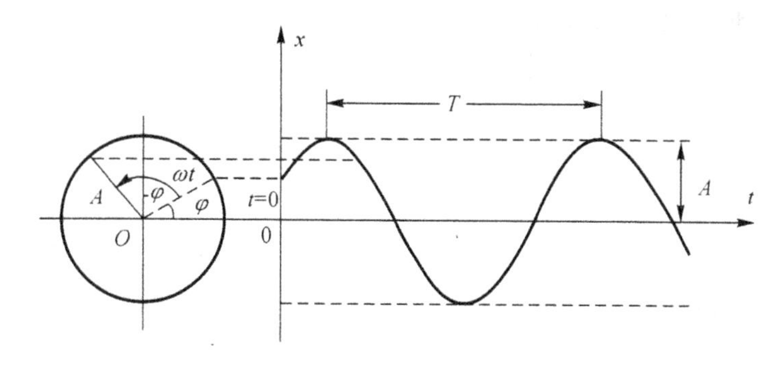

图 1-15　简谐振动

简谐振动的速度和加速度就是位移表达式(1-8)关于时间 t 的一阶和二阶导数，即

$$v = \dot{x} = A\cos(\omega t + \psi) = A\omega\sin\left(\omega t + \frac{\pi}{2} + \psi\right) \tag{1-9}$$

$$a = \ddot{x} = -A\omega^2\sin(\omega t + \psi) = A\omega^2\sin(\omega t + \psi + \pi) \tag{1-10}$$

可见，若位移为简谐函数，其速度和加速度也是简谐函数，且具有相同的频率。只不过在相位上，速度和加速度分别超前位移 90°和 180°。从物理意义上看，加速度比速度超前 $\frac{\pi}{2}/\omega$ 秒，速度比位移超前 $\frac{\pi}{2}/\omega$ 秒。因此在物体运动前加速度是最早出现的量。

从 $\ddot{x} = -\omega^2 x$ 可以看出，简谐振动的加速度，其大小与位移成正比，而方向与位移相反，始终指向平衡位置，这是简谐振动的运动学特征，如图 1-16 所示。

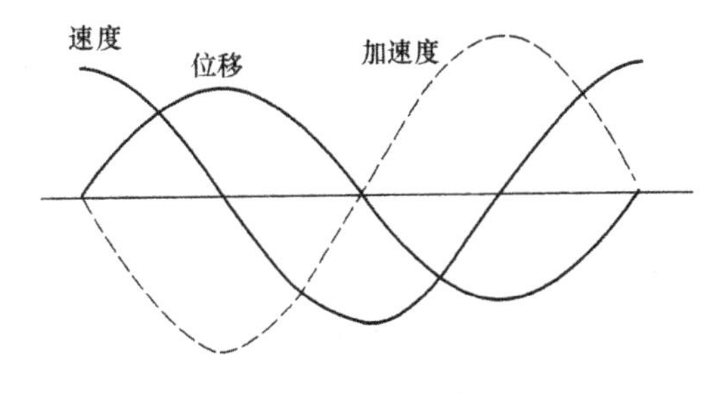

图 1-16　质量块简谐振动的波形

【例 1-1】 一简谐振动的振幅 A 为 0.40cm，周期 T 为 0.25s，求最大速度及最大加速度。

解：简谐运动的圆频率 ω 为

$$\omega=\frac{2\pi}{T}=\frac{2\pi}{0.25}=25.12\text{rad/s}$$

最大速度 $\dot{x}_{max}$ 为

$$\dot{x}_{max}=A\omega=0.4\times 25.12=10.05\text{cm/s}$$

最大加速度 $\ddot{x}_{max}$ 为

$$\ddot{x}_{max}=A\omega^2=0.4\times 25.12^2=252.41\text{cm/s}^2$$

【例 1-2】 用一加速度计测得机器在某位置做简谐振动的最大加速度 $\ddot{x}_{max}$ 为 20m/s^2，振动频率 f 为 50Hz，求该点的振幅 A、最大速度 $\dot{x}_{max}$ 和振动周期 T。

解：由题意可得

$$T=\frac{1}{f}=\frac{1}{50}=0.02\text{s}$$

振动的角频率 ω 为

$$\omega=2\pi f=2\pi\times 50=314\text{rad/s}$$

由 $\ddot{x}_{max}=A\omega^2$ 得

$$A=\frac{\ddot{x}_{max}}{\omega^2}=\frac{20}{314^2}=2.03\times 10^{-4}\text{m}$$

则

$$\dot{x}_{max}=A\omega=2.03\times 10^{-4}\times 314=6.37\times 10^{-2}\text{cm/s}$$

1.4.2 简谐振动常用的表示方法

1.4.2.1 简谐振动的矢量表示法

简谐振动可以用旋转矢量在坐标轴上的投影来表示。

如图 1-17 所示，从始点 O 做矢量$\overrightarrow{OP}$，其模为 A，以等角速度 ω 旋转，矢量的起始位置与水平轴的夹角为 φ。在任一瞬时，矢量与水平轴的夹角则为 $\omega t+\varphi$。

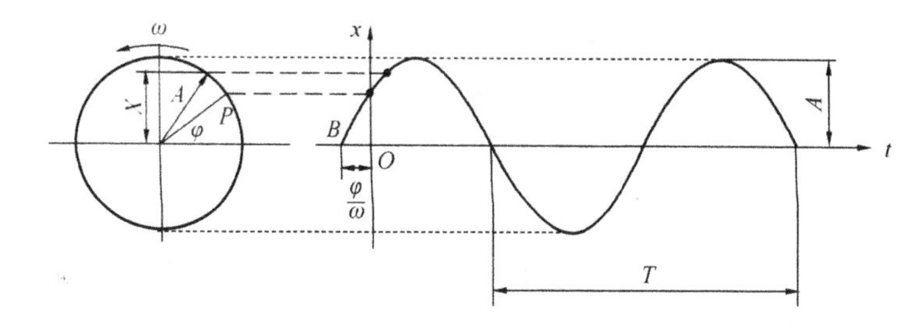

图 1-17　简谐振动的矢量表示法

这一旋转矢量在铅垂轴上的投影即为

$$x = A\omega\sin(\omega t + \varphi)$$

这一旋转矢量在水平轴上的投影则为

$$x = A\omega\cos(\omega t + \varphi)$$

由此可见，旋转矢量在铅垂轴或水平轴上的投影，均可用来表示简谐振动。而这一旋转矢量的模，就是简谐振动的振幅；旋转矢量的角速度就是简谐振动的圆频率；旋转矢量与水平轴（或铅垂轴）的夹角就是简谐振动的相位角；而简谐振动的初相位角，则是 $t=0$ 时刻旋转矢量与水平轴（或铅垂轴）的夹角。

当一个简谐振动是两个同频率的简谐振动所合成时，则这个简谐振动可以用两个代表原简谐振动的旋转矢量的合成矢量来表示。如某一振动的表达式为

$$x = a\sin\omega t + b\cos\omega t$$

可改写为

$$x = a\sin(\omega t + \pi/2) + b\cos\omega t \qquad (1\text{-}11)$$

等式右边的两项可以看成是旋转矢量 $\boldsymbol{a}$ 和 $\boldsymbol{b}$ 在铅垂轴上的投影，而且 $\boldsymbol{a}$ 比 $\boldsymbol{b}$ 超前 $\pi/2$ 相位，故两个矢量是相互垂直的，都可以角速度 ω 同步旋转。如图 1-18 所示为这两个矢量。

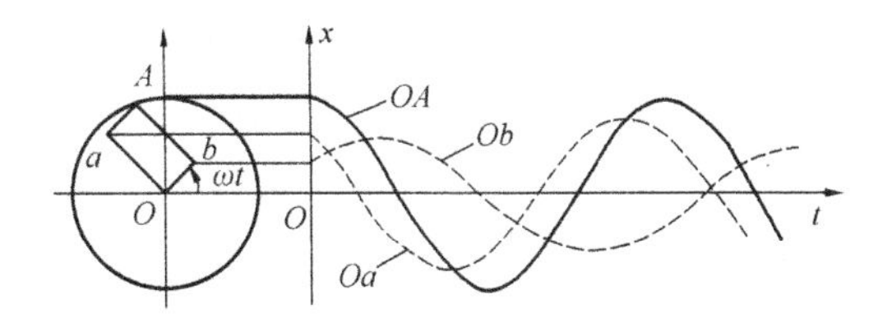

图 1-18　简谐运动的叠加

根据矢量合成原理,将矢量 $\boldsymbol{a}$ 和 $\boldsymbol{b}$ 合成得到旋转矢量 $\boldsymbol{A}$,$\boldsymbol{A}$ 与 $\boldsymbol{b}$ 之间的夹角为 φ,$\boldsymbol{A}$ 在铅垂轴上投影为

$$x = A\omega\sin(\omega t + \varphi) \tag{1-12}$$

将式(1-12)展开得到

$$x = A\sin\varphi\cos\omega t + A\cos\varphi\sin\omega t \tag{1-13}$$

由图 1-14 可知

$$a = A\sin\varphi, b = A\cos\varphi \tag{1-14}$$

将式(1-14)代入式(1-13)得

$$x = a\sin\omega t + b\cos\omega t$$

因此(1-11)式和(1-12)式表示同一个简谐振动,在数学上两式是可以互换的,由图 1-14 中还可看出两式常数之间的关系为

$$A = \sqrt{a^2 + b^2}, \tan\varphi = \frac{a}{b}$$

从物理概念上说,两个同频率的简谐振动可以合成一个与原来频率相同的简谐振动。反之,一个简谐振动也可以分解为两个频率相同的简谐振动。

如果振动的位移是简谐函数,则振动的速度和加速度也必然是简谐函数,故速度和加速度也可以用旋转矢量来表示。所以这 3 个矢量之间的关系如图 1-19 所示。

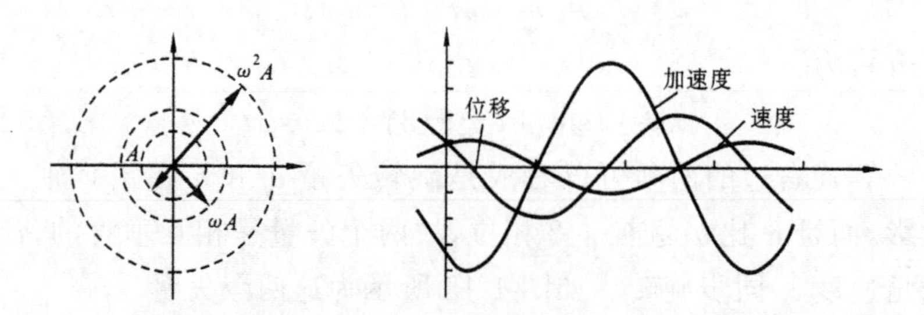

图 1-19 位移、速度及加速度的相位关系

【例 1-3】 已知一物体的振动规律为 $x = 10\sin\omega t + 15\cos\omega t$ (mm),圆频率 $\omega = 10$rad/s,求该振动的振幅、最大速度和最大加速度。

解:由题意得

振幅

$$A=\sqrt{a^2+b^2}=\sqrt{10^2+15^2}=18.03\text{mm}$$

初相角

$$\varphi=\arctan\frac{a}{b}=\arctan\frac{15}{10}=\arctan1.5$$

最大速度为

$$\dot{x}_{\max}=A\omega=18.03\times10=180.3cm/s$$

最大加速度为

$$\ddot{x}_{\max}=A\omega^2=18.03\times10^2=1803cm/s^2$$

1.4.2.2　简谐振动的复数表示法

简谐振动也可以用复数表示。如图1-20所示,一个复数可以表示为复数平面上的一个矢量,称为复矢量。长度为 A 的矢量 $\overrightarrow{OP}$ 在实数轴与虚数轴上的投影分别为 $A\cos\theta$ 及 $A\sin\theta$,若 j 表示虚轴上的单位长度,则矢量 $\overrightarrow{OP}$ 表示的复数为

$$z=A(\cos\theta+\text{j}\sin\theta)$$

矢量的长度 A 就代表了复数的模,与实数轴的夹角 θ 就是这一复数的复角。

如果复矢量 $\overrightarrow{OP}$ 点 O 以等圆频率(角速度)ω 在复平面内逆时针旋转,就成为一复数旋转矢量,如图1-20(b)所示。它在任一瞬时的辐角 $\theta=\omega t$,则此复数表达式为

$$z=A(\cos\omega t+\text{j}\sin\omega t)=A\text{e}^{\text{j}\omega t}$$

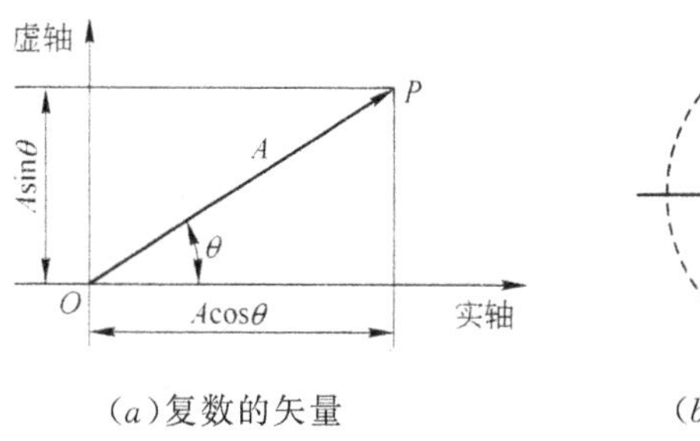

(a)复数的矢量

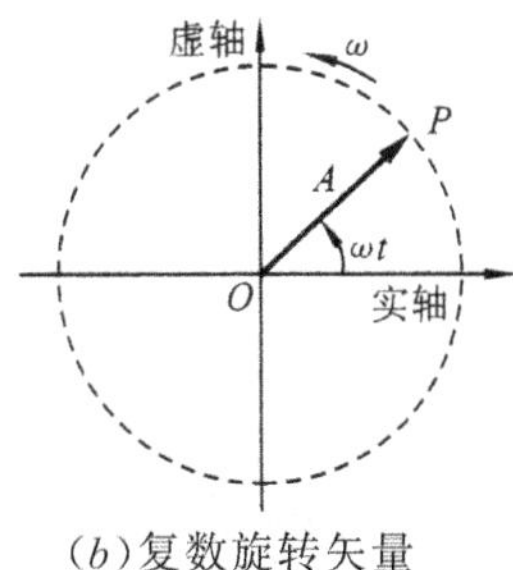

(b)复数旋转矢量

图1-20　复数的矢量表示方法

如前所述,可以用复数旋转矢量在复平面的实轴上或虚轴上的投影来表示简谐振动。复数旋转矢量$\overrightarrow{OP}$在虚轴上的投影为

$$x = A\sin\omega t = Im z = Im(Ae^{j\omega t})$$

符号 Imz 指取复数 z 虚部的值,它表示简谐振动。一般复数表达式

$$x = Ae^{j\omega t}$$

不做特别说明时,取虚数部分表示简谐振动值。运用复数运算法则,可以方便地合成两个同频率的简谐振动。现将式(1-13)以复数形式表示为

$$x = ae^{j\left(\omega t + \frac{\pi}{2}\right)} + be^{j\omega t}$$

由复数相加原理得

$$x = Ae^{j(\omega t + \varphi)}$$

式中

$$A = \sqrt{a^2 + b^2}, \varphi = \arctan\frac{a}{b}$$

简谐振动的速度和加速度同样可以用旋转复矢量表示。用复数求导的方法求得位移、速度和加速度之间的关系,设 $x = Ae^{j\omega t}$,则

$$\dot{x} = \frac{dx}{dt} = j\omega Ae^{j\omega t}$$

$$\ddot{x} = \frac{d^2x}{dt^2} = -\omega^2 Ae^{j\omega t}$$

因为 $e^{j\frac{\pi}{2}} = j$, $e^{j\pi} = -1$,故上两式可写成

$$\dot{x} = A\omega e^{j\left(\omega t + \frac{\pi}{2}\right)}$$

$$\ddot{x} = A\omega^2 Ae^{j(\omega t + \pi)}$$

由此证明位移、速度和加速度在复平面上的相位关系与图 1-20 所示一致。

1.4.3 简谐振动的合成

一个质点同时参与多个振动,其合振动的位移是这多个振动

位移的矢量和，这就是振动的叠加原理。实际生活中，常会遇到一个质点同时参与两个振动以上的情况。下面将讨论简单的两个简谐振动的合成情况。

1.4.3.1　同方向的两个简谐振动的合成

(1)同频率的两个简谐振动的合成

设质点同时参与两个同方向同频率的简谐振动，即

$$x_1=A_1\cos(\omega t+\varphi_1),x_2=A_2\cos(\omega t+\varphi_2)$$

合位移为

$$\begin{aligned}x&=x_1+x_2=A_1\cos(\omega t+\varphi_1)+A_2\cos(\omega t+\varphi_2)\\&=A_1(\cos\omega t\cos\varphi_1-\sin\omega t\sin\varphi_1)+A_2(\cos\omega t\cos\varphi_2-\sin\omega t\sin\varphi_2)\\&=(A_1\cos\varphi_1+A_2\cos\varphi_2)\cos\omega t-(A_1\sin\varphi_1+A_2\sin\varphi_2)\sin\omega t\end{aligned}$$

令

$$\begin{cases}A\cos\varphi=A_1\cos\varphi_1+A_2\cos\varphi_2\\A\sin\varphi=A_1\sin\varphi_1+A_2\sin\varphi_2\end{cases}$$

故合位移为

$$x=A\cos\varphi\cos\omega t-A\sin\varphi\sin\omega t$$

上式两边平方相加得

$$A=\sqrt{A_1^2+A_2^2+2A_1A_2\cos(\varphi_2-\varphi_1)}\tag{1-15}$$

上式两边相除得

$$\varphi=\arctan\frac{A_1\sin\varphi_1+A_2\sin\varphi_2}{A_1\cos\varphi_1+A_2\cos\varphi_2}\tag{1-16}$$

因此，两个同方向同频率相位差恒定的谐振动的合成仍为谐振动。其中，合振动的振幅 A 和初相位 φ 分别如式(1-15)和式(1-16)所示。从上式可以看出，合振动的振幅不仅与 A_1、A_2 有关，而且与原来两个谐振动的初相位差有关。

或者，利用旋转矢量法求合振动。如图1-21所示，$\overrightarrow{A_1}$、$\overrightarrow{A_2}$以频率 ω 旋转，$\overrightarrow{A_1}$、$\overrightarrow{A_2}$之间的夹角不变，$\overrightarrow{A_1}+\overrightarrow{A_2}=\overrightarrow{A}$也以频率 ω 旋转，平行四边形的形状不变。两个同方向同频率相位差恒定的简谐振动的合成仍为简谐振动。

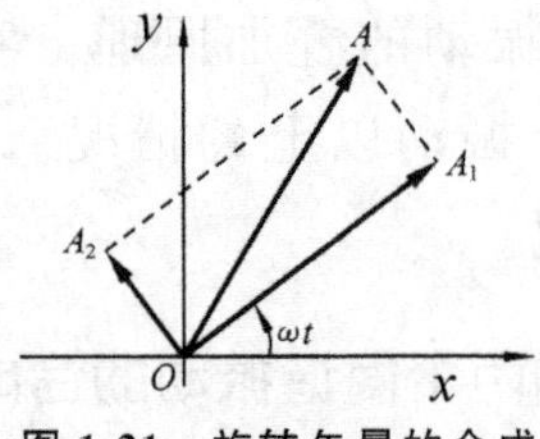

图 1-21　旋转矢量的合成

下面讨论两个特例，这两个特例在实际问题的分析中十分有用。

当两个振动的相位差 $\Delta\varphi=\varphi_2-\varphi_1=\pm 2k\pi(k=0,1,2,\cdots)$ 时，$A=A_1+A_2$，即合振幅等于原来两个谐振动振幅之和；

当两个振动的相位差 $\Delta\varphi=\varphi_2-\varphi_1=\pm 2(k-1)\pi$ $(k=0,1,2,\cdots)$ 时，$A=|A_1-A_2|$，即合振幅等于原来两个谐振动振幅之差。

也就是说，当两个分振动同相位时，合振幅最大；反相位时，合振幅最小。

(2)不同频率的两个简谐振动的合成

有两个不同频率的简谐振动

$$x_1=A_1\sin\omega_1 t, x_2=A_2\sin\omega_2 t$$

若 $\omega_1<\omega_2$，则合成运动为

$$x=x_1+x_2=A_1\sin\omega_1 t+A_2\sin\omega_2 t$$

其图形如图 1-22 所示。

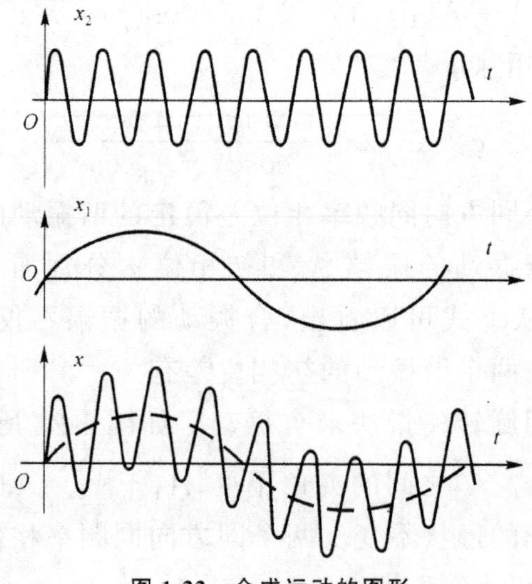

图 1-22　合成运动的图形

由图1-22可见，合成运动的性质就好像高频振动的轴线被低频振动所调制。

若$\omega_1 \simeq \omega_2$，对于$A_1=A_2=A$，则有

$$x=x_1+x_2=A_1\sin\omega_1 t+A_2\sin\omega_2 t$$

$$x=2A\cos\left(\frac{\omega_2-\omega_1}{2}\right)t\sin\left(\frac{\omega_2+\omega_1}{2}\right)t$$

令

$$\omega=(\omega_2+\omega_1)/2, \delta\omega=\omega_2-\omega_1$$

则上式$x=2A\cos\left(\frac{\omega_2-\omega_1}{2}\right)t\sin\left(\frac{\omega_2+\omega_1}{2}\right)t$可表示为

$$x=2A\cos\frac{\delta\omega}{2}\sin\omega t$$

显然，合成运动的振幅以$2A\cos\frac{\delta\omega}{2}$变化，也就是出现了“拍”的现象，拍频为$\delta\omega$。

对于$A_2 \ll A_1$，这时有

$$x_1=A_1\sin\omega_1 t, x_2=A_2\sin(\omega_1+\delta\omega)t$$

合成运动可近似地表示为

$$x=A\sin\omega_1 t \tag{1-17}$$

式中

$$\begin{aligned} A &= \sqrt{A_1^2+A_2^2+2A_1A_2\cos\delta\omega t} \\ &= A_1\sqrt{1+\left(\frac{A_2}{A_1}\right)^2+2\frac{A_2}{A_1}\cos\delta\omega t} \end{aligned}$$

由于$A_2/A_1 \ll 1$，故有

$$A \simeq A_1\left(1+\frac{A_2}{A_1}\cos\delta\omega t\right)$$

这时，合成运动，即式(1-17)可近似地表示为

$$\begin{aligned} x &= A_1\left(1+\frac{A_2}{A_1}\cos\delta\omega t\right)\sin\omega_1 t \\ &= A_1(1+m\cos\delta\omega t)\sin\omega_1 t \end{aligned}$$

显然，出现了幅值调制，载波频率为ω_1，调制频率为$\omega_2-\omega_1$，m为

调幅系数。合成运动也可表示为

$$x = A_1 \sin\omega_1 t + m\,\frac{A_1}{2}\sin(\omega_1 - \delta\omega)t + m\,\frac{A_1}{2}\sin(\omega_1 + \delta\omega)t$$

即合成运动有三个频率分量:载波频率 ω_1,两个边频 $\omega_1 - \delta\omega$ 和 $\omega_1 + \delta\omega$。

1.4.3.2 两垂直方向的两个简谐运动的合成

(1)方向互相垂直同频率的两个简谐振动的合成

设两个振动分别在两个互相垂直的轴即 x 轴和 y 轴上进行,它们的振动表达式分别为

$$x = A_1\cos(\omega t + \varphi_1),\ y = A_2\cos(\omega t + \varphi_2)$$

这两个方程就是参量 t 表示的质点运动轨迹的参量方程,消去 t,可得轨迹方程为

$$\frac{x^2}{A_1^2} + \frac{y^2}{A_2^2} - 2\,\frac{xy}{A_1A_2}\cos(\varphi_2 - \varphi_1) = \sin^2(\varphi_2 - \varphi_1)$$

一般情况下(除相位差为零或 π 的整数倍外),合振动的轨迹为椭圆,椭圆的轨道不会超出以 $2A_1$ 和 $2A_2$ 为边的矩形范围,其具体的形状由分振动的振幅和相位差决定。

特殊情形是,当相位差 $\varphi_2 - \varphi_1 = 0$ 或 π 时,合振动的轨迹为斜方向上的直线运动,如图 1-23 所示,仍为简谐振动,频率和分振动相同,而振幅等于$\sqrt{A_1^2 + A_2^2}$。同样,一个任意方向的谐振动一定可以分解为两个频率相同、振动方向相互垂直的谐振动;当 $\varphi_2 - \varphi_1 = \pi/2$ 或 $3\pi/2$ 时,合振动的轨迹为右旋或左旋正椭圆(此时若两分振动的振幅相等,则正椭圆变为正圆),如图 1-24 所示,其他情况皆为斜椭圆。同样,某些椭圆或某些圆运动可以分解为两个频率相同、互相垂直的谐振动。

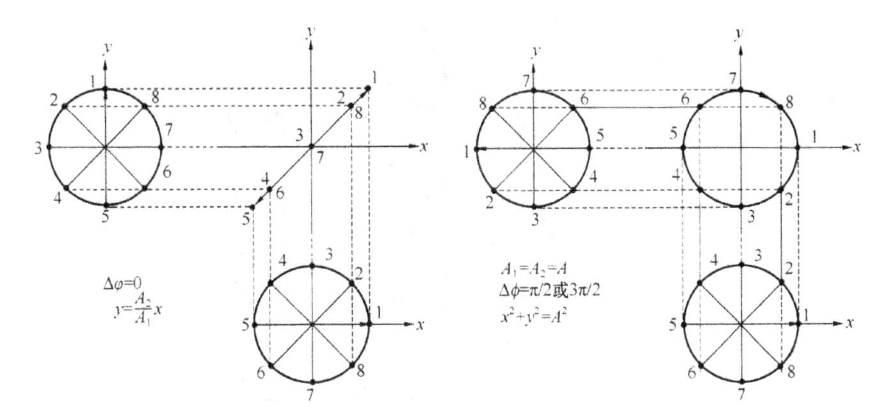

图 1-23　直线运动　　　　图 1-24　正圆

(2)方向互相垂直不同频率的两个简谐振动的合成

对于两个不同频率的简谐运动

$$x=A_1\sin\omega_1 t, y=B\cos(\omega_2 t+\varphi)$$

它们的合成运动也能在矩形中画出各种曲线。若两个频率比为

$$\frac{\omega_1}{\omega_2}=\frac{m}{n}\ (m,n=1,2,3,\cdots)$$

则其合振动具有封闭的运动轨迹。法国数学家李萨茹(Jules Antoine Lissajous)总结了不同周期比及不同相位差时的合振动一些运动轨迹,这些轨迹图形称为李萨茹图形(Lissajous Figures),如图 1-25 所示。

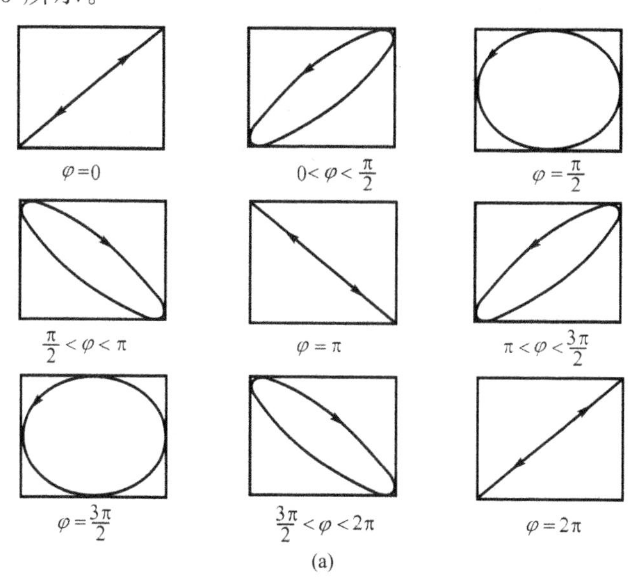

(a)

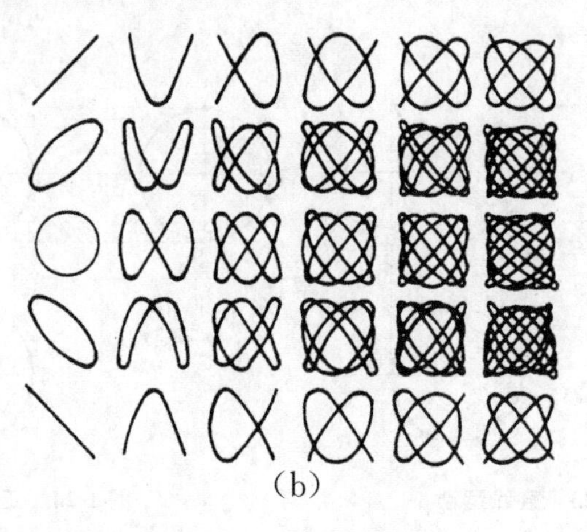

图 1-25 李萨如图形

1.4.4 谐波分析

1.4.4.1 描述波的术语

如图 1-26 所示，具有相同频率和波长、不同振幅的波 1 和波 2，零线作为参考线，不随波的运动而改变。在 E 点，波进入第二个循环，在 I 点结束，然后从 M 点进入第三个循环，等等。曲线的最高点称为波顶或波峰，曲线的最低点称为波底或波谷。

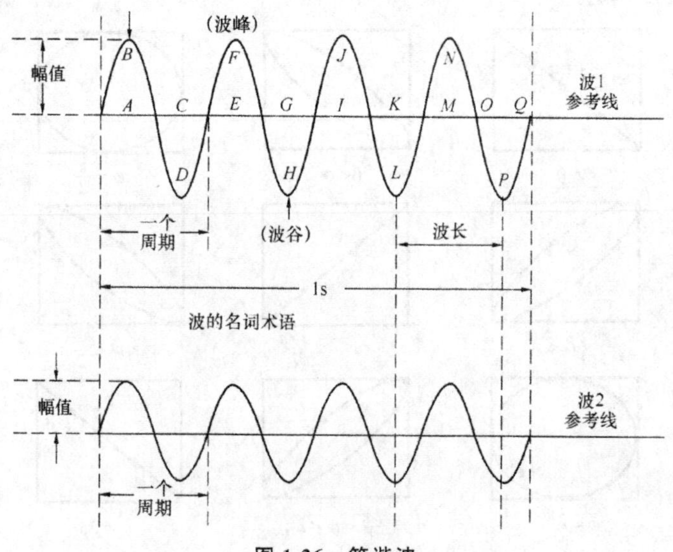

图 1-26 简谐波

一个循环包括一个波峰和一个波谷。波长是横波从任一时间开始，一个周期通过的距离。图中，点 A 到点 E、点 B 到点 F 的距离等，均为一个波长，通常用 λ 来表示波长。两个简谐波虽然具有相同的波长，但是两波的波峰高度却不相同，如图 1-26 所示，波峰到参考线的高度叫做幅值。一个波的幅值的大小由波的能量所决定。连续波 A 到 Q，幅值和波长不变，则称该波为波列或者一个波组。振动次数或者循环次数或者单位时间内的波列次数称为频率，单位为 Hz，周期为频率的倒数。

例如一质量—弹簧系统关于时间的运动轨迹 $x=x_0\sin\omega t$，如图 1-27 所示。

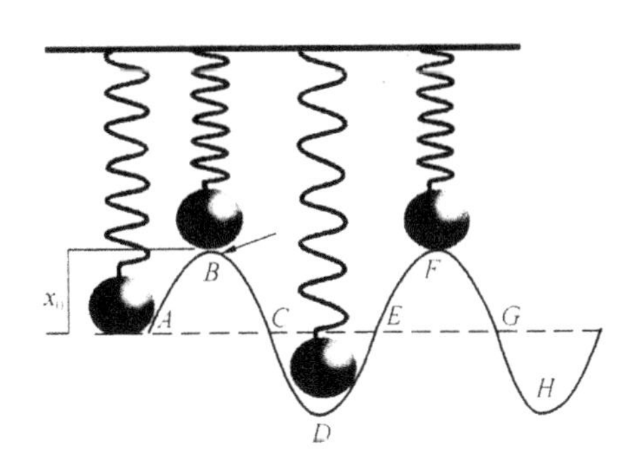

图 1-27　简谐波——质量—弹簧系统关于时间的运动轨迹

1.4.4.2　谐波分析

实际上，很多机械振动并不具备简谐振动的特征，图 1-28 所示是非简谐周期振动的例子。

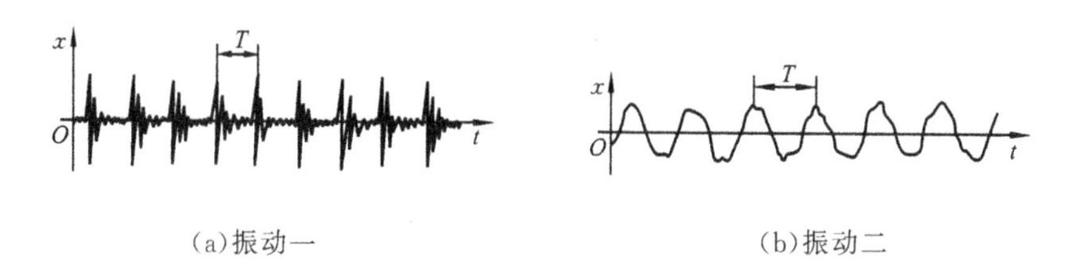

(a)振动一　　(b)振动二

图 1-28　非简谐周期振动

根据高等数学理论，任何一个周期函数，只要满足一定的条件，可以展开成傅里叶级数，即用无限多个正弦函数和余弦函数

的和表示。设一周期函数为 $F(t)$，其周期为 T，则 $F(t)$ 的傅里叶级数记为

$$F(t)=\frac{a_0}{2}+\sum_{i=1}^{\infty}(a_i\cos i\omega_0 t+b_i\sin i\omega_0 t) \tag{1-18}$$

式中：ω_0 称为基频，$\omega_0=2\pi/T$；a_0、a_i 和 b_i 均为待定常数，称为傅里叶系数，它们可以利用下式计算：

$$\begin{cases} a_0=\dfrac{2}{T}\displaystyle\int_0^T F(t)\,\mathrm{d}t \\ a_i=\dfrac{2}{T}\displaystyle\int_0^T F(t)\cos i\omega_0 t\,\mathrm{d}t \\ b_i=\dfrac{2}{T}\displaystyle\int_0^T F(t)\sin i\omega_0 t\,\mathrm{d}t \end{cases} \tag{1-19}$$

根据三角函数关系，式(1-18) 可以表示为

$$F(t)=\frac{a_0}{2}+\sum_{i=1}^{\infty}A_i\sin(\omega_0 t+\varphi_i)$$

式中

$$A_i=\sqrt{a_i^2+b_i^2},\varphi_i=\arctan\frac{a_i}{b_i}$$

以上公式表明，任意非简谐周期函数均可用傅里叶级数展开为简谐函数的和，其中简谐函数 $a_i\cos i\omega_0 t$ 和 $b_i\sin i\omega_0 t$ 称为周期函数 $F(t)$ 的 i 阶谐波。这种将一个周期函数展开成一个傅里叶级数，也即展开成一系列简谐函数的和的研究方法，称为谐波分析。组成各阶谐波的频率是基频的整数倍，即 $\omega_0,2\omega_0,\cdots,n\omega_0$，而不含其他频率成分。

为了把谐波分析的结果形象化，可把 A_i、φ_i 与 ω_0 之间的变化关系用图形来表示，如图 1-29 所示。这种图形称为周期函数的频谱，这种分析称为频谱分析。由于只有在 $n\omega_0(n=1,2,3,\cdots)$ 各点 A_i 和 φ_i 才有一定的数值，所以周期函数的频谱图是一组离散的铅垂线。

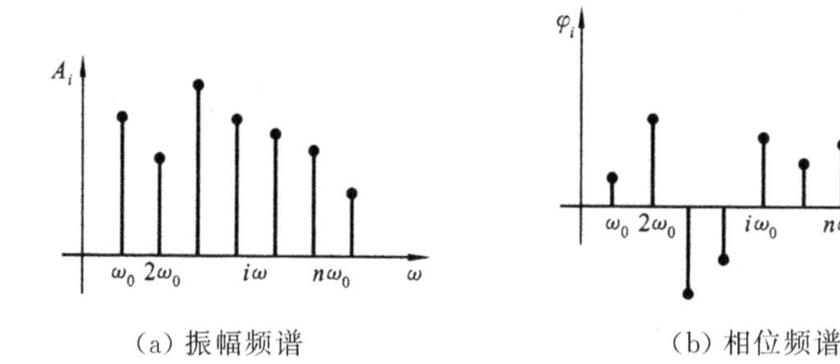

(a) 振幅频谱　　(b) 相位频谱

图 1-29　一般周期振动的频谱图

【例 1-4】　已知一个周期为 T、振幅为 F_0 的矩形波，如图 1-30(a) 所示。在一个周期内的函数表达式为

$$F(t)=\begin{cases}F_0(0<t<T/2)\\-F_0(T/2<t<T)\end{cases}$$

求其振幅频谱图。

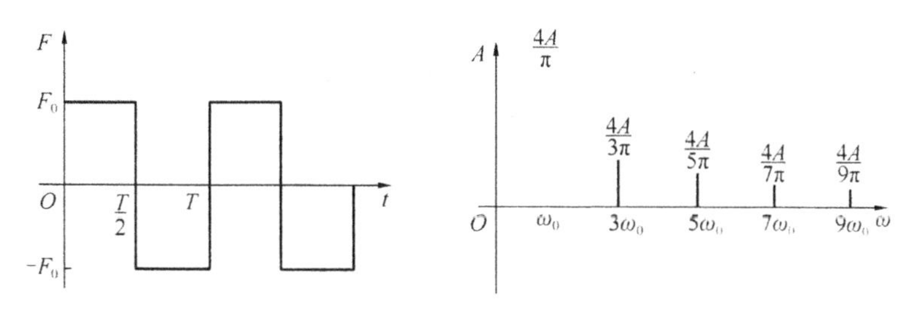

(a) 矩形波　　(b) 幅值频谱图

图 1-30　矩形波及幅值频谱图

解：由式(1-19)求出各傅里叶系数

$$\begin{cases}a_0=\dfrac{2}{T}\displaystyle\int_0^T F(t)\,\mathrm{d}t=\dfrac{2}{T}\left(\int_0^{T/2}F_0\,\mathrm{d}t-\int_{T/2}^{T}F_0\,\mathrm{d}t\right)=0\\ a_i=\dfrac{2}{T}\displaystyle\int_0^T F(t)\cos i\omega_0 t\,\mathrm{d}t=0\\ b_i=\dfrac{2}{T}\displaystyle\int_0^T F(t)\sin i\omega_0 t\,\mathrm{d}t=\dfrac{4F_0}{i\pi}\quad(i=1,3,5,\cdots)\end{cases}$$

故矩形波的傅里叶级数为

$$F(t)=\frac{4F_0}{\pi}\sum_{i=1}^{\infty}\frac{1}{i}\sin i\omega_0 t\quad(i=1,3,5,\cdots)$$

各次谐波的幅值为

$$A_1=\frac{4F_0}{\pi},A_3=\frac{4F_0}{3\pi},A_5=\frac{4F_0}{5\pi},\cdots$$

幅值频谱图如图 1-30(b) 所示。

由幅值频谱图可看出,基频的谐波分量占主要成分,其幅值最大。在基频分量上叠加上三阶谐波分量后,所给出的波形已接近于矩形波。若再叠加上五阶谐波分量,已近似于矩形波。其叠加情况如图 1-31 所示。在实际问题中为了使分析简化,常用有限项谐波分量的叠加来代替周期波。

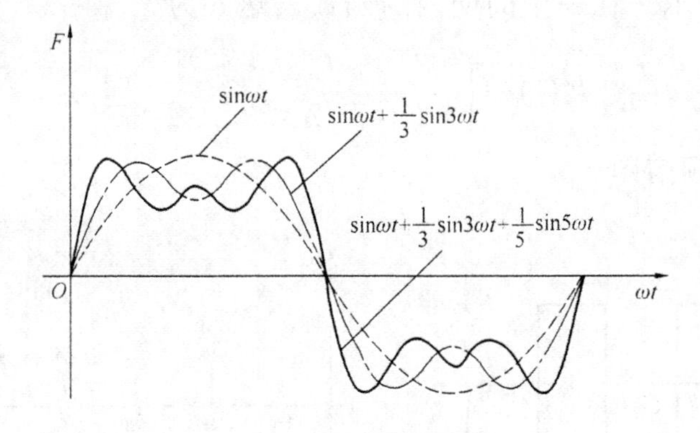

图 1-31 谐波的叠加

第 2 章　单自由度系统的振动

单自由度系统是一种非常简单也最基本的离散系统。所谓单自由度系统，就是在振动分析中只需一个坐标就可确定几何位置的系统。单自由度系统是实际工程中进行振动分析的着手点，对其基本概念、基本理论和基本方法有初步的掌握，能够为后续进行复杂振动系统的研究打下良好的基础。

2.1　单自由度系统振动概述

机械系统或结构之所以能够产生振动，是由于系统本身所具有的质量和弹性。从能量观点看，质量储存动能，弹性储存势能。当外部激励对系统做功时，质量吸收动能而拥有速度，弹性元件(弹簧)储存变形能而拥有使质量回到平衡位置的能力；外部激励一旦停止，由于阻尼的存在会导致系统的能量消耗，最终使得系统振动将逐渐停息。从上述分析不难归纳出一个振动系统力学模型的三要素 —— 质量、弹性和阻尼。

任何实际机械系统或结构系统的质量和弹性都是连续分布的。在大多数情况下，很难对这种分布参数系统进行精确求解，这时候通常的做法是将其简化为离散系统，其中包括若干个集中质量由弹簧与阻尼器连接在一起。这是振动分析的第一步。

广义坐标，即完全描述离散系统中质量在空间的位置所必需的独立的坐标。若实际机械系统或者结构系统可以简化为由一个质量、一个弹簧和一个阻尼器组成，并且质量在空间的位置用一个坐标就可以完全描述，该系统就称为单自由度系统。若系统的质量在空间的位置需由多个独立坐标才能够被完全描述，该系统则是多自由度系统。

如图 2-1 所示为一个典型的单自由度振动系统的力学模型，单自由度系统的三个典型的集中参数元件，即质量、弹簧和阻尼器分别用 m、k、c 表示。它们是理想化的元件。

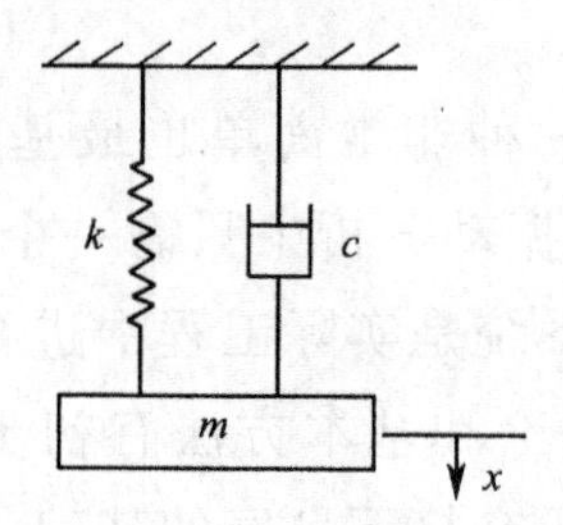

图 2-1 单自由度系统力学模型

下面分别就弹簧、阻尼器和质量的特性进行说明。

(1) 质量元件

质量元件(图 2-2) 在振动系统的力学模型中抽象成无弹性、不耗能的刚体，它是储存动能的元件，表示力和加速度之间的关系。

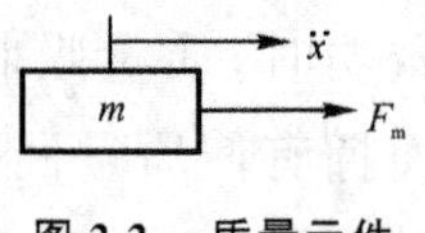

图 2-2 质量元件

根据牛顿第二定律，作用在质量元件上的力和加速度之间的关系可表示为

$$F_m = m\ddot{x} \tag{2-1}$$

式中：F_m 是对质量元件施加的一个作用力，N；$\ddot{x}$ 是获得的与力 F_m 方向相同的加速度，m/s^2；m 是元件的质量，它是元件惯性的度量，kg。

对于角振动系统，质量元件的惯性用它绕转动轴的转动惯量 J 来描述，作用在元件上的力矩 T_m 与元件的角加速度 $\ddot{\theta}$ 之间的关系与式(2-1) 类似，即

$$T_m = J\ddot{\theta}$$

式中：力矩、转动惯量和角加速度的单位分别为 N · m、kg · m^2

和 rad/s^2。

(2) 弹性元件

弹性元件(图 2-3) 在振动系统力学模型中抽象成无质量而具有线性弹性的元件,它是储存势能的元件,表示力与位移的关系。

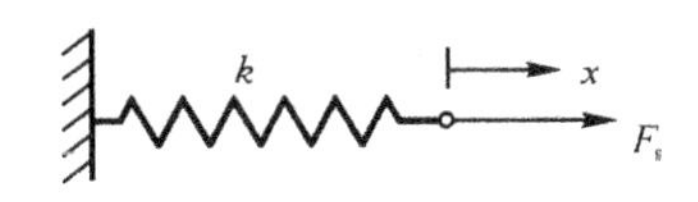

图 2-3　弹性元件

当弹性元件的一端固定,而另一端受到力 F_s 作用时,则有

$$F_s = kx \tag{2-2}$$

式中:k 为弹性元件的刚度,N/m;x 表示沿作用力方向的位移或者弹簧变形。对角振动系统,弹性元件的刚度为扭转刚度 k_t,N · m/rad。

作用在弹性元件端点的扭矩 T_s 与转角 θ 之间的关系与式(2-2) 相似,即

$$T_s = k_t\theta$$

(3) 阻尼元件

实际系统的阻尼特性及阻尼模型是振动分析中的难点之一。在振动系统中,有一类阻尼元件(图 2-4) 能抽象成无质量无弹性、具有线性阻尼系数的元件,它是耗能元件,表示力与速度之间的关系。

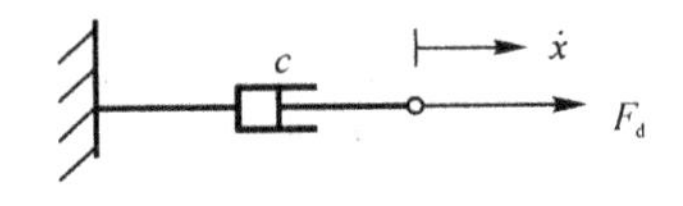

图 2-4　阻尼元件度

当阻尼元件的一端固定,另一端作用一个力 F_d 时,则有

$$F_d = c\dot{x} \tag{2-3}$$

式中:c 为黏性阻尼系数,N · s/m;$\dot{x}$ 为沿作用力方向的速度。对角振动系统,阻尼元件扭转黏性阻尼系数为 c_t,N · m · s/rad。

作用在阻尼元件上的力矩 T_d 与角速度 $\dot{\theta}$ 之间的关系与式(2-3) 类似,即

$$T_d = c_t\dot{\theta}$$

2.2 单自由度系统振动微分方程的建立

2.2.1 纵向振动微分方程的建立

单自由度振动系统通常包括以下内容：一个定向振动的质量 m，连接振动质量与基础之间的弹性元件（其刚度为 k）以及运动中的阻尼（阻尼系数为 r）。这里的振动质量 m、弹簧刚度 k 和阻尼系数 r 是振动系统的三个基本要素。此外，在振动系统中还有持续作用的激振力 F，F 可以是简谐的力（以 $F_0\sin\omega t$ 或 $F_0\cos\omega t$ 表示），也可以是任意的力。它能够保证振动系统做等幅振动。如图 2-5 所示为纵向振动系统的受力示意图。

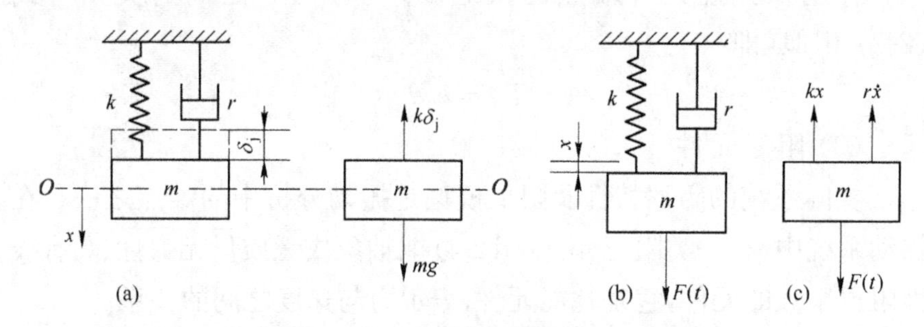

图 2-5 纵向振动系统的受力示意图

从图 2-5 中可以看出，当系统振动时，振动质量 m 的位移 x、速度 $\dot{x}$ 和加速度 $\ddot{x}$ 会产生弹性力 kx、阻尼力 $r\dot{x}$ 和惯性力 $m\ddot{x}$，它们分别与振动质量的位移、速度和加速度成正比，但方向相反。

建立振动系统的运动微分方程式可以借助于牛顿运动定律。现取 x 轴向为正，按牛顿第二定律，作用于质点上所有力的合力等于该质点的质量与沿合力方向的加速度的乘积，则有

$$m\ddot{x} = F_0\sin(\omega t) - kx - r\dot{x} - k\delta_j + mg$$

质量块挂上之后，弹簧的静变形量为 δ_j，此时系统处于静平衡状态，平衡位置为 $O-O$，由平衡条件可知

$$k\delta_j = mg$$

所以有

$$m\ddot{x}+kx+r\dot{x}=F_0\sin\omega t \tag{2-4}$$

式(2-4)即为单自由度线性纵向振动系统的运动微分方程式的通式,又称为单自由度有黏性阻尼的受迫振动方程。

当 r、$F(t)$ 取值不同时,可分为不同的情形。

① 当 $r=0$,$F(t)=0$ 时,式(2-4)则为

$$m\ddot{x}+kx=0$$

此即为单自由度无阻尼自由振动方程。

② 当 $F(t)=0$ 时,式(2-4)则为

$$m\ddot{x}+kx+r\dot{x}=0$$

此即为单自由度有黏性阻尼的自由振动方程。

③ 当 $r=0$ 时,式(2-4)则为

$$m\ddot{x}+kx=F_0\sin\omega t$$

此即为单自由度无阻尼受迫振动方程。

2.2.2　扭转振动微分方程的建立

如图 2-6(a)、(b)所示分别为单自由度扭转振动系统及其力学模型。圆盘的转动惯量为 J,在某一时刻 t 圆盘的角位移为 θ,角速度为 $\dot{\theta}$,角加速度为 $\ddot{\theta}$,在圆盘上施加力矩 $M(t)$,系统则做扭转振动。

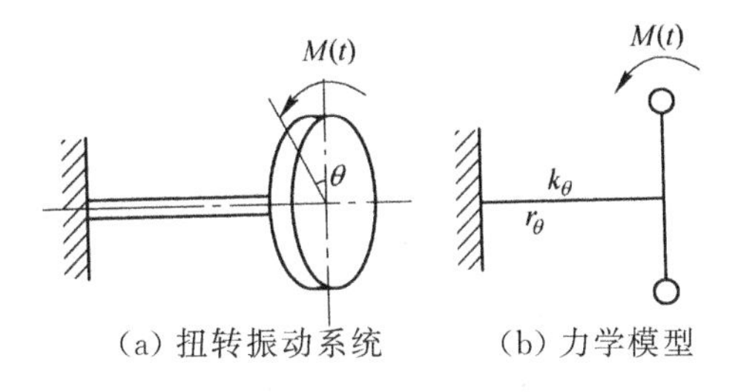

(a) 扭转振动系统　　(b) 力学模型

图 2-6　扭转振动系统及其力学模型

此刻作用于圆盘上的力有:弹性恢复力矩 $-k_\theta\theta$,阻尼力矩 $r_\theta\dot{\theta}$,外加激振力矩 $M(t)$。根据牛顿第二定律,则有

$$J\ddot{\theta}=M(t)-k_\theta\theta-r_\theta\dot{\theta}$$

可以将上式写作

$$J\ddot{\theta}+k_\theta\theta+r_\theta\dot{\theta}=M(t)$$

从而得到单自由度线性扭转振动系统的运动微分方程式的通式。

2.2.3 微幅摆动微分方程的建立

如图 2-7 所示为一微幅摆动系统的力学模型，其摆动质量 m 在任意时刻 t 的角位移为 θ，角速度为 $\dot{\theta}$，角加速度为 $\ddot{\theta}$。施加力矩 $M(t)$，系统则做微幅摆动。

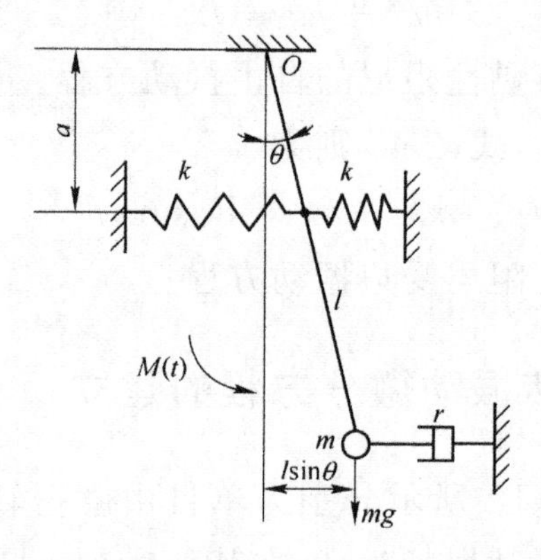

图 2-7 微幅摆动系统的力学模型

此刻作用于 m 上的力矩有：弹性恢复力矩 $-2ka^2\theta$、阻尼力矩 $-rl^2\dot{\theta}$、重力力矩 $-mgl\sin\theta=mgl\theta$（微摆动时 $\sin\theta\approx\theta$）和外加力矩 $M(t)$。根据牛顿第二定律，则有

$$J\ddot{\theta}=M(t)-rl^2\dot{\theta}-2ka^2\theta-mgl\theta \tag{2-5}$$

式(2-5)为微幅摆动系统的微分方程。其中，$J=ml^2$，经整理可得

$$ml^2\ddot{\theta}+rl^2\dot{\theta}+(2ka^2+mgl)\theta=M(t)$$

从而得到单自由度线性微幅摆动系统的运动微分方程式的通式。在此摆动系统中，弹性元件并非构成振动系统的关键。而其中重力与静平衡位置无关，此时的重力项构成了系统的恢复力，起到了重要的作用，是不能忽略的。

通过上述对纵向振动、扭转振动、微幅摆动的分析可得，无论是何种振动，在建立振动系统运动微分方程时都遵循同样的步骤：

首先，选择坐标。

其次，对振动系统进行运动分析和受力分析，在此基础上，根据牛顿第二定律建立系统运动微分方程式。

最后，按“惯性力（惯性力矩）＋阻尼力（阻尼力矩）＋弹性力（弹性力矩）＝激振力（激振力矩）”的形式整理为标准式。

2.3　单自由度系统无阻尼自由振动

2.3.1　无阻尼自由振动

无阻尼自由振动是指机械振动系统不受外力，也不受阻尼力影响时所做的振动。

如图 2-8 所示为单自由度系统无阻尼自由振动动力学模型。假设质量块的质量为 m，它所受的重力为 W，弹簧刚度为 k。弹簧未受力时的原长为 l，挂上质量块后，弹簧的静伸长量为 δ_j。

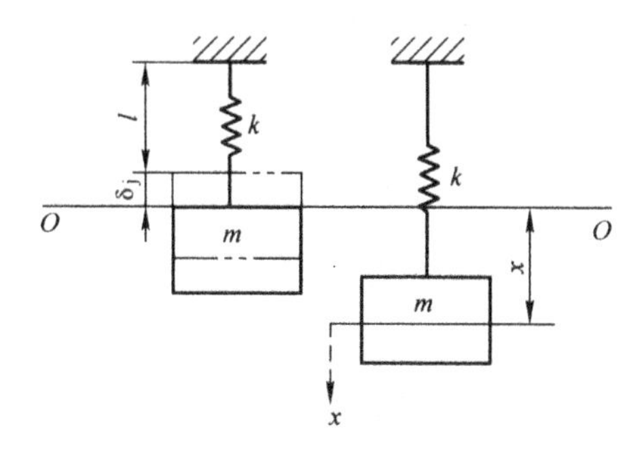

图 2-8　单自由度系统无阻尼自由振动动力学模型

此时系统处于静平衡状态，平衡位置为 $O-O$，由静平衡条件得

$$k\delta_j = W$$

外界的干扰会破坏机械振动系统的静平衡状态，从而使其在弹性恢复力作用下产生自由振动。若取静平衡位置为坐标原点，

以 x 表示质量块的垂直位移，并作为机械振动系统的广义坐标，取向下为正。则当质量块离开平衡位置 x 时，质量块所受的作用力，即重力 W 和弹性力 $k(\delta_j + x)$，使质量块产生加速运动，有

$$m\ddot{x} = W - k(\delta_j + x) = -kx$$

即

$$m\ddot{x} + kx = 0 \tag{2-6}$$

式(2-6)即为单自由度系统无阻尼自由振动的运动微分方程。还可以将式(2-6)改写成

$$\ddot{x} + \frac{k}{m}x = 0$$

令

$$\omega_n^2 = \frac{k}{m}$$

则

$$\ddot{x} + \omega_n^2 x = 0 \tag{2-7}$$

式(2-7)是一个齐次二阶常系数线性微分方程。假设 $x = e^{st}$ 是上述方程的解，代入式(2-7)得

$$(s^2 + \omega_n^2)e^{st} = 0$$

有

$$s^2 + \omega_n^2 = 0$$

所以

$$s = \pm i\omega_n$$

故方程(2-7)的通解为

$$\begin{aligned} x &= C_1 e^{i\omega_n t} + C_2 e^{-i\omega_n t} \\ &= C_1(\cos\omega_n t + i\sin\omega_n t) + C_2(\cos\omega_n t - i\sin\omega_n t) \\ &= b_1\cos\omega_n t + b_2\sin\omega_n t \end{aligned}$$

式中：$b_1 = C_1 + C_2$，$b_2 = i(C_1 - C_2)$。该式表明，单自由度系统无阻尼自由振动包含两个频率相同的简谐振动，而这两个相同频率的简谐振动合成后仍是一个简谐振动，即

$$x = A\sin(\omega_n t + \varphi) \tag{2-8}$$

式中，$A=\sqrt{b_1^2+b_2^2}$，$\varphi=\arctan\dfrac{b_1}{b_2}$。$A$ 和 φ 是两个待定常数，是由机械振动系统的初始条件所决定的。设振动系统的初始条件为

$$当\ t=0\ 时，x=x_0，\dot{x}=\dot{x}_0$$

代入式(2-8)，得

$$x_0=A\sin\varphi，\dot{x}_0=A\omega_n\cos\varphi$$

解得

$$A=\sqrt{x_0^2+\frac{\dot{x}_0^2}{\omega_n^2}}$$

$$\varphi=\arctan\frac{b_1}{b_2}$$

机械振动系统振动的圆频率、振动频率、振动周期分别为 $\omega_n=\sqrt{\dfrac{k}{m}}$、$f_n=\dfrac{\omega_n}{2\pi}=\dfrac{1}{2\pi}\sqrt{\dfrac{k}{m}}=\dfrac{1}{T}$、$T=\dfrac{1}{f_n}=2\pi\sqrt{\dfrac{k}{m}}$。

2.3.2　扭转振动

实际上，在机械系统中还存在另一种非常常见的情况，即需要用角位移 θ 作为广义坐标来表达其机械振动状态的扭转振动系统和多体系统。尽管这些机械系统有着不同的形式，但它们的运动微分方程的形式却是相同的。

刚体转动微分方程的表达式为

$$\sum M=J\ddot{\theta}$$

式中：M 为施加于转动物体上的力矩；J 为转动物体对于转动轴的转动惯量；$\ddot{\theta}$ 为角加速度。

如图 2-9 所示为一扭转振动系统。扭杆一端固定，圆盘相对固定端扭转一个角度 θ。圆盘对于中心轴的转动惯量为 J，轴的扭转刚度为 k_θ，轴的长度为 l，直径为 d。

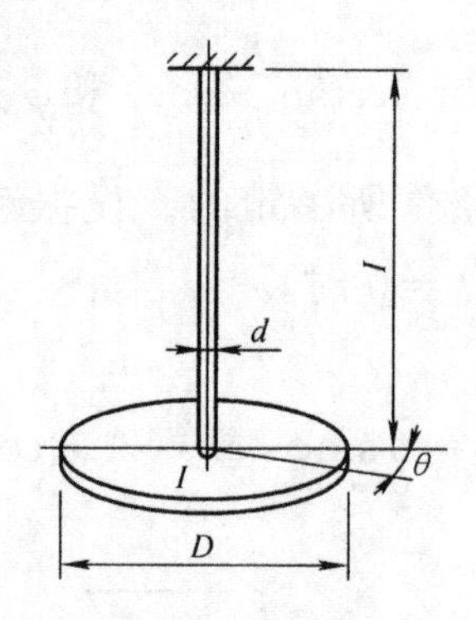

图 2-9　扭转振动系统

当受到某种干扰的作用时扭转振动机械系统即做扭转自由振动。现取 θ 为振动系统的广义坐标,并以逆时针转动为正。当扭转振动时,圆盘上受一个由圆轴作用的、与 θ 方向相反的弹性恢复力矩 $-k_\theta\theta$。由此,可建立上述机械振动系统圆盘扭转的运动微分方程为

$$J\ddot{\theta}=-k_\theta\theta$$

$$J\ddot{\theta}+k_\theta\theta=0$$

令

$$\omega_n^2=\frac{k_\theta}{J}$$

则

$$\ddot{\theta}+\omega_n^2\theta=0$$

由此可见,扭转自由振动的微分方程有着与无阻尼自由振动微分方程相一致的标准形式。其通解为

$$\theta=A\sin(\omega t+\varphi)$$

可见,单自由度机械扭转系统的自由振动也是一个简谐振动。

简谐振动圆频率为 $\omega_n=\sqrt{\dfrac{k_\theta}{J}}$。

固有频率为 $f=\dfrac{1}{2\pi}\sqrt{\dfrac{k_\theta}{J}}$。

周期为 $T=2\pi\sqrt{\dfrac{k_\theta}{J}}$。

同样的，扭转振动系统的初始条件对于简谐振动振幅 A 和初相位 φ 也起决定作用。当 $t=0$ 时，$\theta=\theta_0$，$\dot{\theta}=\dot{\theta}_0$，得到振幅 A 的表达式为

$$A=\sqrt{\theta_0^2+\frac{\dot{\theta}_0^2}{\omega_n^2}}$$

初相位 φ 的表达式为

$$\varphi=\arctan\frac{\theta_0\omega_n}{\dot{\theta}_0}$$

2.4　固有频率与等效参数

2.4.1　固有频率计算方法

固有频率对于动力分析具有重要作用，本节专门讨论单自由度系统固有频率的计算方法。

2.4.1.1　建立微分方程法

这是最基本的方法，前面已介绍了简单例子，现在再通过两个例子加深对这种方法的理解。

【例 2-1】　液体密度计（图 2-10）质量 m，读数部分的玻璃圆管直径 d，液体密度为 ρ。将密度计垂直向下轻轻地一按，密度计将做上下自由振动，试求其固有频率。

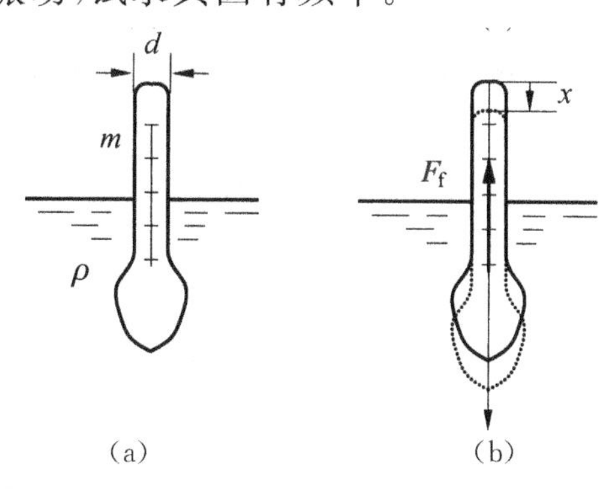

图 2-10　密度计的振动

解:取 x 轴方向竖直向下,原点为平衡状态的密度计上端。当密度计从平衡位置向下运动 x 后,多排空的液体体积为$\frac{\pi}{4}d^2x$,由此引起向上的浮力 $F_f=\rho g\ \frac{\pi}{4}d^2x$。

应用牛顿第二定律,沿垂直方向的运动有

$$m\ddot{x}=-F_f=-\rho g\ \frac{\pi}{4}xd^2$$

这样振动微分方程为

$$m\ddot{x}+\left(\rho g\ \frac{\pi}{4}d^2\right)x=0$$

从而推算出固有频率为

$$p=\sqrt{\frac{\rho g\,\pi d^2}{4m}}=\frac{\sqrt{\pi}}{2}d\sqrt{\frac{\rho g}{m}}$$

【例 2-2】 图 2-11 为直升机的水平旋翼简图。假定翼片 OB 的质量为 m,长度为 l,并可视为均质杆,铰结于 O 点,转轴以匀角速度 ω 转动。求翼片的拍动频率(由于转速很高,此处不计重力)。

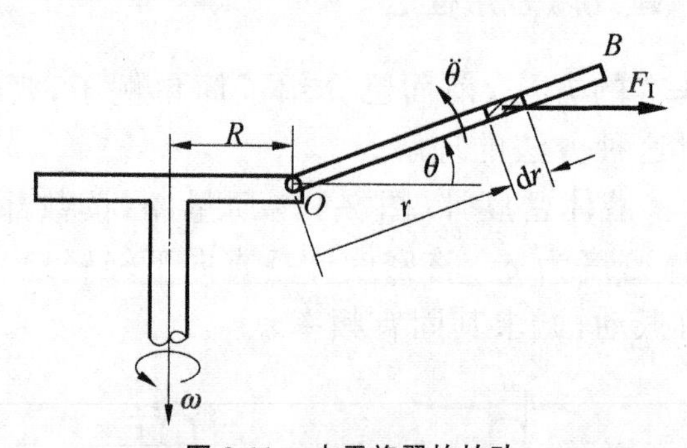

图 2-11 水平旋翼的拍动

解:从翼片上取微段 dr,其离心惯性力 $F_I=\rho_l\omega^2(R+r\cos\theta)\,\mathrm{d}r$,其中 ρ_l 为翼片单位长度的质量。整个翼片的离心惯性力对 O 点力矩为

$$\sum M_O(F_I)=-\int_0^l\rho_l\omega^2(R+r\cos\theta)r\sin\theta\,\mathrm{d}r$$

$$=-\rho_l l^2\omega^2\sin\theta\left(\frac{R}{2}+\frac{l\cos\theta}{3}\right)$$

动量矩定理为

$$J_O\ddot{\theta}=\sum M_O(F_I) \tag{2-9}$$

由于是微幅摆动，故 $\sin\theta\approx\theta$，$\cos\theta\approx1$；而 $m=\rho_l l$，$J_O=ml^2/3$。将它们代入式(2-9) 有

$$\frac{ml^2}{3}\ddot{\theta}+ml\omega^2\left(\frac{R}{2}+\frac{l}{3}\right)\theta=0$$

可得翼片的拍动固有频率为

$$p=\omega\sqrt{1+\frac{3R}{2l}}$$

2.4.1.2　能量法

保守系统的机械能保持不变，在整个振动过程中有

$$T+U=E=\text{常数}$$

对于简谐振动，可将系统动能处于极大值 T_{max} 状态取为零势能点(此状态通常为静平衡状态)；而当动能为 0 时(系统偏离平衡位置达到最大时)，势能必达极大值 U_{max}。且有

$$T_{max}=U_{max}=E \tag{2-10}$$

对简谐振动 $x(t)=x_{max}\sin(pt+\alpha)$ 有 $\dot{x}=px_{max}\cos(pt+\alpha)$，这样可得

$$\dot{x}_{max}=px_{max} \tag{2-11}$$

利用式(2-10) 和式(2-11) 可以直接计算得出系统的固有频率。

【例 2-3】　如图 2-12 所示为一开口 U 形管，内装有长度 l，密度 ρ 的水银。求液面在其平衡位置附近振动的频率。

解：对于水银与管壁之间的摩擦此处可以忽略不计，系统是保守的。用液面偏离其平衡位置的位移 x 描述该系统的运动。设 U 形管的横截面积为 S。当 $x=0$ 时，$\dot{x}=\dot{x}_{max}$，相应动能最大

$$T_{max}=\frac{1}{2}(\rho Sl)\dot{x}_{max}^2$$

当 $x=x_{max}$ 时，系统的势能最大。取系统平衡状态为零势能点，则有

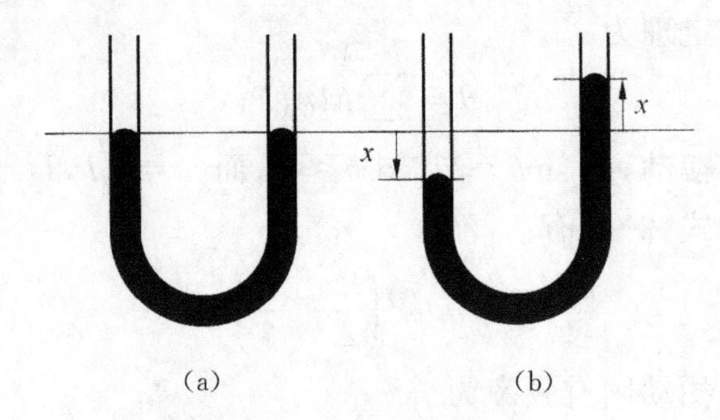

图 2-12　U 形管内液体振动

$$U_{\max}=(\rho S x_{\max})\times g\times\frac{x_{\max}}{2}\times 2=\rho S g x_{\max}^2$$

将最大动能和势能代入式(2-10)，并利用 $\dot{x}_{\max}=p x_{\max}$ 有

$$\frac{1}{2}(\rho S l)p^2 x_{\max}^2=\rho S g x_{\max}^2$$

即有

$$p=\sqrt{\frac{2g}{l}}$$

【例 2-4】　如图 2-13 所示，倒置摆由刚杆 OA 及质量为 m 的球组成。刚杆铰接于 O 点，借助弹簧的作用而能保持倒立。略去弹簧和刚杆的质量，求摆在图示面内做微幅摆动的固有频率。设 $OA=l$，$OB=a$。

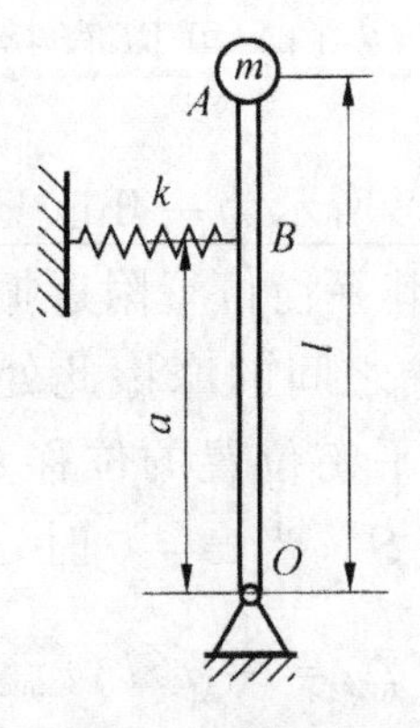

图 2-13　倒立摆

解：以摆杆偏离垂线的角度 θ 为广义坐标，过竖直位置时摆的

角速度最大，记为 $\omega_{\max}$，相应地系统的最大动能为

$$T_{\max}=\frac{1}{2}m(l\omega_{\max})^2$$

当摆偏离竖直位置 $\theta_{\max}$ 时，弹簧伸长近似为 $a\theta_{\max}$。重物下降的高度为

$$h=l(1-\cos\theta_{\max})\approx\frac{1}{2}l\theta_{\max}^2$$

所以系统最大势能为

$$U_{\max}=\frac{1}{2}ka^2\theta_{\max}^2-\frac{1}{2}mg\theta_{\max}^2$$

利用式(2-10) 式和 $\omega_{\max}=p\theta_{\max}$，可以计算得出系统的固有频率

$$p=\sqrt{\frac{g}{l}\left(\frac{ka^2}{mgl}-1\right)} \tag{2-12}$$

上式(2-12) 仅当 $ka^2>mgl$ 时才是有意义的。否则，系统具有负刚度，将不会发生振动。此时无论摆偏离平衡位置有多么小，要想借助"弹簧"的弹性恢复力把它维持在平衡位置附近做微幅摆动是不可能实现的。

2.4.1.3　静位移法

该方法适用于结构复杂而刚度难以计算的情形，在工程中经常使用。它无需求弹性元件的刚度，只需测量出其静变形 δ_j，即可算出固有频率。

对于悬挂方式的弹簧 — 质量系统的静变形有

$$k\delta_j=mg \tag{2-13}$$

上式(2-13) 也可以写成

$$\frac{k}{m}=\frac{g}{\delta_j}$$

这样固有频率

$$p=\sqrt{\frac{k}{m}}=\sqrt{\frac{g}{\delta_j}}$$

由此可测量出静变形，进而计算出固有频率。该公式同样适

用于其他单自由度情形下，如图 2-14 的不计自身质量的悬臂梁，在自由端有一集中质量 m，它们构成了单自由度系统。

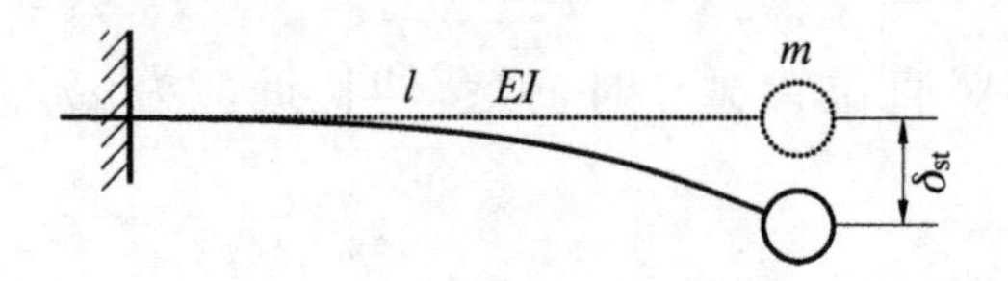

图 2-14 悬臂梁的静位移法

由材料力学可知，悬臂梁自由端的静挠度为

$$\delta_j = \frac{l^3}{3EI} mg$$

式中，EI 为梁的抗弯刚度，因此梁的横向位移的刚度为

$$k = \frac{mg}{\delta_j} = \frac{3EI}{l^3}$$

这样，振系的固有频率为

$$p = \sqrt{\frac{k}{m}} = \sqrt{\frac{3EI}{ml^3}} = \sqrt{\frac{g}{\delta_j}}$$

2.4.2 等效参数

通常，单自由度系统振动模型并非简单地只由一个质量元件、一个弹性元件和一个阻尼元件构成，它往往包含多个质量、多个弹簧和多个阻尼器。这时候需要确定它们的综合效果，即等效质量、等效弹簧和等效阻尼。此外，若将连续系统化为单自由度系统，也需要将分布质量和分布弹性等效化为一个质量和一个弹簧。本小节重点分析等效的原则和计算方法。

2.4.2.1 等效刚度

等效刚度的计算可以采用刚度的定义或者采用等效前后的系统势能相等的原则。

设 n 个弹簧的刚度分别为 k_1、k_2、…、k_n，下面讨论弹簧并联或者串联，如何计算等效弹簧刚度问题。

(1) 并联弹簧

如图 2-15 所示质量—弹簧系统。质体 m 与 n 个弹簧相连，设 m 有任意位移 x，则每根弹簧长度改变 x。

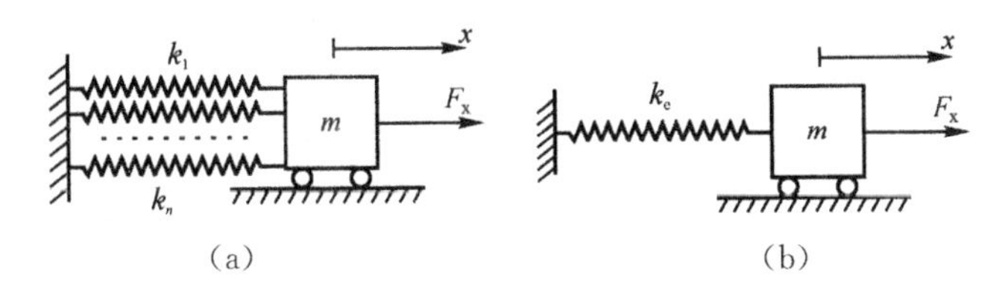

图 2-15　并联弹簧

m 受到的弹簧力 F_x 可表示为

$$F_x = k_1 x + k_2 x + \cdots + k_n x = \left(\sum_{i=1}^{n} k_i\right) x$$

按照刚度定义

$$k_e = \frac{F_x}{x} = \sum_{i=1}^{n} k_i$$

(2) 串联弹簧

如图 2-16 所示质量—弹簧系统。n 个弹簧相互串联后与质量 m 相连，当质量 m 沿 x 方向受力 F_x，则所有的弹簧所受力均为 F_x。

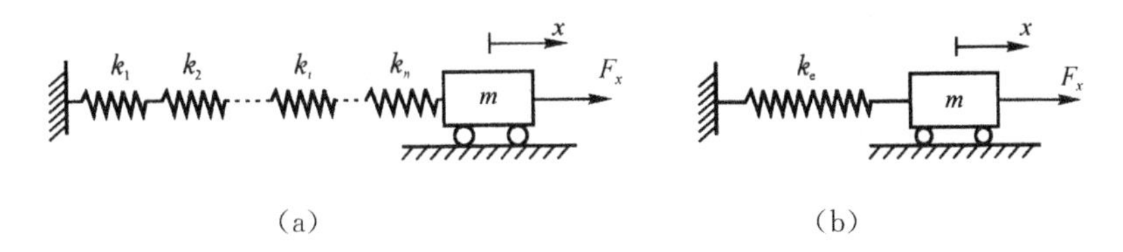

图 2-16　串联弹簧

质量 m 的位移 x 可表示为

$$x = \frac{F_x}{k_1} + \frac{F_x}{k_2} + \cdots + \frac{F_x}{k_n} = F_x \sum_{i=1}^{n} (1/k_i)$$

按照刚度的定义

$$k_e = \frac{F_x}{x} = \frac{1}{\sum_{i=1}^{n} 1/k_i}$$

即

$$\frac{1}{k_{\mathrm{e}}}=\sum_{i=1}^{n}\frac{1}{k_i}$$

【例 2-5】 如图 2-17 所示的一个多弹簧悬臂梁振动系统,求系统的等效刚度(悬臂梁自身质量忽略不计)。

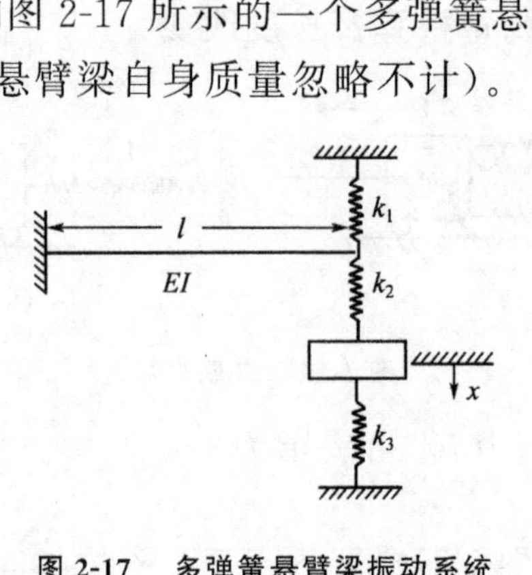

图 2-17 多弹簧悬臂梁振动系统

解:悬臂梁的作用相当一根弹簧,弹簧刚度确定如下:设在悬臂梁自由端作用一个横向静力 F,则该梁自由端的横向挠度为

$$\delta=\frac{Fl^3}{3EI}$$

于是得悬臂梁的等效弹簧刚度为

$$k=\frac{F}{\delta}=\frac{3EI}{l^3}$$

分析四根弹簧 k,k_1、k_2、k_3 的连接方式为:k 与 k_1 并联得 k_{e1},然后 k_{e1} 与 k_2 串联得 k_{e2},k_{e2} 再与 k_3 并联,即为本系统等效刚度 k_{e}。

根据上述分析,有

$$k_{\mathrm{e1}}=k+k_1$$

$$\frac{1}{k_{\mathrm{e2}}}=\frac{1}{k_{\mathrm{e1}}}+\frac{1}{k_2}=\frac{k_{\mathrm{e1}}+k_2}{k_{\mathrm{e1}}k_2}$$

$$k_{\mathrm{e2}}=\frac{k_{\mathrm{e1}}k_2}{k_{\mathrm{e1}}+k_2}=\frac{(k+k_1)k_2}{k+k_1+k_2}$$

$$k_{\mathrm{e}}=k_{\mathrm{e2}}+k_3=\frac{(k+k_1)k_2}{k+k_1+k_2}+k_3=\frac{\left(\dfrac{3EI}{l^3}+k_1\right)k_2}{\dfrac{3El}{l^3}+k_1+k_2}+k_3$$

2.4.2.2　等效阻尼

等效阻尼和等效刚度类似的计算公式如下：

并联阻尼器的等效阻尼系数为

$$c_e = \sum_{i=1}^{n} c_i$$

串联阻尼器的等效阻尼系数为

$$\frac{1}{c_e} = \sum_{i=1}^{n} \frac{1}{c_i}$$

式中：c_i 是每个阻尼器的阻尼系数。

对于传动系统而言，如果传动比为 i，主动轴扭转阻尼系数为 c_{t_1}，从动轴扭转阻尼系数为 c_{t_2}，把主动轴向从动轴等效时，主动轴的等效扭转阻尼系数为

$$c_{t_{1e}} = c_{t_1}/i^2$$

2.4.2.3　等效质量

在许多的质量—弹簧系统中，对于弹簧质量常常忽略不计，这主要是因为其与质体质量 m 相比是极小的。但是在某些系统中，必须考虑这些弹性元件质量的影响，例如当弹簧质量在振动系统中作用较大时就应当予以考虑。

可以将具有多个集中质量或具有分布质量的系统简化为具有单个等效质量的典型的单自由度系统，可以将“等效前后系统的动能相等”作为求解等效质量依据的原则。

【例 2-6】　求如图 2-18 所示滑轮—弹簧系统的等效质量。

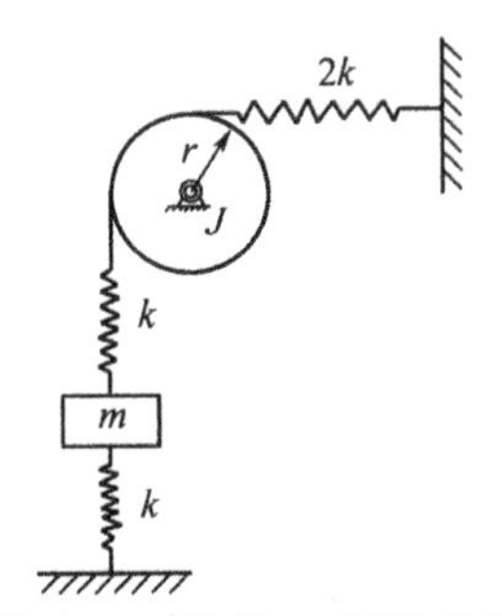

图 2-18　滑轮—弹簧系统

解：取物块 m 的向下位移 x 为广义坐标，写出系统动能为

$$T=\frac{1}{2}m\dot{x}^2+\frac{1}{2}J\left(\frac{\dot{x}}{r}\right)^2=\frac{1}{2}\left(m+\frac{J}{r^2}\right)\dot{x}^2$$

这也是等效前系统的动能。

设等效后系统的动能为

$$T_e=\frac{1}{2}m_e\dot{x}^2$$

因为 $T=T_e$，由此可得

$$m_e=m+\frac{J}{r^2}$$

【例 2-7】 如图 2-19 所示质量 — 弹簧系统，有一物块质量 m，弹簧长度 l，刚度 k，单位长度质量 ρ_l，求弹簧的等效质量。

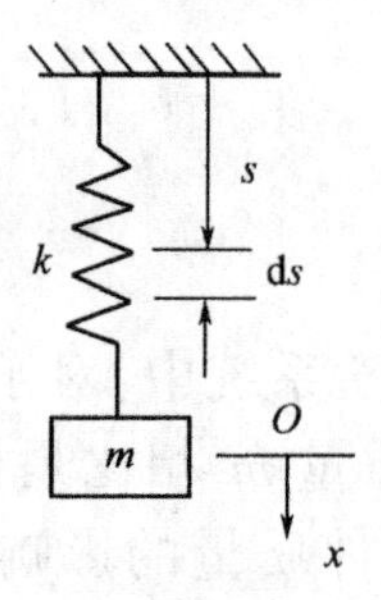

图 2-19 质量 - 弹簧系统

解：假设弹簧上各点的位移呈线性分布，则距离固定点为 s 的微段 ds 的位移为 sx/l，速度为 $s\dot{x}/l$，动能为

$$dT_s=\frac{1}{2}\rho_l ds\left(s\frac{\dot{x}}{l}\right)^2=\frac{1}{2}\rho_l\frac{s^2\dot{x}^2}{l^2}ds$$

弹簧动能为

$$T_s=\int_0^l\frac{1}{2}\rho_l\frac{s^2\dot{x}^2}{l^2}ds=\frac{1}{2}\left(\frac{1}{3}\rho_l l\right)\dot{x}^2$$

令 $\rho_l l=m_s$，则

$$T_s=\frac{1}{2}\left(\frac{1}{3}m_s\right)\dot{x}^2$$

所以弹簧的等效质量为 $m_s/3$。把这个质量叠加到集中质量 m 上，就得到一个典型的单自由度质量 — 弹簧系统。

【例 2-8】　设图 2-20(a) 系统中弹簧质量为 $m=0$，沿长度 l 均匀分布，其他参数与图 2-1 相同。用瑞利法求系统的第一阶固有频率。

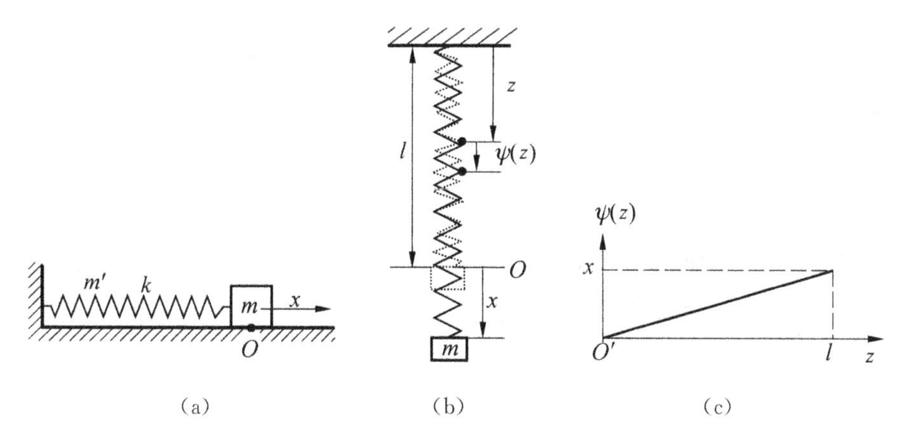

图 2-20　考虑分布质量的弹簧 — 质量系统

解：图 2-20(a) 的系统中只是发生了水平方向的运动，这时候重力无法产生静变形。而当将系统悬挂起来时，那么它就会在重力作用下产生静变形。这里在求解静变形时可不计弹簧质量，来求一个近似值。

弹簧各截面的静位移与它到悬挂点的距离是成正比的，也就是说离悬挂点 z 处弹簧截面的位移为 $\psi(z)=\delta_{\mathrm{j}}z/l$。振动过程中定弹簧横截面动位移符合 $\psi(z)=xz/l$（见图 2-20(c) 的实线），其中 x 是弹簧末端的位移（也就是质量块的位移）。弹簧的动能为

$$T_k=\frac{1}{2}\int_0^l\rho_l\mathrm{d}z\left(\frac{\partial\psi}{\partial t}\right)^2=\frac{1}{2}\int_0^l\rho_l\mathrm{d}z\left(\frac{\dot{x}}{l}z\right)^2=\frac{1}{2}\int_0^l\rho_l\left(\frac{\dot{x}}{l}z\right)^2\mathrm{d}z$$

$$=\frac{1}{2}\frac{\rho_l l}{3}\dot{x}^2=\frac{1}{2}\frac{m'}{3}\dot{x}^2$$

式中：ρ_l 为弹簧的单位长度质量。系统的总动能为

$$T=\frac{1}{2}m\dot{x}^2+T_k=\frac{1}{2}\left(m+\frac{m'}{3}\right)\dot{x}^2$$

因而等效质量

$$m_{\mathrm{eq}}=m+m'/3$$

由于两方面的因素，第一，无限自由度系统被简化成了单自由度系统；第二，对最低阶的振动形式，也就是对弹簧的横截面位移做

了强制假定。因此,这里所得出的 m_{eq} 是近似的。

振系的势能仍然与忽略弹簧质量时相同,即

$$U=\frac{1}{2}kx^2$$

将 $T_{max}=U_{max}$ 推广到该系统,可得固有频率

$$p=\sqrt{\frac{k}{m+m'/3}}$$

式中:$m'/3$ 是弹簧的等效质量。上式表明,把弹簧质量的 1/3 附加到质量块可以提高基频估计精度。图 2-21 显示了上式的精度。

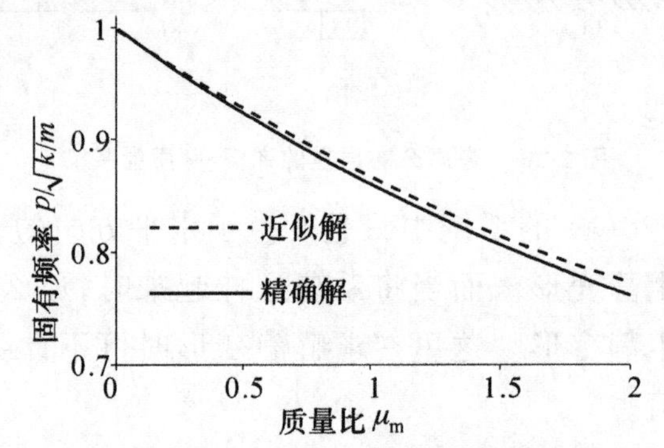

图 2-21　采用瑞利法估计弹簧质量系统基频的精度

图 2-21 中的横坐标 $\mu_m=\frac{m'}{m}$ 是弹簧质量与物块的质量比。在图示的范围可以看出,当 $m=2m'$ 时误差只有 0.5%;当 $m=m'$ 时误差只有 0.75%;当 $m'=2m$ 时误差也仅为 3%。由此可见,$p=\sqrt{\frac{k}{m+m'/3}}$ 的精度是非常高的。

【例 2-9】　图 2-22 为一均质等截面的简支梁,梁长 l,单位长度的质量为 ρ_l。在梁的中部有一集中质量 m。求其基频。

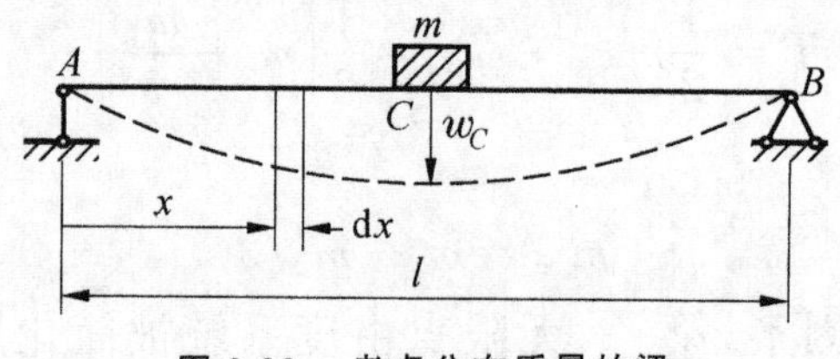

图 2-22　考虑分布质量的梁

解：由于是做简谐振动，设 m 的振动方程为

$$\omega_C(t)=A\sin pt$$

其速度

$$\dot{\omega}_C(t)=Ap\cos pt$$

振动形式用简支梁的静挠度曲线近似，对本题按梁的中点受到一个单位集中静载的挠曲线。由材料力学知道这个挠曲线为（左右对称，仅需考虑 C 点左半侧）

$$\psi(x)=\frac{l^3}{48EI}\times\frac{3l^2x-4x^3}{l^3}\quad(x<\frac{l}{2})$$

可以将梁振动随时间和空间变化近似为

$$\omega(x,t)=\psi(x)\times\frac{48EI}{l^3}\omega_C(t)=A\ \frac{3l^2x-4x^3}{l^3}\sin pt$$

梁上各截面的横向速度

$$\frac{\partial\omega(x,t)}{\partial t}=\psi(x)\dot{\omega}_C(t)$$

可得梁的动能为

$$T_b=2\int_0^{l/2}\frac{\rho_l}{2}dx\left[\frac{\partial\omega(x,t)}{\partial t}\right]^2=2\int_0^{l/2}\frac{\rho_l}{2}\left[\frac{3l^2x-4x^3}{l^3}\right]^2\dot{\omega}_C^2(t)\,dx$$

$$=\frac{1}{2}\ \frac{17\rho_l l}{35}\dot{\omega}_C^2(t)=\frac{1}{2}\ \frac{17m'}{35}\dot{\omega}_C^2(t)$$

其中 $m'=\rho_l l$ 为整个梁的质量。

系统的总动能

$$T=T_m+T_b=\frac{1}{2}m\dot{\omega}_C^2(t)+\frac{1}{2}\ \frac{17m'}{35}\dot{\omega}_C^2(t)=\frac{1}{2}\left(m+\frac{17m'}{35}\right)\dot{\omega}_C^2(t)$$

最大为

$$T_{max}=\frac{1}{2}\left(m+\frac{17}{35}m'\right)A^2p^2$$

梁的最大势能为

$$U_{max}=\frac{1}{2}kA^2=\frac{1}{2}\ \frac{48EI}{l^3}A^2$$

由 $T_{max}=U_{max}$ 得

$$p=\sqrt{\frac{48EI}{\left(1+\frac{17}{35}\frac{m'}{m}\right)ml^3}}$$

可见，简支梁的分布质量对振系固有频率的影响相当于在梁中点的集中质量上再加梁的等效质量 $m_{eq}=17m'/35$（约为梁总质量 m' 的一半）。

2.5　单自由度系统有阻尼自由振动

无阻尼系统是一种理想化的系统，而实际结构总会有阻尼，自由振动会因阻尼的作用而逐渐衰减，并最终停止。阻尼有介质阻尼、摩擦阻尼、材料内阻、电磁阻尼和声辐射阻尼等，它们是非常复杂的，并且有着不同的变化规律。

本节主要就黏性阻尼进行讨论，即阻尼力方向与相对速度方向相反，而大小与相对速度成正比，也就是

$$F_c=c\dot{x} \tag{2-14}$$

2.5.1　控制方程的求解

阻尼器的符号如图 2-23(a) 所示，它是对油缸内活塞运动的抽象。采用式(2-14) 这样的阻尼模型，由于振动微分方程仍为线性，故可以用线性系统的方法来分析。

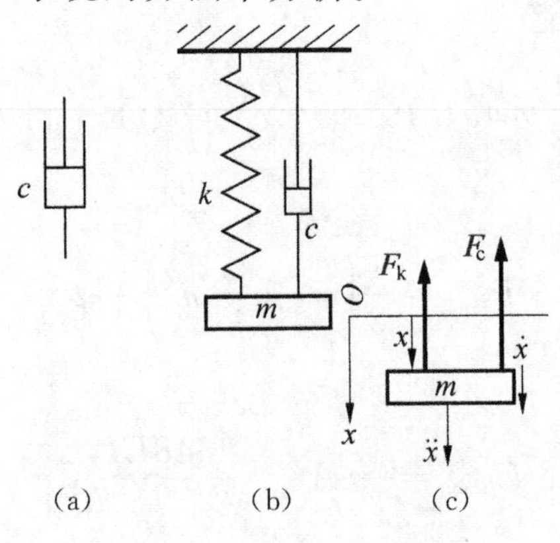

图 2-23　有阻尼振动系统

有阻尼的弹簧—质量系统如图 2-23(b)。质量块所受的力除了弹性力 F_k 之外，还有阻尼力 F_c[图 2-23(c)]。

速度画成沿坐标轴的正向，因而阻尼力方向朝上。这样

$$m\ddot{x} = -F_c - F_k = -c\dot{x} - kx$$

也可写成

$$m\ddot{x} + c\dot{x} + kx = 0 \tag{2-15}$$

方程(2-15) 为线性常系数常微分方程。可以采用试解法进行求解。假定方程(2-15) 的指数形式解为

$$x(t) = \exp(st)$$

其中：s 为待定常数。将其代入方程(2-15)，约去各项非 0 的 $\exp(st)$，得到代数方程

$$ms^2 + cs + k = 0$$

此即为微分方程(2-15) 的特征方程。它是一元二次方程，存在两个根，判别式

$$\Delta = c^2 - 4mk = 4mk(\zeta^2 - 1)$$

的正负决定着两个根为实数、共轭复数，还是重根。其中，$\zeta = \dfrac{c}{2\sqrt{mk}}$ 是量纲 1 的阻尼比，其分母 $2\sqrt{mk}$ 是系统的一个重要参数，称为临界阻尼系数

$$c_c = 2\sqrt{mk}$$

阻尼比的大小决定系统的振动特性，其为

$$\zeta = \frac{c}{2\sqrt{mk}} = \frac{c}{c_c}$$

2.5.2　欠阻尼情形

当阻尼比 $0 < \zeta < 1$ 时，特征根是一对共轭复根

$$s_{1,2} = -\zeta\omega_n \pm j\omega_n\sqrt{1-\zeta^2} = -\zeta\omega_n \pm j\omega_d \tag{2-16}$$

方程(2-15) 的通解为

$$x = e^{-\zeta\omega_n t}(a_1\cos\omega_d t + a_2\sin\omega_d t) \tag{2-17}$$

式中 ω_d 称为系统的阻尼振动频率或自然频率，可以表示为

$$\omega_d = \omega_n\sqrt{1-\zeta^2} \tag{2-18}$$

2.5.2.1　自由衰减振动

显然,它小于系统的固有频率。令式(2-17)及其导数中 $t=0$,$\dot{x}_0$ 为初速度,x_0 为初位移。解出积分常数

$$a_1 = x_0$$

$$a_2 = \frac{\dot{x}_0 + \zeta\omega_n x_0}{\omega_d}$$

将其代入式(2-17),得到系统的位移

$$x = e^{-\zeta\omega_n t}\left(x_0\cos\omega_d t + \frac{\dot{x}_0 + \zeta\omega_n x_0}{\omega_d}\sin\omega_d t\right) = U(t)x_0 + V(t)\dot{x}_0 \tag{2-19}$$

式中:$U(t) = e^{-\zeta\omega_n t}\left(\cos\omega_d t + \frac{\zeta}{\sqrt{1-\zeta^2}}\sin\omega_d t\right)$,$V(t) = \frac{e^{-\zeta\omega_n t}}{\omega_d}\sin\omega_d t$,它们分别是单位初始位移和单位初始速度引起的自由振动。

式(2-19)还可等价写作

$$x = a e^{-\zeta\omega_n t}\sin(\omega_d t + \varphi)$$

式中:$a = \sqrt{x_0^2 + \left(\frac{\dot{x}_0 + \zeta\omega_n x_0}{\omega_d}\right)^2}$,$\varphi = \arctan\frac{\omega_d x_0}{\dot{x}_0 + \zeta\omega_n x_0}$。

2.5.2.2　阻尼固有周期

图 2-24 中实线是一典型的位移时间历程。它是在系统平衡位置附近的往复振动,由于出现了幅值不断衰减的情况,故不再是周期振动。

实际系统多属于欠阻尼情况,且一般 $\zeta < 0.2$。所以,通常所说的阻尼系统自由振动,都是指欠阻尼情况。其振动具有以下特性。

第一,阻尼系统的自由振动振幅按指数规律 $a e^{-\zeta\omega_n t}$ 衰减。

第二,阻尼系统的自由振动是非周期振动,但其相邻两次沿同一方向经过平衡位置的时间间隔均为

$$T_{\mathrm{d}}=\frac{2\pi}{\omega_{\mathrm{d}}}=\frac{2\pi}{\omega_{\mathrm{n}}\sqrt{1-\zeta^2}}=\frac{T_{\mathrm{n}}}{\sqrt{1-\zeta^2}}$$

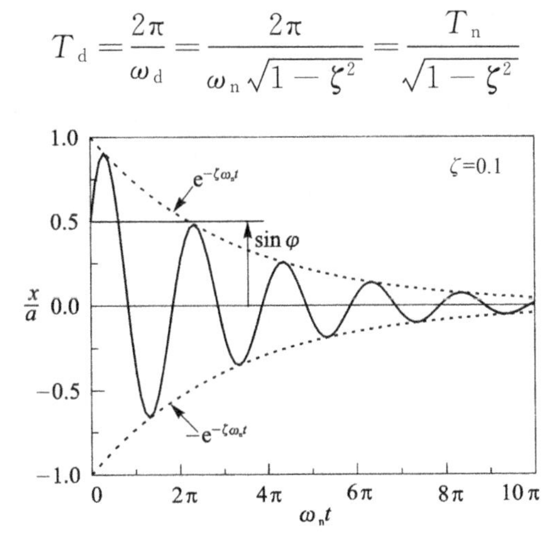

图 2-24　欠阻尼系统的衰减振动

这种性质称为等时性。借用周期这一术语，称该时间间隔 T_{d} 为阻尼振动周期或自然周期。很明显，T_{d} 大于无阻尼自由振动的周期 T_{n}。必须指出，这里衰减振动的周期并不意味着它真的具有周期性，只是为了说明它具有等时性。

第三，阻尼系统自由振动有两个重要的参数——阻尼振动频率 ω_{d} 和阻尼振动周期 T_{d}。当阻尼比很小时，它们与系统的固有频率 ω_{n}、固有周期 T_{n} 之间的差别很小，甚至可忽略。

第四，引入振幅对数衰减率对振幅衰减的快慢进行描述。它定义为经过一个自然周期相邻两个振幅之比的自然对数，即

$$\delta=\ln\frac{e^{-\zeta\omega_{\mathrm{n}}t}}{e^{-\zeta\omega_{\mathrm{n}}(t+T_{\mathrm{d}})}}=\zeta\omega_{\mathrm{n}}T_{\mathrm{d}}=\frac{2\pi\zeta}{\sqrt{1-\zeta^2}} \tag{2-20}$$

由此可见，振幅对数衰减率仅取决于阻尼比。图 2-25 中实线是两者间关系曲线。对于小阻尼比情况，式(2-20) 可近似取为

$$\delta\approx 2\pi\zeta$$

图 2-25 中虚线即是这一线性化近似。当阻尼比 ζ 为 0.1、0.2 和0.3 时，这一近似式的误差分别为 0.5%、2% 和 4.6%。

第五，自由振动中含有的阻尼信息为由实验确定系统阻尼提供了可能性。在大多数情况下，可根据实测的自由振动，通过计算振幅对数衰减率来确定系统的阻尼比。

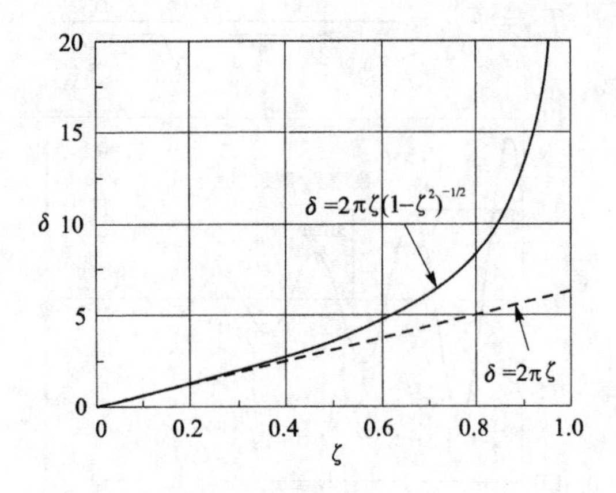

图 2-25　振幅对数衰减率与阻尼比的关系

2.5.3　过阻尼和临界情形

2.5.3.1　过阻尼情形

当阻尼比 $\zeta > 1$ 时，特征根(2-16) 是一对互异实根，方程(2-15) 的通解是

$$x = a_1 e^{(-\zeta+\sqrt{\zeta^2-1})\omega_n t} + a_2 e^{(-\zeta-\sqrt{\zeta^2-1})\omega_n t} \tag{2-21}$$

式中：a_1 和 a_2 是由初始条件确定的两个积分常数。命上式及其导数中 $t=0$，可解出这两个积分常数为

$$a_1 = \frac{\dot{x}_0 + \left(\zeta + \sqrt{\zeta^2 - 1}\right)\omega_n x_0}{2\omega_n\sqrt{\zeta^2 - 1}}, a_2 = \frac{-\dot{x}_0 - \left(\zeta - \sqrt{\zeta^2 - 1}\right)\omega_n x_0}{2\omega_n\sqrt{\zeta^2 - 1}}$$

将它们代入式(2-21) 即得系统位移响应。

图 2-26 中实线是一典型时间历程，运动按指数规律衰减。可以证明，这种运动至多只过平衡位置一次就会逐渐回到平衡位置，没有振荡特性。

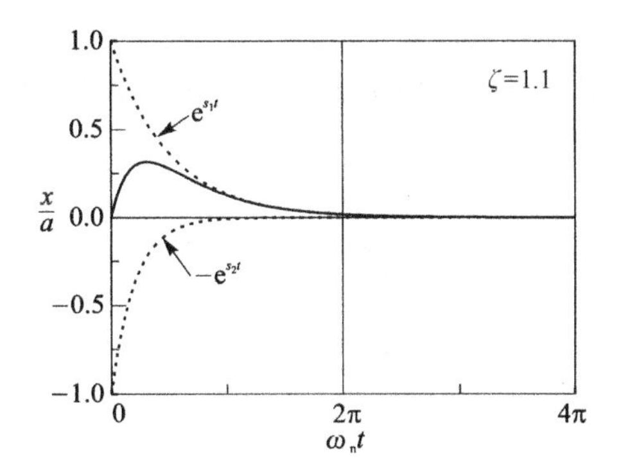

图 2-26　过阻尼系统的自由衰减运动

2.5.3.2　临界阻尼情形

当阻尼比 $\zeta=1$ 时，特征根是一对相等的实根

$$s_{1,2}=-\omega_{\mathrm{n}}$$

方程(2-15) 的通解为

$$x=(a_1+a_2 t)\,\mathrm{e}^{-\omega_{\mathrm{n}} t} \tag{2-22}$$

命上式及其导数中 $t=0$，可解出积分常数

$$a_1=x_0,\ a_2=\dot{x}_0+\omega_{\mathrm{n}} x_0 \tag{2-23}$$

将(2-23) 代入式(2-22) 得到系统的位移响应。

图 2-27 中实线是临界阻尼条件下典型的位移时间历程。同样的，这种运动也按指数规律很快衰减，至多只过平衡点一次，没有振荡特性。

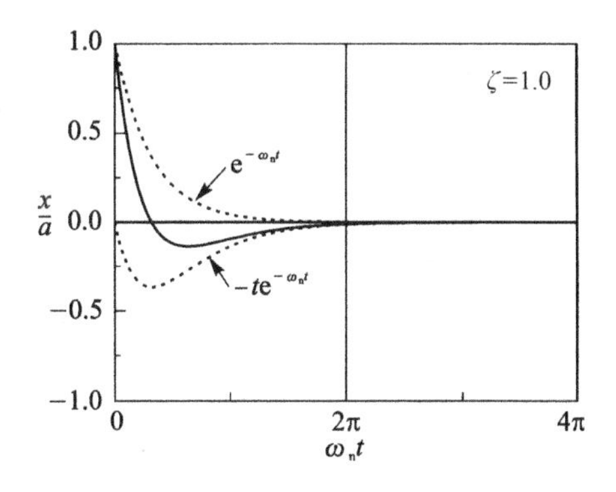

图 2-27　临界阻尼系统的自由衰减运动

【例 2-10】 图 2-28 所示为一摆振系统，不计刚性摆杆质量，$a/l \approx \alpha$。求系统绕 O 点小幅摆动的阻尼振动频率和临界阻尼系数。

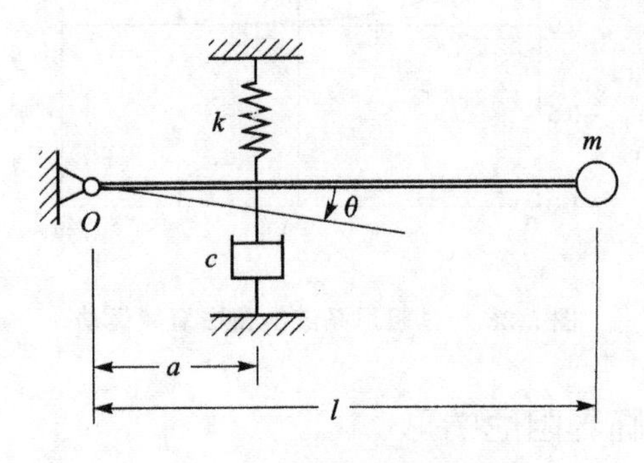

图 2-28 摆振系统的小幅振动

解：选取刚性杆转角 θ 作为系统位移，设 θ 顺时针转动方向为正。根据动量矩定理可得系统运动方程为

$$ml^2\ddot{\theta} = -ka^2\theta - ca^2\dot{\theta}$$

上式可进一步简化成如下标准形式：

$$\ddot{\theta} + \frac{c\alpha^2\dot{\theta}}{m} + \frac{k\alpha^2\theta}{m} = 0$$

系统的固有频率为

$$\omega_n = \alpha\sqrt{\frac{k}{m}}$$

阻尼比为

$$\zeta = \frac{c\alpha^2}{2m\omega_n} = \frac{c\alpha}{2\sqrt{km}} \tag{2-24}$$

阻尼振动频率为

$$\omega_d = \omega_n\sqrt{1-\zeta^2}$$

(2-24) 中，当 $\zeta = 1$ 时可得系统的临界阻尼系数

$$c_c = 2\frac{\sqrt{km}}{\alpha}$$

2.6　单自由度系统受迫振动

受迫振动，即振系受到外界激励而产生的振动。系统激励的作用形式有两种(图 2-29)：

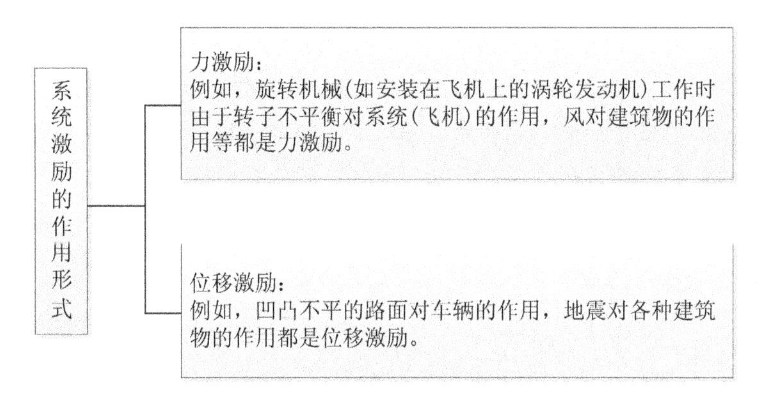

图 2-29　系统激励的作用形式

作用在系统上的激励，按它们随时间变化的规律，可以分为简谐激励、非简谐周期激励和随时间任意变化的非周期性激励。激励所引起的响应与振系的固有特性、激励自身的变化规律等有着密切关系。

2.6.1　简谐激励引起的受迫振动

简谐激励，即随时间按正弦或者余弦变化的激励，也称为谐和激励。它是一种最为常见的持续激励。工程上许多激励都具有简谐激励的形式，如不平衡转子产生的离心惯性力等，它们在工程上发挥着广泛的实际意义。

2.6.1.1　振动微分方程及其解

如图 2-30 所示为质量 — 弹簧 — 阻尼器的单自由度振动系统。在质体 m 上作用简谐激振力 $f(t)=F_0\sin\omega t$，其中，F_0 为简谐激振力幅值，ω 为简谐激振力频率。

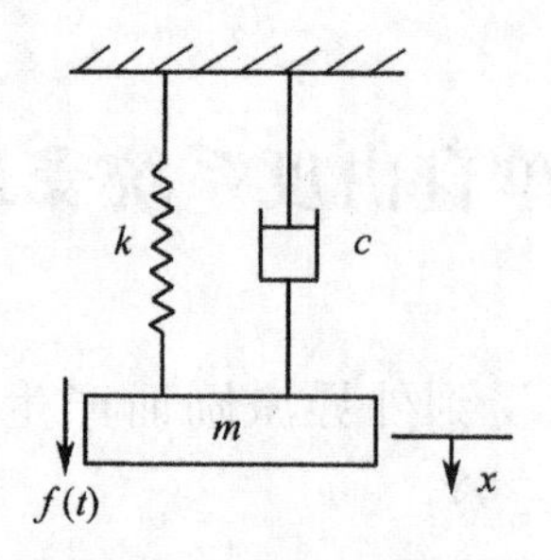

图 2-30 受迫振动系统

取质量位移为 $x(t)$，静平衡位置为坐标原点，过原点铅垂向下为 x 轴正向，根据牛顿第二定律或拉格朗日方程，得到振系的振动微分方程式为

$$m\ddot{x}+c\dot{x}+kx=F_0\sin\omega t \tag{2-25}$$

将方程式(2-25)两端同除 m，得

$$\ddot{x}+2\zeta\omega_n\dot{x}+\omega_n^2x=B_s\omega_n^2\sin\omega t \tag{2-26}$$

式中：$\zeta=c/2m\omega_n$ 为阻尼比；$\omega_n=\sqrt{k/m}$ 为无阻尼系统的固有角频率；$B_s=F_0/k$ 为在静力 F_0 作用下产生的静位移。

方程式(2-26)是一个二阶线性常系数非齐次微分方程，根据常微分方程理论，其通解由两部分组成——齐次方程的通解 $x_1(t)$ 和非齐次方程的特解 $x_2(t)$，即

$$x(t)=x_1(t)+x_2(t) \tag{2-27}$$

式中：$x_1(t)$ 物理上表示有阻尼自由振动，在欠阻尼(小阻尼)情况下

$$x_1(t)=e^{-\zeta\omega_nt}(C_1\cos\omega_dt+C_2\sin\omega_dt) \tag{2-28}$$

即 $x_1(t)$ 会随着时间衰减，只在振动开始后的某一段时间内有意义，短暂时间内将趋于零，阻尼越大，衰减速度越快，称之为暂态振动响应。

由于微分方程(2-26)的非齐次项是正弦函数，可知其特解 $x_2(t)$ 形式亦为正弦函数，可设为

$$x_2(t)=X\sin(\omega t-\psi) \tag{2-29}$$

式中：X 为受迫振动的幅值或振幅；ψ 为位移响应与激振力之间的相位差。稳态受迫响应和激励是同频率简谐函数，不过二者在达

到最大值的时间上存在差异,并由相位差 ψ 所反映。

将式(2-29)代入方程(2-26),可确定出 X 与 ψ 为

$$X=\frac{B_s\omega_n^2}{\sqrt{(\omega_n^2-\omega^2)^2+4\zeta^2\omega_n^2\omega^2}}$$

$$\psi=\arctan\left(\frac{2\zeta\omega_n\omega}{\omega_n^2-\omega^2}\right)$$

引入无量纲频率比 $\bar{\omega}=\omega/\omega_n$,得

$$X=B_s\frac{1}{\sqrt{(1-\bar{\omega}^2)^2+(2\zeta\bar{\omega})^2}} \tag{2-30}$$

$$\psi=\arctan\left(\frac{2\zeta\bar{\omega}}{1-\bar{\omega}^2}\right)$$

将式(2-28)和式(2-29)代入式(2-27),得到非齐次方程组(2-26)的通解为

$$x(t)=e^{-\zeta\omega_n t}(C_1\cos\omega_d t+C_2\cos\omega_d t)+X\sin(\omega t-\psi)$$

利用初始条件 $x(0)=x_0$,$\dot{x}(0)=\dot{x}_0$,确定出

$$C_1=x_0+X\sin\psi$$

$$C_2=\frac{\dot{x}_0+\zeta\omega_n x_0+X(\zeta\omega_n\sin\psi-\omega\cos\psi)}{\omega_d}$$

正弦激励作用下系统的位移响应为

$$\begin{aligned}x(t)=&e^{-\zeta\omega_n t}\left(x_0\cos\omega_d t+\frac{\dot{x}_0+\zeta\omega_n x_0}{\omega_d}\sin\omega_d t\right)\\&+Xe^{-\zeta\omega_n t}\left(\sin\psi\cos\omega_d t+\frac{\zeta\omega_n\sin\psi-\omega\cos\psi}{\omega_d}\sin\omega_d t\right)\\&+X\sin(\omega t-\psi)\end{aligned} \tag{2-31}$$

式(2-31)右端包含三项,它们具有不同的含义:

第一项是初始条件产生的衰减自由振动。

第二项是无论初始条件如何都伴随受迫振动而产生的自由振动,称为伴生自由振动,它与初始条件无关,也是衰减振动。

第三项表示简谐激振力引起的稳态响应,它与激振力有相同的频率,但振幅和频率与初始条件无关。

在系统中不可避免地会存在阻尼,故前两项表示的自由振动

将会被衰减掉，都是暂态响应，经过一段时间以后，系统就只有稳态响应了。

2.6.1.2 稳态响应特性分析

特解 $x_2(t)$ 在物理上表示系统在简谐激励力作用下产生的等幅振动，习惯上将其称为稳态响应。

$$x_2(t)=X\sin(\omega t-\psi)=B_s\beta(\omega t-\psi)$$

$$\beta=\frac{1}{\sqrt{(1-\bar{\omega}^2)^2+(2\zeta\bar{\omega})^2}} \tag{2-32}$$

式中：$\beta=X/B_s$ 是位移响应振幅 X 与静态位移 B_s 之比，表示振动位移振幅值比静位移放大的系数，因此称为位移振幅的动力放大因子或动力放大系数。

通过上述内容可归纳出有阻尼单自由度系统受迫振动稳态响应的特性：

第一，系统在简谐激励下的响应是简谐的。受迫振动的频率与激励的频率 ω 相同。

第二，受迫振动的振幅与初始条件无关，这一点由式(2-30)可以看出。它与静位移 B_s 呈线性关系，而弹簧刚度是一定值，故受迫振动振幅值 X 与激励力幅值 F_0 成正比。F_0 越大，X 也越大。除此之外，振幅还受 ω 和 ω_n 的影响，为清楚起见，以放大因子 β 作为纵坐标，频率比 $\bar{\omega}$ 为横坐标，并以阻尼比 ζ 为参变量做幅频特性曲线，如图 2-30 所示。

从式(2-32)及图 2-30 中可看出：当 $\omega\to0$ 或 $\bar{\omega}\to0$ 时，$\beta\to1$。此时激励力频率很低，激励力大小变化缓慢，相当于把激励力幅 F_0 以静态载荷形式施加于系统上，动态影响不大，振幅与静位移相差无几。

当 $\omega\to\omega_n$ 或 $\bar{\omega}\to1$ 时，振幅将急剧增加，并达到最大值，这种现象称为“共振”。在此区域附近，振幅大小主要取决于系统的阻尼，阻尼越小，共振表现越剧烈，振幅越大。

当 ω 继续增加，即 $\bar{\omega}>1$ 后，振幅便迅速下降。当 $\bar{\omega}\to\infty$ 时，β

$\to 0$,最后振幅趋近于零。这是因为激励力频率变化太快,系统响应跟不上激励力变化的缘故。

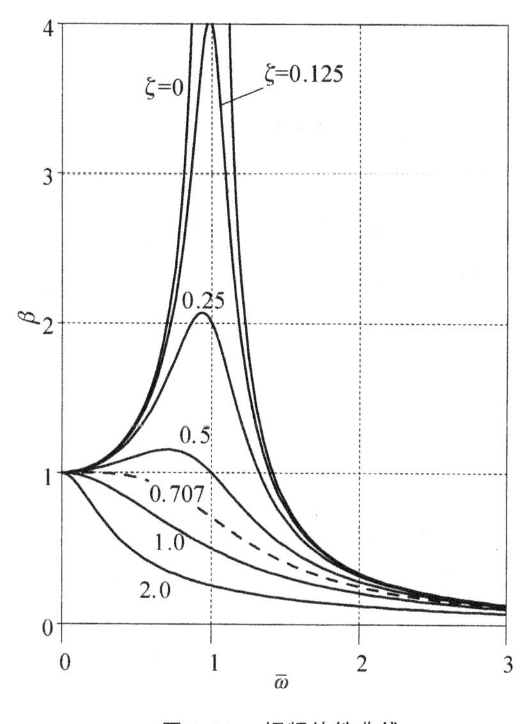

图 2-31　幅频特性曲线

第三,从图 2-31 可见,增加阻尼可以有效地抑制共振时的振幅。若阻尼足够大,则可将受迫振动的振幅维持在一个不大的水平上。还必须指出,阻尼仅在共振区附近作用明显,在共振区以外,其作用很小。

显然,由式(2-32)看出,如果阻尼比 $\zeta \to 0$,频率比 $\bar{\omega} \to 1$ 时,放大因子 $\beta \to 0$。

若阻尼比 $\zeta \neq 0$,可将式(2-32)中的放大因子 β 对 $\bar{\omega}$ 求偏导,并使其等于零,可得系统响应振幅最大时激励力频率与系统固有频率之比为

$$\bar{\omega} = \frac{\omega}{\omega_{\mathrm{n}}} = \sqrt{1 - 2\zeta^2} \tag{2-33}$$

把式(2-33)代入式(2-32),得

$$\beta_{\max}=\frac{1}{2\zeta\sqrt{1-\zeta^2}} \tag{2-34}$$

若 $\zeta \ll 0$，式(2-34) 变为

$$\beta_{\max}\approx\frac{1}{2\zeta}$$

由式(2-18) 和式(2-33) 得

$$\frac{\omega_{\mathrm{d}}}{\omega_{\mathrm{n}}}=\sqrt{1-\zeta^2}>\sqrt{1-2\zeta^2}$$

由此可见，受迫振动稳态响应的峰值并不出现在系统的有阻尼固有角频率处，峰值频率略向左偏移，如图 2-30 虚线所示。设 ω_{p} 为峰值角频率，很明显，若 $\zeta\rightarrow 0$ 时，有

$$\omega_{\mathrm{p}}\approx\omega_{\mathrm{d}}\approx\omega_{\mathrm{n}}$$

第四，和振幅一样，相位 ψ 也仅为 $\bar{\omega}$ 和 ζ 的函数。以 ψ 作为纵坐标，频率比 $\bar{\omega}$ 为横坐标，并以阻尼比 ζ 为参变量做相频特性曲线，如图 2-32 所示。

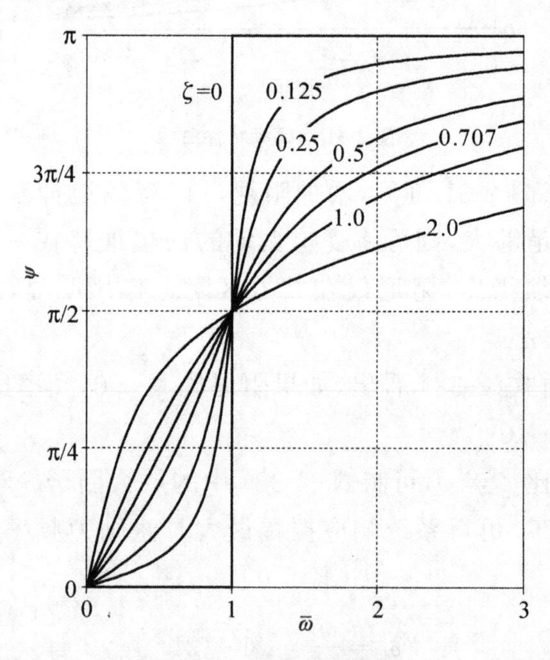

图 2-32　相频特性曲线

从图 2-32 看到，当 $\bar{\omega}=1$ 时，位移响应和激励力的相位差总是

$\pi/2$，即 $\psi=\pi/2$；当 $\bar{\omega}<1$，ψ 在 $0\sim\pi/2$ 间变化，位移和激励力同向；当 $\bar{\omega}>1$，ψ 在 $\pi/2\sim\pi$ 间变化，位移和激励力反向，可见受迫振动的振幅在共振点前后相位出现突变。这一现象常常被用来作为判断系统是否出现共振的依据。

应该注意，这里的相位差 ψ 是表示响应滞后于激励的相位角，不应与初相位 φ 相混淆。φ 是表示系统自由振动在 $t=0$ 时的初相位，它取决于初始位移与初始速度的相对大小，而 ψ 是反映响应相对于激励力的滞后效应，是由频率比和系统本身具有阻尼引起的，这是两者的区别。

【例2-11】　如图2-33所示系统中，已知质量 m 为20kg，刚度 k 为8kN/m，阻尼系数 c 为130N·s/m，激励力 $F(t)=24\sin15t$(N)作用在质量 m 上。当 $t=0$ 时，$x_0=0$，$\dot{x}_0=100$mm/s，试求系统的总响应。

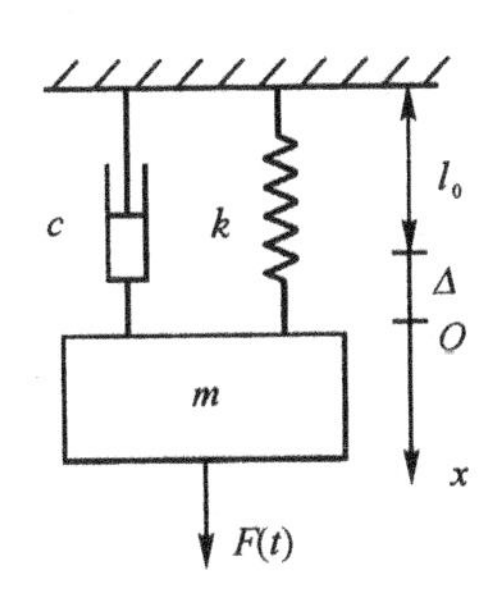

图2-33　有阻尼弹簧质量系统

解：由已知条件得

$$\omega_n=\sqrt{\frac{k}{m}}=20(\text{rad/s})$$

$$\bar{\omega}=\frac{15}{20}=0.75$$

$$\zeta=\frac{c/2}{\sqrt{mk}}=130/(2\times400)=0.1625$$

代入式(2-32)得

$$\beta=\frac{1}{\sqrt{(1-0.75^2)^2+(2\times0.1625\times0.75)^2}}=2$$

$$\psi = \arctan \frac{2 \times 0.1625 \times 0.75}{1 - 0.75^2} = 29.12^\circ = 0.508(\text{rad})$$

因此，稳态响应为

$$x_2(t) = \frac{F_0}{k}\beta \sin(\omega t - \psi)$$

$$= 2 \times \frac{24}{8000}\sin(15t - 0.508)$$

$$= 6\sin(15t - 0.508)\ (\text{mm})$$

瞬态响应有

$$x_1(t) = R\mathrm{e}^{-\zeta\omega_n t}\cos(\omega_d t - \varphi)$$

$$\omega_d = \sqrt{1-\zeta^2}\,\omega_n = 20 \times \sqrt{(1-0.1625)^2} = 19.73(\text{rad/s})$$

则

$$x_1(t) = R\mathrm{e}^{-0.1625\times 20t}\cos(19.73t - \varphi)$$

由已知条件得

$$x\big|_{t=0} = 0, R\cos\varphi + 6.0\sin(-29.12^\circ) = 0$$

$$\dot{x}\big|_{t=0} = 100, -3.25R\cos\varphi + 19.73R\sin\varphi + 15 \times 6\cos(-29.12^\circ) = 100$$

解联立方程可得 $R = 3.31$，$\varphi = 28.18^\circ$ 或 0.492 弧度。所以，总响应为

$$x(t) = x_1(t) + x_2(t)$$

$$= 3.31\mathrm{e}^{-3.25t}\cos(19.73t - 0.492) + 6.0\sin(15t - 0.508)\ (\text{mm})$$

2.6.1.3　正弦激励的瞬态响应

(1) 无阻尼振系的"共振"

当阻尼比 $\zeta = 0$ 时 $\omega_d = \omega_n$，式(2-31) 退化为(假定 $\omega < \omega_n$，即 $\psi = 0$)

$$x(t) = x_0\cos\omega_n t + \frac{\dot{x}_0}{\omega_n}\sin\omega_n t + X(\sin\omega t - \bar{\omega}\sin\omega_n t) \tag{2-35}$$

根据图 2-27 和式(2-32)，对 $\omega = \omega_n$ 立即就有 $X = \infty$，这看起来振动的能量为无穷大。但事实并非如此，因为式(2-35) 右边第三项括号内的结果恰好是 0。我们用洛必达法则来研究式(2-35) 当 $\omega \to \omega_n$ 的极限。不失一般性，假定叫 ω 左侧趋近 ω_n，即

$$\lim_{\omega<\omega_n} X(\sin\omega t-\bar{\omega}\sin\omega_n t)=B_s\lim_{\bar{\omega}\to 1}\frac{\sin\omega t-\bar{\omega}\sin\omega_n t}{1-\bar{\omega}^2}$$

$$=B_s\lim_{\bar{\omega}\to 1}\left.\frac{\dfrac{d}{d\bar{\omega}}(\sin\omega_n\bar{\omega}t-\bar{\omega}\sin\omega_n t)}{\dfrac{d}{d\bar{\omega}}(1-\bar{\omega}^2)}\right|_{\bar{\omega}=1}$$

$$=B_s\frac{\sin\omega_n t-\omega_n t\cos\omega_n t}{2}$$

将其代入式(2-35)有

$$x(t)=x_0\cos\omega_n t+\left(\frac{\dot{x}_0}{\omega_n}+\frac{B_s}{2}\right)\sin\omega_n t-\frac{1}{2}B_s\omega_n t\cos\omega_n t \tag{2-36}$$

式(2-25)表明对有限的 t，$x(t)$ 仍为有限量。但随时间增长，振动幅度呈线性增长(第三项)，越来越大，如图 2-34 所示。图 2-34 所适用的情形是稳态响应，即系统经历了无穷时间的激励。对 $\zeta=0$(无阻尼)且 $\omega=\omega_n$(共振)的情形，外力的功全部转化为系统的振动能量，这样经历无穷长时间后，响应能量在理论上变成无穷大。

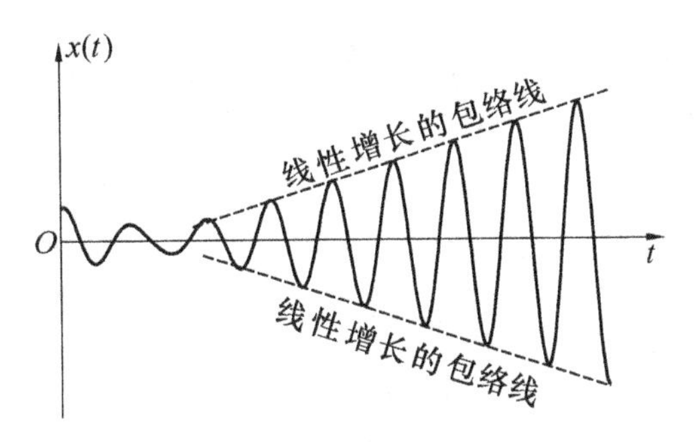

图 2-34　无阻尼系统的共振

在实际中，物理过程是不可能会出现无穷大，主要原因有三点：第一，系统存在阻尼；第二，强幅振动将会使系统进入非线性区，上述的线性模型肯定失效；第三，幅度大到一定限度以后，结构或系统发生破坏。

工程实际中如果机器的设计工作转速大于共振转速，则转速从 0 到工作转速的启动过程，以及从正常工作转速到停机过程，都不可避免地穿越共振区。但图 2-34 表明共振到破坏性振幅需要一定的时间累积，所以只要穿越共振区的时间足够短即可。

(2)“拍”的现象

所谓的“拍”现象，即在正弦扫描法的共振实验中，缓慢调整激励频率扫描到共振点附近时，系统的振幅有时出现忽大忽小的现象，如图 2-35 所示。

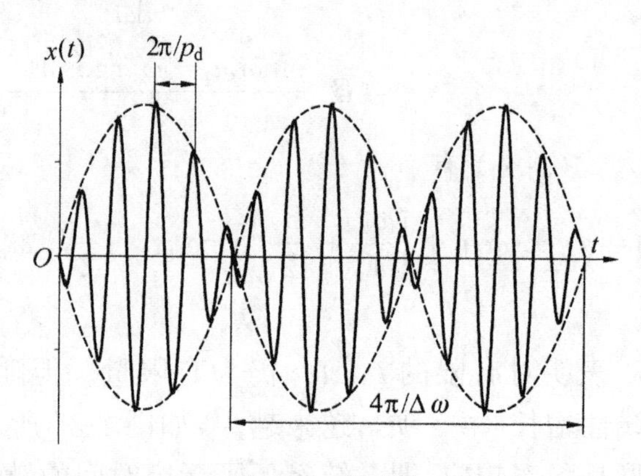

图 2-35　拍振动

“拍”现象能够发生在任何由两个频率相近的简谐振动合成的物理过程中。例如，发电厂里发动机启动后有时可听到“哼哼”声，双发动机螺旋桨飞机时强时弱的嗡嗡声等都是“拍”的现象。利用“拍”现象，还可以帮助在乐器演奏时产生丰富音质和调感。

下面解释接近共振条件时的“拍”现象。

我们来看瞬态分量

$$x_1(t)=\exp(-\zeta\omega_n t)\left[(x_0+X\sin\psi)\cos\omega_d t+\frac{\dot{x}_0-X\omega\cos\psi+\zeta\omega_n(x_0+X\sin\psi)}{\omega_d}\sin\omega_d t\right]$$

显然振幅衰减到$\frac{1}{e}=36.8\%$所需要的时间为$\frac{1}{\zeta\omega_n}=\frac{T_n}{2\pi\zeta}$。如果阻尼比$\zeta=0.01$，则大约需要16个周期才达到36.8%的衰减。因此，若分析的时间比较短，则可忽略振幅的衰减，这样就有

$$x_1(t)\approx(x_0+X\sin\psi)\cos\omega_d t+\frac{\dot{x}_0-X\omega\cos\psi}{\omega_d}\sin\omega_d t \tag{2-37}$$

对弱阻尼系统，当激励频率接近共振频率时，稳态响应的幅

值 X 很大，式(2-37) 中初条件 x_0 和 $\dot{x}_0$ 都可近似为零，且 $\omega/\omega_d \approx 1$。因此式(2-37) 可进一步近似为

$$x_1(t) \approx X\sin\psi\cos\omega_d t - X\cos\psi\sin\omega_d t = -X\sin(\omega_d t - \psi)$$

式(2-31) 变为

$$x(t) \approx -X\sin(\omega_d t - \psi) + X\sin(\omega t - \psi) \tag{2-38}$$

记 $\Delta\omega = \omega - \omega_d$，即 $\omega = \Delta\omega + \omega_d$，式(2-38) 可写为

$$x(t) = 2X\sin\frac{\Delta\omega t}{2}\cos\left(\omega_d t + \frac{\Delta\omega t}{2} - \psi\right) \tag{2-39}$$

式(2-39) 可以看成是振幅按 $2X\sin\frac{\Delta\omega t}{2}$ 缓慢变化，频率为 $\omega_d + \frac{\Delta\omega}{2} = \frac{\omega_d + \omega}{2}$ 的振动。这种特殊的振动现象就是拍，如图 2-34 所示。拍的周期为 $\frac{2\pi}{\Delta\omega}$。接近共振时 $\Delta\omega$ 很小，因此振幅按 $2X\left|\sin\frac{\Delta\omega t}{2}\right|$ 变化得很慢，拍的周期很长。

式(2-39) 中的 X 是受迫振动的稳态振幅，其值本身已很大。但是发生拍现象时，$x(t)$ 的最大值可达 $2X$，这比最终的稳态共振可能更危险。

若阻尼 $\zeta=0$，不失一般性假定 $\omega \leqslant \omega_n$(即 $\psi=0$)。当 $\Delta\omega \to 0$，式(2-39) 退化为(使用洛必达法则)

$$x(t) = -\frac{1}{2}B_s\omega_n t\cos\omega_n t$$

这就是式(2-36) 右端的第二项。

2.6.2　非简谐周期激励引起的受迫振动

在工程中集中有很多更加复杂的激振函数。例如，L 形空气压缩机运转时产生的激振力、四轴惯性摇床的激振力等，就是非简谐周期性激振函数的例子。图 2-36 所示为力激振和位移激振两种激振形式的力学模型。

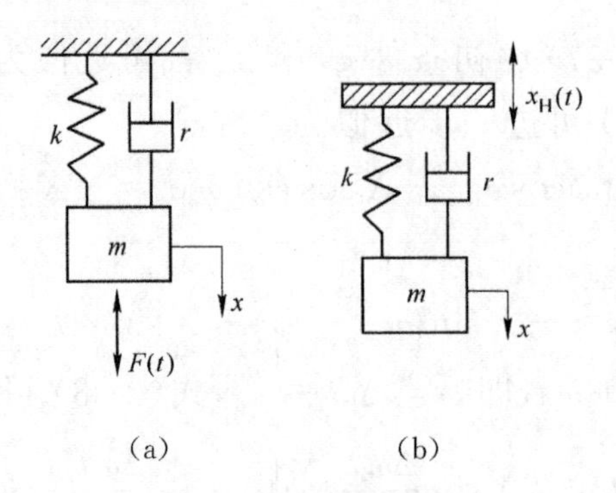

图 2-36　非简谐周期激振

处理非简谐周期激振的基本思路为(图 2-37)：

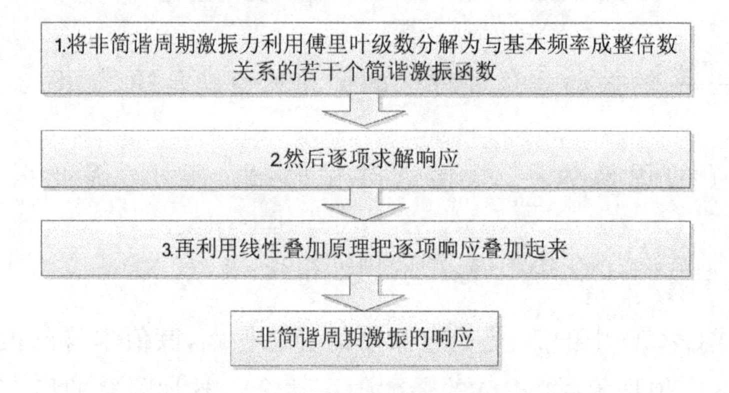

图 2-37　处理非简谐周斯激振的基本思路

设周期函数为 $F(t)$，可表达为

$$F(t)=a_0+a_1\cos(\omega t)+a_2\cos(2\omega t)+\cdots$$
$$+b_1\sin(\omega t)+b_2\sin(2\omega t)+\cdots$$
$$=a_0+\sum_{j=1}^{n}[a_j\cos(j\omega t)+b_j\sin(j\omega t)]\ (j=1,2,3,\cdots,n)$$

式中：a_0，a_j，b_j 为傅氏系数，其值按(2-40)～式(2-42)确定

$$a_0=\frac{1}{T}\int_0^T F(t)\,dt \tag{2-40}$$

$$a_j=\frac{2}{T}\int_0^T F(t)\cos(j\omega t)\,dt\ (j=1,2,3,\cdots,n) \tag{2-41}$$

$$b_j=\frac{2}{T}\int_0^T F(t)\sin(j\omega t)\,dt\ (j=1,2,3,\cdots,n) \tag{2-42}$$

所以，只要 $F(t)$ 已知，就可求出各系数 a_0、a_j、b_j。这样，非简谐

周期激振函数作用下的有阻尼受迫振动方程式可写成

$$m\ddot{x}+c\dot{x}+kx=a_0+\sum_{j=1}^{n}[a_j\cos(j\omega t)+b_j\sin(j\omega t)] \tag{2-43}$$

根据叠加原理,线性系统在激振函数 $F(t)$ 作用下的效果等于其各次谐波单独作用效果响应的叠加。所以按式(2-43) 右侧各项分别计算出响应,然后叠加即是系统对 $F(t)$ 总的响应。

$$x(t)=\frac{a_0}{k}+\sum_{j=1}^{n}\frac{B_{sj}}{\sqrt{(1-j^2\bar{\omega}^2)^2+(2j\zeta\bar{\omega})^2}}\sin(j\omega t+\alpha_j+\psi_j)$$

式中

$$B_{sj}=\frac{\sqrt{a_j^2+b_j^2}}{k},\alpha_j=\arctan\frac{a_j}{b_j},\psi_j=\arctan\frac{2j\zeta\bar{\omega}}{1-j^2\bar{\omega}^2}$$

非简谐周期性支承运动产生的受迫振动如图 2-38(b) 所示。支承运动的规律为

$$x_H(t)=a_0+\sum_{j=1}^{n}[a_j\cos(j\omega t)+b_j\sin(j\omega t)] \tag{2-44}$$

已经知道,单自由度系统在简谐支承运动 $x_H(t)=H\sin(\omega t)$ 作用下的稳态响应为

$$x(t)=\frac{H\sqrt{1+(2\zeta\bar{\omega})^2}}{\sqrt{(1-\bar{\omega}^2)^2+(2\zeta\bar{\omega})^2}}\sin(\omega t-\psi)$$

同理,对式(2-44) 右端各项单独求解并应用叠加原理,可以求得系统在非简谐周期性支承运动作用下的总响应为

$$x(t)=\frac{a_0}{k}+\sum_{j=1}^{n}\frac{H\sqrt{1+(2j\zeta\bar{\omega})^2}}{\sqrt{(1-j^2\bar{\omega}^2)^2+(2j\zeta\bar{\omega})^2}}\sin(j\omega t+\alpha_j-\psi_j)$$

【例 2-12】　如图 2-38(a) 所示,凸轮以等角速度 ω 转动,顶杆的运动规律为 $y(t)$,如图 2-38(b) 所示。由于弹簧的耦合,系统的等效弹簧刚度为 $k=k_1+k_2$,激振力 $F(t)=k_2y$,其力学模型如图 2-38(c) 所示。求非简谐周期性激振的响应。

解:凸轮每转一圈激振力 $F(t)$ 可表示为

$$F(t)=k_2A\frac{\omega}{2\pi}t$$

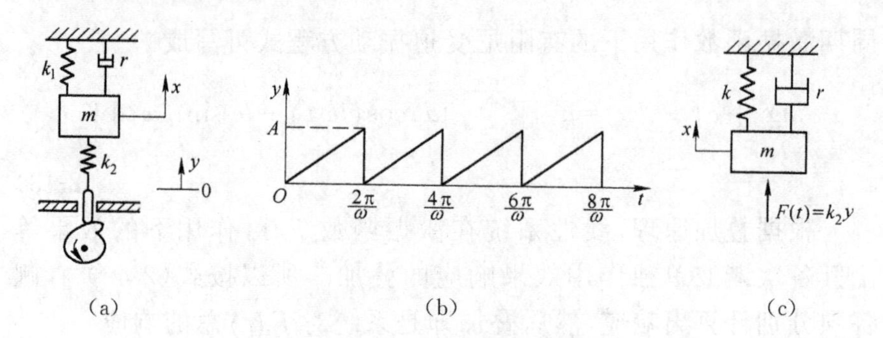

图 2-38 凸轮激振系统及其力学模型

式中：A 为凸轮的行程；ω 为凸轮的角速度，rad/s。

将锯齿形变化规律的激振力 $F(t)$ 展成三角级数，各系数可由式(2-40) ~ 式(2-42) 计算

$$a_0=\frac{1}{T}\int_0^T F(t)\,\mathrm{d}t=\frac{k_2A\omega}{2\pi}\times\frac{\omega}{2\pi}\int_0^{2\pi/\omega}t\,\mathrm{d}t=\frac{k_2A}{2}$$

$$a_j=\frac{2}{T}\int_0^T F(t)\cos(j\omega t)\,\mathrm{d}t=\frac{k_2A\omega^2}{2\pi^2}\int_0^{2\pi/\omega}t\cos(j\omega t)\,\mathrm{d}t=0$$

$$b_j=\frac{2}{T}\int_0^T F(t)\sin(j\omega t)\,\mathrm{d}t=\frac{k_2A\omega^2}{2\pi^2}\int_0^{2\pi/\omega}t\sin(j\omega t)\,\mathrm{d}t=\frac{-k_2A}{\pi j}$$

则得激振力函数为

$$F(t)=\frac{k_2A}{2}-\frac{k_2A}{\pi j}\left[\sin(\omega t)+\frac{1}{2}\sin(2\omega t)+\frac{1}{3}\sin(3\omega t)+\cdots\right]$$

系统在 $F(t)$ 作用下，受迫振动的微分方程式可写成：

$$m\ddot{x}+c\dot{x}+(k_1+k_2)x=\frac{k_2A}{2}-\frac{k_2A}{\pi j}\left[\sin(\omega t)+\frac{1}{2}\sin(2\omega t)+\frac{1}{3}\sin(3\omega t)+\cdots\right]$$

或

$$\ddot{x}+2n\dot{x}+\omega_n^2x=\frac{k_2A}{2m}-\sum_{j=1}^{n}\frac{k_2A}{j\pi m}\sin(j\omega t)$$

式中：$\omega_n^2=(k_1+k_2)/m$，$2n=c/m$。

以上方程式中$\frac{k_2A}{2m}$是一个常量，只起着改变质量静平衡位置的作用，系统对它的响应为

$$x_1(t)=\frac{k_2A}{2(k_1+k_2)}$$

系统对简谐激振函数项 $-\sum_{i=j}^{n}\frac{k_2A}{j\pi m}\sin(j\omega t)$ 的响应可表示为

$$x_2(t)=-\sum_{j=1}^{n}B_j\sin(j\omega t-\psi_j)$$

式中：$B_j=\frac{B_{sj}}{\sqrt{(1-j^2\bar{\omega}^2)^2+(2j\zeta\bar{\omega})^2}}$，$B_{sj}=\frac{k_2A}{j\pi(k_1+k_2)}$，$\psi_j=\arctan\frac{2j\zeta\bar{\omega}}{1-j^2\bar{\omega}^2}$。

系统对 $F(t)$ 的总的响应为 $x_1(t)$ 和 $x_2(t)$ 的叠加，即

$$\begin{aligned}x(t)&=x_1(t)+x_2(t)\\&=\frac{k_2A}{k_1+k_2}\left[\frac{1}{2}-\frac{1}{\pi}\sum_{j=1}^{n}\frac{1}{j\sqrt{(1-j^2\bar{\omega}^2)^2+(2j\zeta\bar{\omega})^2}}\sin(j\omega t-\psi_j)\right]\end{aligned}$$

2.6.3　任意激励引起的受迫振动

在许多工程实际问题中，振动系统所受的干扰力可能是任意的时间函数。这时候使用谐波分析法来展开是不可能的，常用的研究方法是将这些干扰力看成是一系列脉冲的作用，先分别求出系统对每个脉冲的响应，然后将它们叠加起来就得到系统对任意激振的响应。这种方法称为 Duhamel 积分法。

在任意激振的情况下，系统通常没有稳态振动而只有瞬态振动。在激振作用停止后，系统即按固有频率继续做自由振动。系统对任意激振的响应，是指系统在任意激振下所产生的瞬态振动和激振作用停止后的自由振动。

下面分析系统对脉冲的响应。

2.6.3.1　脉冲响应

如图 2-39 所示，在一个有阻尼的弹簧 — 质量系统上，作用有一个任意激振力 $F(\tau)$，其变化曲线如图 2-40 所示。

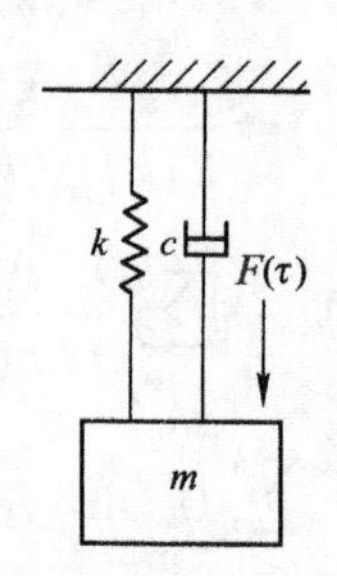

图 2-39 任意激振力的有阻尼弹簧 — 质量系统

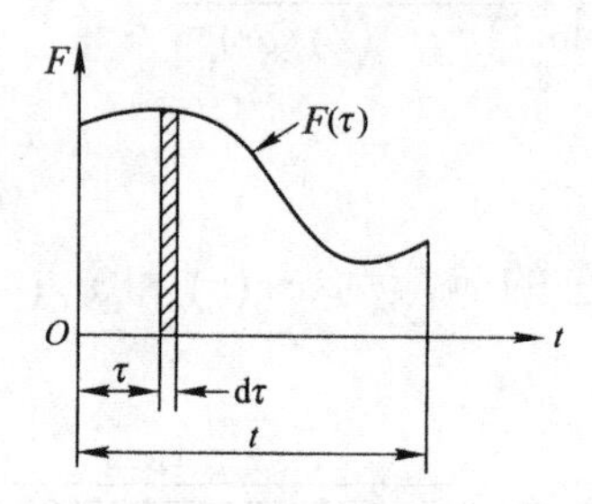

图 2-40 任意激振力

若其中 $0 \leqslant \tau \leqslant t$，则系统的运动微分方程式为：

$$m\ddot{x} + c\dot{x} + kx = F(\tau)$$

因为 $F(\tau)$ 是非周期性的，故上述微分方程无法直接求解。因此，我们把任意激振力 $F(\tau)$ 看成是由无限多个脉冲所组成，而每个脉冲的宽度均为无限小，各脉冲的大小和作用时间则由 $F(\tau)$ 决定。先求出每个脉冲单独作用时系统所产生的响应，然后叠加起来，就可求出系统对任意激振力的响应。

脉冲的大小用冲量 I 来表示。若在 $t=0$ 时的极短的时间间隔 $\mathrm{d}\tau$ 内，系统 m 上受到一个冲量 I 的作用。而

$$I = F\mathrm{d}\tau$$

则质量 m 将产生一个初速度 $\dot{x}_0$。但因为 $\mathrm{d}\tau$ 时间很短，系统还来不及产生位移。因此，系统将在下列初始条件下做自由振动：

$$\left.\begin{aligned} x_0 &= 0 \\ \dot{x}_0 &= \frac{I}{m} = \frac{F}{m}\mathrm{d}\tau \end{aligned}\right\} \tag{2-45}$$

如前所述，有阻尼自由振动的时间历程（即系统对初始条件

的响应）应为

$$x = Xe^{-\zeta\omega_n t}\sin(\omega_d t+\varphi) = \sqrt{x_0^2+\left(\frac{\dot{x}_0^2+\zeta\omega_n x_0}{\omega_d}\right)^2}e^{-\zeta\omega_n t}\sin(\omega_d t+\varphi)$$

因而，系统对式(2-45)所表示的初始条件的响应可写成：

$$dx = \frac{\dot{x}_0}{\omega_d}e^{-\zeta\omega_n t}\sin\omega_d t = \frac{F d\tau}{m\omega_d}e^{-\zeta\omega_n t}\sin\omega_d t = Ih(t) \tag{2-46}$$

式中

$$h(t) = \frac{1}{m\omega_d}e^{-\zeta\omega_n t}\sin\omega_d t$$

若脉冲的冲量 $I=1$，则这样的脉冲称为单位脉冲，记作 $\delta(t)$，又称 δ 函数，它在数学上定义是：

$$\delta(t) = \begin{cases}\infty, t=0\\ 0, t\neq 0\end{cases}$$

$$\int_{-\infty}^{\infty}\delta(t)dt = 1$$

由式(2-46)可知，系统对单位脉冲 $\delta(t)$ 的响应为

$$dx = h(t) \tag{2-47}$$

所以，$h(t)$ 可称为单位脉冲响应若单位脉冲不是作用在 $t=0$ 时，而是作用在 $t=\tau$ 时，则相当于把图 2-34 的坐标原点向右移动 τ。此时式(2-47)应改写成：

$$dx = h(t-\tau)\frac{1}{m\omega_d}e^{-\zeta\omega_n(t-\tau)}\sin\omega_d(t-\tau) \tag{2-48}$$

2.6.3.2　任意激励的响应

在求出系统对单位脉冲的响应后，就可以确定系统对任意激振力 $F(\tau)$ 的响应。

如前所述，我们可将任意激振力 $F(\tau)$ 看成是一系列脉冲的作用，若在 $t=\tau$ 时，系统受到冲量 $I=Fd\tau$ 的脉冲的作用，则根据式(2-46)和式(2-48)式可得系统在时刻 t 的响应为：

$$dx = Fh(t-\tau)d\tau$$

在激振力 $F(\tau)$ 由 $t=0$ 到 $t=\tau$ 的连续作用下，系统的响应应是

时刻 t 以前所有脉冲作用的结果,因此可以通过对上式积分求得:

$$\begin{aligned} x &= \int_0^t \mathrm{d}x = \int_0^t F(\tau) h(t-\tau)\,\mathrm{d}\tau \\ &= \frac{1}{m\omega_\mathrm{d}} \int_0^t F \mathrm{e}^{-\zeta\omega_\mathrm{n}(t-\tau)} \sin\omega_\mathrm{d}(t-\tau)\,\mathrm{d}\tau \end{aligned} \tag{2-49}$$

上式积分即称为 Duhamel 积分,或称为卷积积分。积分时应注意,t 是考察位移响应的时间,是个常量;τ 则是每一个微小冲量作用的时间,是个变量。

式(2-49) 就是式(2-45) 所表示的系统振动微分方程式的全解,它包括了任意激振力作用下的瞬态振动和激振作用停止后的自由振动。

若系统阻尼可忽略不计,则 $\zeta=0,\omega_\mathrm{d}=\omega_\mathrm{n}$。此时式(2-49) 可简化为

$$x = \frac{1}{m\omega_\mathrm{n}} \int_0^t F \sin\omega_\mathrm{n}(t-\tau)\,\mathrm{d}\tau \tag{2-50}$$

【例 2-13】 一个弹簧 — 质量系统受到一个常力 F_0 的突然作用,这一个力和时间的关系如图 2-41(a) 所示。试求系统的响应。

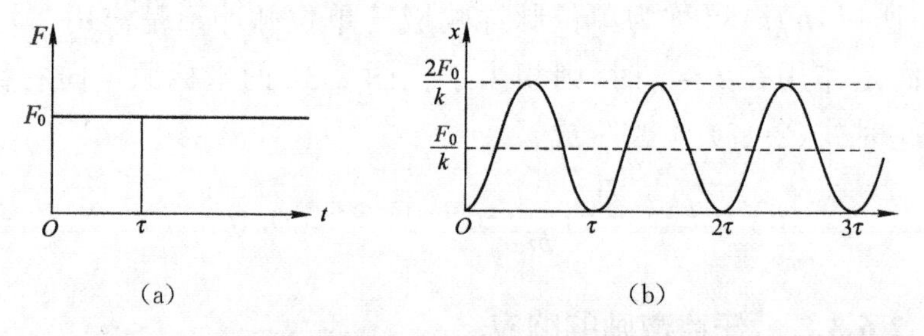

图 2-41 作用于弹簧 — 质量系统上的常力和系统的响应

解:设系统无阻尼,则根据式(2-50) 即可求出系统的响应

$$x = \frac{F_0}{m\omega_\mathrm{n}} \int_0^t \sin\omega_\mathrm{n}(t-\tau)\,\mathrm{d}\tau = \frac{F_0}{k}(1-\cos\omega_\mathrm{n}t) = B_0\beta$$

式中:$B_0=\dfrac{F_0}{k}$ 为系统的静变位;$\beta=(1-\cos\omega_\mathrm{n}t)$ 为位移响应的放大因子。

显然,$\beta_{\max}=2$,即系统受常力 F_0 突然作用时,其位移响应的峰

值等于 F_0 为静载荷时系统静位移值的两倍，如图 2-41(b) 所示。

若系统有阻尼，则可得系统对单位脉冲的响应为

$$h(t)=\frac{1}{m\omega_d}e^{-\zeta\omega_n t}\sin\omega_d t=\frac{1}{m\omega_n\sqrt{1-\zeta^2}}e^{-\zeta\omega_n t}\sin\sqrt{1-\zeta^2}\,\omega_n t$$

将上式代入式(2-49)得

$$x=\frac{F_0}{m\omega_n\sqrt{1-\zeta^2}}\int_0^t e^{-\zeta\omega_n(t-\tau)}\sin\sqrt{1-\zeta^2}\,\omega_n(t-\tau)\,d\tau$$

运用分部积分法，可得系统的响应表达式

$$x=\frac{F_0}{k}\left[1-e^{-\zeta\omega_n t}\left(\cos\sqrt{1-\zeta^2}\,\omega_n t+\frac{\zeta}{\sqrt{1-\zeta^2}}\sin\sqrt{1-\zeta^2}\,\omega_n t\right)\right]$$

$$=\frac{F_0}{k}\left[1-\frac{e^{-\zeta\omega_n t}}{\sqrt{1-\zeta^2}}\cos\left(\sqrt{1-\zeta^2}\,\omega_n t-\psi\right)\right]=B_0\beta$$

式中，$B_0=\frac{F_0}{k}$，$\tan\psi=\frac{\zeta}{\sqrt{1-\zeta^2}}$，$\beta=1-\frac{e^{-\zeta\omega_n t}}{\sqrt{1-\zeta^2}}\cos\left(\sqrt{1-\zeta^2}\,\omega_n t-\psi\right)$。

以 β 为纵坐标，$\omega_n t$ 为横坐标，ζ 为参变量，其函数关系表示在图 2-42 中，可以看出，当系统存在阻尼时，系统对突然作用的常力 F_0 的位移响应要逐渐衰减，而且阻尼越大，则衰减得越迅速，最后都稳定在静位移 B_0 上。振动过程中的最大位移与阻尼系数有关，阻尼越小，则最大位移越大，但峰值均小于无阻尼时的峰值 $2\frac{F_0}{k}$。

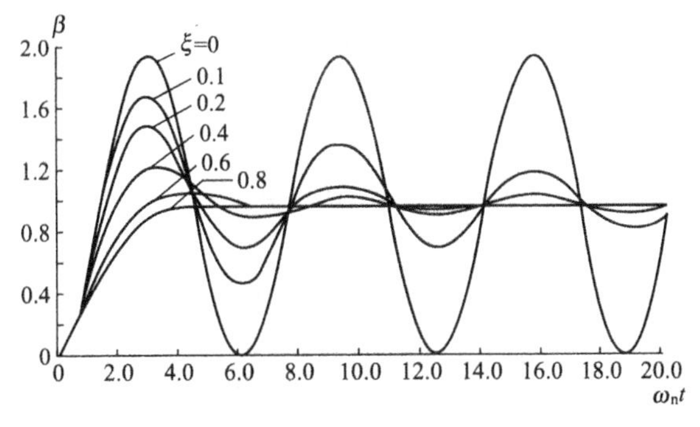

图 2-42　系统的位移响应与阻尼的关系

【例 2-14】　一无阻尼弹簧 — 质量系统受到如图 2-43(a) 所

示的矩形脉冲的作用。这一矩形脉冲可用 $F(\tau)=F_0(0\leqslant\tau\leqslant t_1)$ 表示，试求这一系统的响应。

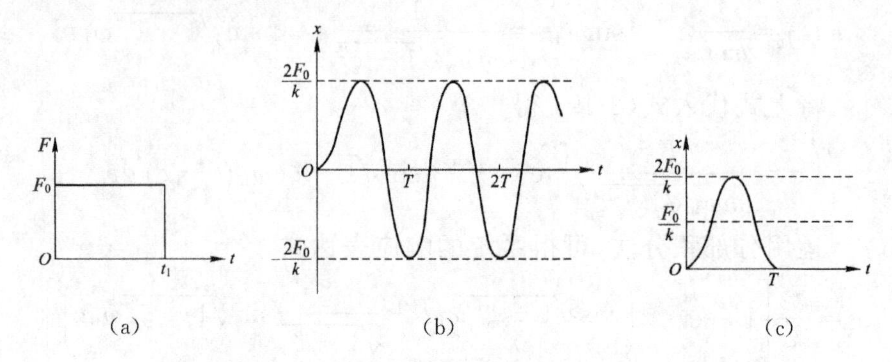

图 2-43　作用于弹簧 — 质量系统上的矩形脉冲和系统的响应

解：在 $0\leqslant t\leqslant t_1$ 阶段，相当于系统在 $t=0$ 时受到突加常力 F_0 的作用。此时系统的响应就是式(2-46)

$$x=\frac{F_0}{k}(1-\cos\omega_n t)$$

在 $t\geqslant t_1$ 阶段，系统的响应也可根据 Duhamel 积分式(2-50)求出：

$$x=\frac{F_0}{m\omega_n}\int_0^{t_1}\sin\omega_n(t-\tau)\,d\tau=-\frac{F_0}{k}\int_0^{t_1}\sin\omega_n(t-\tau)\,d\omega_n(t-\tau)$$

$$=\frac{F_0}{k}\left[\cos\omega_n(t-t_1)-\cos\omega_n t\right]$$

$$=A\cos(\omega_n t-\psi)$$

式中：$\tan\psi=\dfrac{\sin\omega_n t_1}{\cos\omega_n t_1-1}$；$A=\dfrac{F_0}{k}\sqrt{(\cos\omega_n t_1-1)^2+\sin\omega_n t_1}=\dfrac{2F_0}{k}\sin\dfrac{\pi t_1}{T}$，其中的 $T=\dfrac{2\pi}{\omega_n}$ 为系统自由振动周期。

可见，当常力 F_0 去除后，系统自由振动的振幅 A 随着矩形脉冲作用时间和系统固有周期的比值 $\dfrac{t_1}{T}$ 的改变而改变。

当 $\dfrac{t_1}{T}=\dfrac{1}{2}$ 时，则系统自由振动的振幅 $A=\dfrac{2F_0}{k}$，即系统对于作

用时间 $t_1 = \frac{T}{2}$ 的矩形脉冲的响应，在 $t > t_1$ 时是以振幅等于 $\frac{2F_0}{k}$ 做简谐运动，如图 2-43(b) 所示。

当 $\frac{t_1}{T} = 1$ 时，$A = 0$，即当常力 F_0 去除后，系统会停止不动，故系统也就不再做自由振动，这时候系统的响应如图 2-43(c) 所示。

第3章　两自由度系统的振动

在工程实践中，大量问题不能简化为单自由度系统的振动问题进行分析，而应简化成多自由度系统才能解决。从单自由度系统到两自由度系统，振动的性质和研究的方法有质的不同。而两自由度系统和多自由度系统没有什么本质区别。因此研究两自由度系统是分析和掌握多自由度系统振动特性的基础。本章主要对两自由度系统振动微分方程、两自由度系统的自由振动和两自由度系统的受迫振动进行简单分析。

3.1　两自由度系统振动概述

两自由度系统是最简单的多自由度系统，所谓两自由度系统是指要用两个独立坐标才能确定系统在振动过程中任何瞬时的几何位置的振动系统。两自由度系统的自由度数是多自由度系统中最少的，力学直观性比较明显，系统的运动微分方程的求解相对简单。

两自由度系统具有两个不同数值的固有频率（特殊情况下数值相等或有一个等于零）。当系统按其中任一固有频率做自由振动时，称为主振动。主振动是一种简谐振动。系统做主振动时，任何瞬时各点位移之间具有一定的相对比值，即整个系统具有确定的振动形态，称为主振型。主振型和固有频率一样，只取决于系统本身的物理性质，而与初始条件无关。主振型是多自由度系统以及弹性体振动的重要特性。

两自由度系统在任意初始条件下的响应是两个主振动的叠加，只有在特殊的初始条件下系统才按某一个固有频率做主振动。

系统对简谐激振的响应是频率与激振频率相同的简谐振动。振幅与系统固有频率和激振频率的比值有关。当激振频率接近于系统的任一固有频率时，就发生共振。共振时的振型就是与固有频率相对应的主振型。

很多生产实际中的问题都可以简化为两自由度的振动系统。几种常见的两自由度系统模型如图 3-1 所示。其中，图 3-1(a) 为两自由度弹簧质量系统，两个质量仅能沿水平方向运动。图 3-1(b) 为弹簧摆，质量在平面内摆动时可沿径向运动。图 3-1(c) 为弹簧刚体系统，刚性杆可在平面内进行坐标 x 方向和坐标θ方向转动，是两自由度系统。图 3-1(d) 为扭振系统，两个分别为 m_1、m_2 的质量在图示的平面内摆动，用两个独立的坐标 θ_1 和 θ_2 就可以完全描述，所以是两自由度系统。

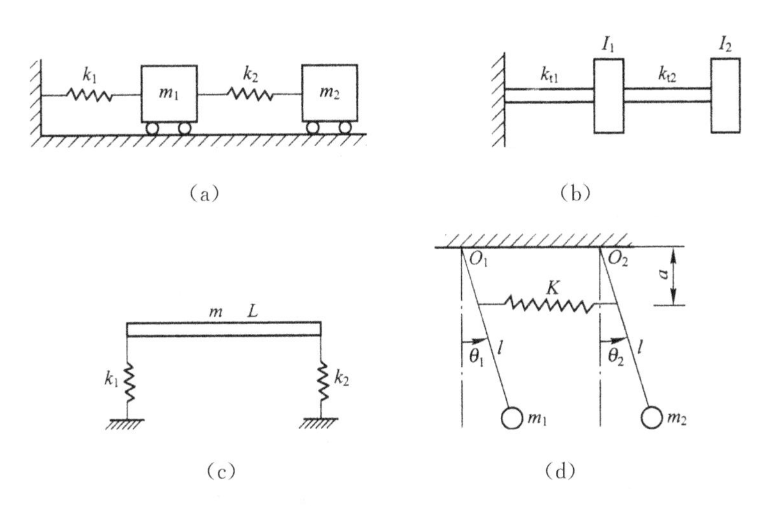

图 3-1　两自由度振动系统模型

如图 3-2 所示，车床刀架系统 3-2(a)、车床两顶尖间的工件系统 3-2(b)、磨床主轴及砂轮架系统 3-2(c)。只要将这些系统中的主要结合面(或芯轴) 视为弹簧(即只计弹性，忽略质量)，将系统中的小刀架、工件、砂轮及砂轮架等视为集中质量，再忽略存在于系统中的阻尼，就可以把这些系统近似简化成图 3-2(d) 所示的两自由度振动系统的动力学模型。在这一动力学模型中，m_1、m_2 分别为砂轮架、砂轮及其主轴系统的质量；k_1、k_2 分别为砂轮架支承、砂轮主轴支承在砂轮架轴承上的静刚度；x_1、x_2 是确定系统运动的广义坐标。

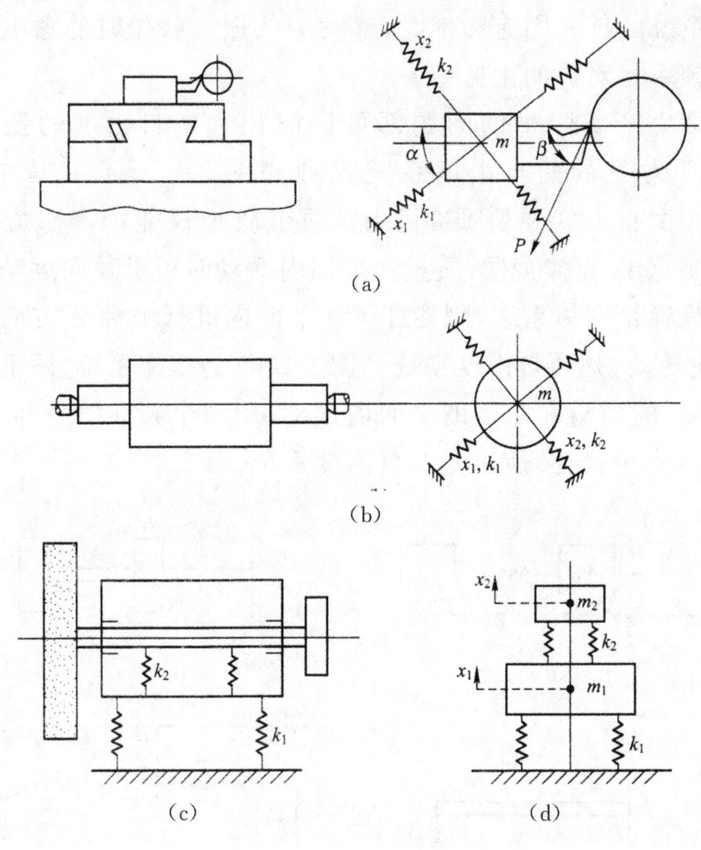

图 3-2　两自由度振动系统及其动力学模型

3.2　两自由度系统振动微分方程的建立

建立振动微分方程最常用的方法有：牛顿力学法、动静法、拉格朗日法等。对于较简单的系统来说，牛顿力学法比较直观简便，有显著的优点；拉格朗日方法是把系统看作一个整体，用变分法建立系统的动力学方程。拉格朗日方程给出了动力学问题的一个普遍、简单而又统一的解法，适用于复杂的多自由度振动系统建立。

3.2.1　牛顿力学法

工程中很多振动问题都可以简化为有阻尼两自由度系统的运动。例如电磁式振动机、具有分布质量的弦等，均可简化成如图 3-3(a) 所示的力学模型。其中，刚性质体 m_1 和 m_2 通过弹簧 k_2 连接，弹簧 k_1 和 k_3 与基础连接。假定两质体只沿铅垂方向（弹簧轴向或纵向）做往复直线运动，质体 m_1 和 m_2 在任一瞬时位置用 x_1 和 x_2 两个独立坐标确定，则系统具有两个自由度。

令 m_1 和 m_2 的静平衡位置为坐标原点，在振动过程的任一瞬时 t，质体 m_1 和 m_2 的位移分别为 x_1 和 x_2。设 $f_1(t)$、$f_2(t)$ 为质体激振力，取 m_1 和 m_2 为分离体进行受力分析，各作用力分析如图 3-3(b) 所示。取加速度和力的正方向与坐标正方向一致，根据牛顿第二定律，分别列出质体 m_1 和 m_2 的振动微分方程为

$$f_1(t)-k_1x_1-k_2(x_1-x_2)-c_1\dot{x}_1-c_2(\dot{x}_1-\dot{x}_2)=m_1\ddot{x}_1$$

$$f_2(t)+k_2(x_1-x_2)-k_3x_2+c_2(\dot{x}_1-\dot{x}_2)-c_3\dot{x}_2=m_2\ddot{x}_2$$

将上式整理后得

$$\begin{cases}m_1\ddot{x}_1+(c_1+c_2)\dot{x}_1-c_2\dot{x}_2+(k_1+k_2)x_1-k_2x_2=f_1(t)\\ m_2\ddot{x}_2-c_2\dot{x}_1+(c_2+c_3)\dot{x}_2+(k_2+k_3)x_2-k_2x_1=f_2(t)\end{cases} \tag{3-1}$$

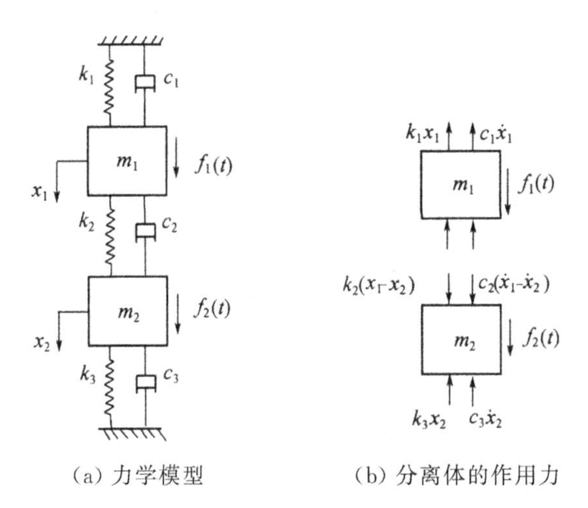

(a) 力学模型　　(b) 分离体的作用力

图 3-3　有阻尼两自由度振动系统

式(3-1)即为图3-3所示两自由度系统的振动微分方程。

若设

$$\boldsymbol{M}=\begin{bmatrix} m_1 & 0 \\ 0 & m_2 \end{bmatrix},\boldsymbol{C}=\begin{bmatrix} c_1+c_2 & -c_2 \\ -c_2 & c_2+c_3 \end{bmatrix},\boldsymbol{K}=\begin{bmatrix} k_1+k_2 & -k_2 \\ -k_2 & k_2+k_3 \end{bmatrix},$$

$$\boldsymbol{X}=\begin{bmatrix} x_2 \\ x_1 \end{bmatrix},\boldsymbol{F}=\begin{bmatrix} f_1(t) \\ f_2(t) \end{bmatrix}$$

则式(3-1)的矩阵形式可表示为

$$\boldsymbol{M}\ddot{\boldsymbol{X}}+\boldsymbol{C}\dot{\boldsymbol{X}}+\boldsymbol{K}\boldsymbol{X}=\boldsymbol{F} \tag{3-2}$$

其中 $\boldsymbol{M}$、$\boldsymbol{C}$、$\boldsymbol{K}$ 分别称为质量矩阵、阻尼矩阵和刚度矩阵，$\boldsymbol{X}$、$\boldsymbol{F}$ 分别称为位移矢量和激振力矢量。显然，运动方程的矩阵形式(3-2)在形式上适合于任何自由度线性系统，只是矩阵和矢量的维数需要与系统的自由度数相同。

【例3-1】 在图3-4所示的两自由度系统中，两个圆盘分别固定于轴上，其对轴线的转动惯量分别为 J_1 和 J_2，激振力矩分别为 $T_1(t)$ 和 $T_2(t)$，两轴端刚性固定，轴的三个区段的抗扭刚度系数分别为 $k_{\theta 1}$、$k_{\theta 2}$ 和 $k_{\theta 3}$，试建立该系统的运动微分方程。

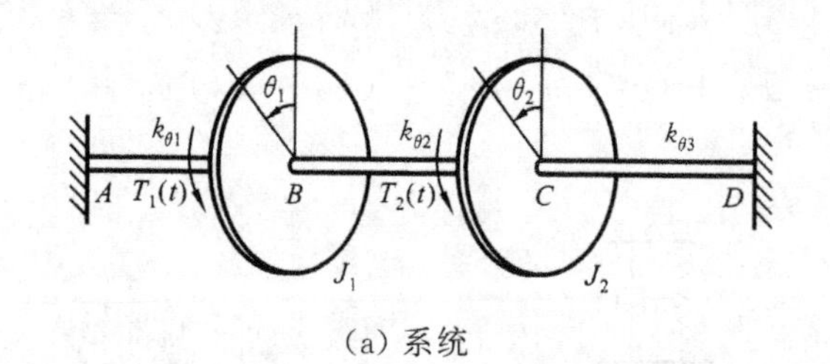

(a) 系统

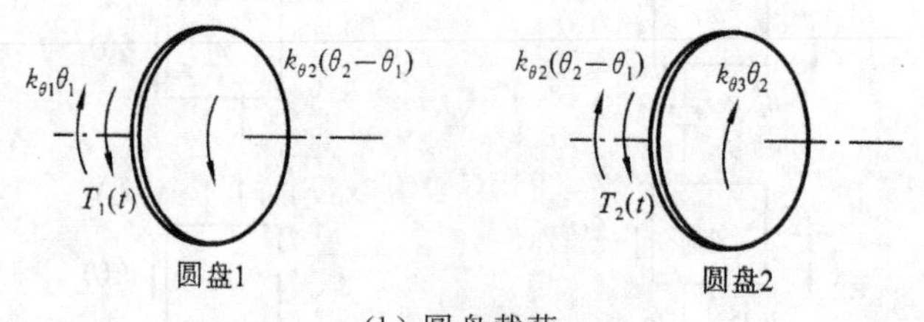

(b) 圆盘载荷

图3-4 两自由度系统

解：设在某瞬时两个圆盘的转角分别为 $\theta_1(t)$ 和 $\theta_2(t)$。图3-4(b)所示为圆盘1和圆盘2的隔离体图，根据牛顿运动定律，可得到圆盘系统的两个运动微分方程。

对于圆盘 1，有

$$J_1\ddot{\theta}_1=-k_{\theta1}\theta_1+k_{\theta2}[\theta_2-\theta_1]+T_1(t)$$

对于圆盘 2，有

$$J_2\ddot{\theta}_2=-k_{\theta3}\theta_2-k_{\theta2}[\theta_2-\theta_1]+T_2(t)$$

移项得系统的微分方程为

$$\begin{cases}J_1\ddot{\theta}_1+(k_{\theta1}+k_{\theta2})\theta_1-k_{\theta2}\theta_2=T_1(t)\\ J_2\ddot{\theta}_2-k_{\theta2}\theta_1+(k_{\theta2}+k_{\theta3})\theta_2=T_2(t)\end{cases}$$

【例 3-2】　如图 3-5(a) 所示，两个质量块的质量分别为 m_1 和 m_2，系于一无质量弦上，弦的张力为 F_T。假如质量块做横向微振动时，弦中的张力不变，试应用牛顿法导出其振动微分方程。

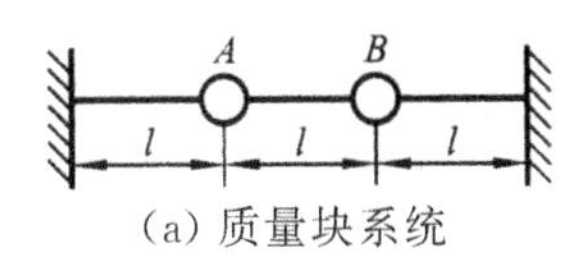

(a) 质量块系统

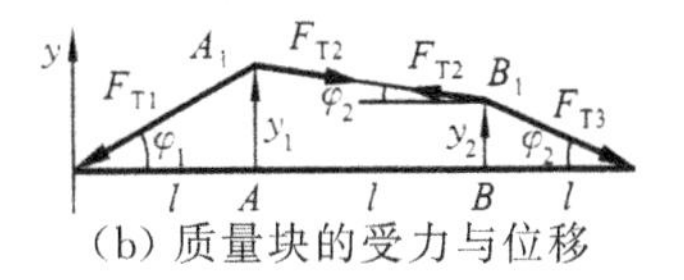

(b) 质量块的受力与位移

图 3-5　例 3-2 图

解：如图 3-5(b) 所示，设在某瞬时两质量块沿 y 方向的位移分别为 $y_1(t)$ 和 $y_2(t)$，此时弦上的点 A、B 分别移到点 A_1 和点 B_1。处于点 A_1 的质量块 1 在弦的张力 F_{T_1} 和 F_{T_2} 的作用下产生加速度了 $\ddot{y}_1$，处于点 B_1 的质量块 2 在弦的张力 F_{T_2} 和 F_{T_3} 的作用下产生加速度 $\ddot{y}_2$，张力 $F_{T_1}=F_{T_2}=F_{T_3}=F_T$。

根据牛顿运动定律，可得到系统的两个运动微分方程。

对于质量块 1，有

$$m_1\ddot{y}_1=-F_{T_1}\sin\varphi_1-F_{T_2}\sin\varphi_2$$

对于质量块 2，有

$$m_2\ddot{y}_2=F_{T_2}\sin\varphi_2-F_{T_3}\sin\varphi_3$$

由于系统做微振动，因而 φ_1、φ_2、φ_3 均为小量，则有

$$\sin\varphi_1\approx\tan\varphi_1=\frac{y_1}{l},$$

$$\sin\varphi_2\approx\tan\varphi_2=\frac{y_1-y_2}{l},$$

$$\sin\varphi_3 \approx \tan\varphi_3 = \frac{y_2}{l}$$

故可得系统的运动微分方程为

$$\begin{cases} m_1\ddot{y}_1 + \dfrac{2F_T}{l}y_1 - \dfrac{F_T}{l}y_2 = 0 \\ m_2\ddot{y}_2 - \dfrac{F_T}{l}y_1 + \dfrac{2F_T}{l}y_2 = 0 \end{cases}$$

【例 3-3】 图 3-6 所示为汽车上下振动和俯仰振动的力学模型，表示车体的刚性杆 AB 的质量为 m，杆绕质心 C 的转动惯量为 J_C，悬挂弹簧和前、后轮胎的弹性用刚度系数为 k_1 和 k_2 的两个弹簧来表示，选取点 D 的垂直位移 x_D 和绕 D 点的角位移 θ_D 为坐标系，写出车体微振动的微分方程。

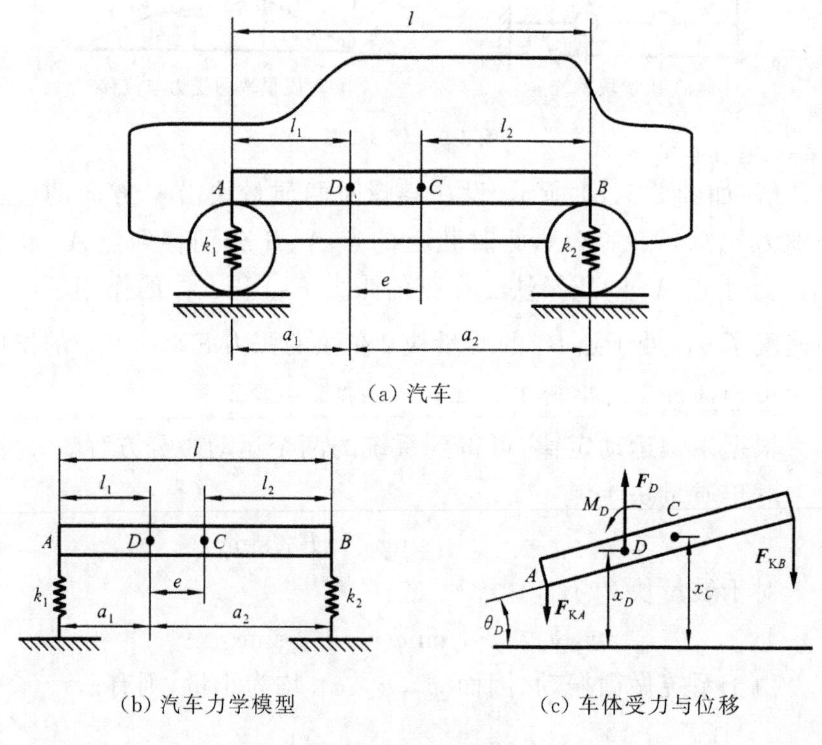

(a) 汽车

(b) 汽车力学模型

(c) 车体受力与位移

图 3-6 例 3-3 图

解：用构件 AB 表示车体的力学模型，车体所受外力向 D 点简化为合力 F_D 和合力矩 M_D，另外，构件 AB 在点 A 受到弹性力

$F_{KA} \approx k_1(x_D - a_1\theta_D)$ 的作用，在点 B 受到弹性力 $F_{KB} \approx k_2(x_D + a_2\theta_D)$ 的作用，设车体作微振动。

根据牛顿运动定律，可得到车体的两个运动微分方程为

$$m\ddot{x}_C = F_D - k_1(x_D - a_1\theta_D) - k_2(x_D + a_2\theta_D) \quad \text{(a)}$$

$$J_D\ddot{\theta}_D = M_D - k_1(x_D a_1 + a_1^2\theta_D) - k_2(x_D a_2 + a_2^2\theta_D) - me\ddot{x}_D \quad \text{(b)}$$

式中，J_D 为杆绕点 D 的转动惯量。

由于，

$$x_C = x_D + e\theta_D \quad \text{(c)}$$

则

$$\ddot{x}_C = \ddot{x}_D + e\ddot{\theta}_D \quad \text{(d)}$$

根据惯性矩平行轴定理，有

$$J_D = J_C + me^2 \quad \text{(e)}$$

将式(d)、(e) 代入式(a)、(b) 并整理，得到车体的运动微分方程为

$$\begin{cases} m\ddot{x}_D + me\ddot{\theta}_D + (k_1 + k_2)x_D + (k_2a_2 - k_1a_1)\theta_D = F_D \\ me\ddot{\theta}_D + (J_C + me^2)\ddot{\theta}_D + (k_2a_2 - k_1a_1)x_D + (k_1a_1^2 + k_2a_2^2)\theta_D = M_D \end{cases}$$

3.2.2　动静法

如图 3-7 所示的双圆盘 — 圆轴扭转振动系统，这是一个机械式减速器齿轮传动部分的力学简图。其中，两个圆盘分别固定在轴的 C 和 D 点，轴两端 A 和 B 刚性固定。轴的三个区段的扭转刚度分别为 $k_{\theta1}$、$k_{\theta2}$ 和 $k_{\theta3}$，圆盘对其轴线的转动惯量分别为 J_1 和 J_2，作用于圆盘上的激振力矩分别为 $M_1(t)$ 和 $M_2(t)$。圆盘的瞬时转角为 θ_1 和 θ_2，角加速度为 $\ddot{\theta}_1$ 和 $\ddot{\theta}_2$。分别以圆盘 1 和圆盘 2 为分离体，根据动静法(达朗伯原理、达伦培尔原理)，作用于每个分离体上的所有力矩之和必等于零，可列出圆盘的扭转振动微分方程式。

对圆盘 1 有

$$-J_1\ddot{\theta}_1 - k_{\theta1}\theta_1 - k_{\theta2}(\theta_2 - \theta_1) + M_1(t) = 0$$

对圆盘 2 有

$$-J_2\ddot{\theta}_2-k_{\theta3}\theta_2-k_{\theta2}(\theta_2-\theta_1)+f_2(t)=0$$

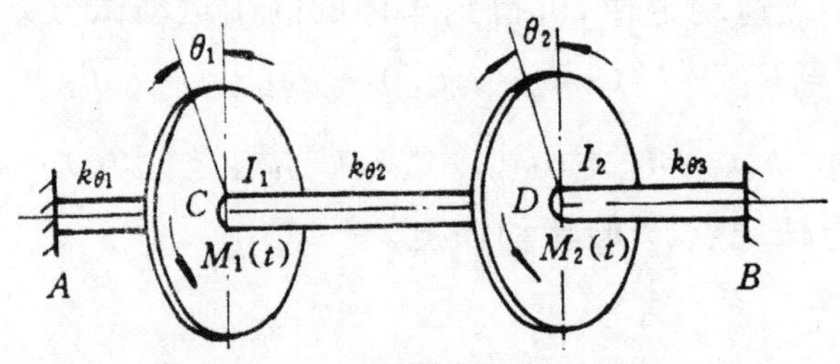

(a) 学模型

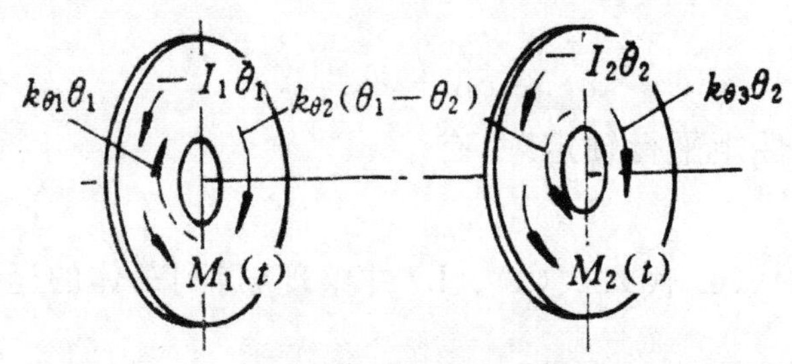

(b) 分离体的作用力

图 3-7　双圆盘 — 圆轴扭转振动系统

将上两个方程式整理后得

$$\begin{cases}J_1\ddot{\theta}_1+(k_{\theta1}+k_{\theta2})\theta_1-k_{\theta2}\theta_2=M_1(t)\\J_2\ddot{\theta}_2-k_{\theta2}\theta_1+(k_{\theta2}+k_{\theta3})\theta_2=M_2(t)\end{cases}\tag{3-3}$$

式(3-3) 为两个圆盘无阻尼扭转振动系统的受迫振动微分方程。

当系统存在阻尼力矩时,振动微分方程可以写成以下形式

$$\begin{cases}J_1\ddot{\theta}_1+(c_{\theta1}+c_{\theta2})\dot{\theta}_1-c_{\theta2}\dot{\theta}_2+(k_{\theta1}+k_{\theta2})\theta_1-k_{\theta2}\theta_2=M_1(t)\\J_2\ddot{\theta}_2-c_{\theta2}\dot{\theta}_1+(c_{\theta2}+c_{\theta3})\dot{\theta}_2-k_{\theta2}\theta_1+(k_{\theta2}+k_{\theta3})\theta_2=M_2(t)\end{cases}\tag{3-4}$$

式中:$c_{\theta1}$、$c_{\theta2}$ 和 $c_{\theta3}$ 分别为各段圆轴的当量黏性阻尼系数;$\dot{\theta}_1$ 和 $\dot{\theta}_2$ 分别为圆盘 1 和圆盘 2 的角速度。

方程(3-4) 为有阻尼扭转振动的受迫振动微分方程。从形式上来看,与式(3-1) 一致。

3.2.3　拉格朗日法

对于简单的振动系统，应用牛顿第二定律和动静法建立系统的振动微分方程较为简便。而对于复杂的系统应用拉格朗日方程建立系统的振动微分方程较为方便。

按照拉格朗日方程的方法，系统的振动微分方程可通过动能T、势能U、能量散失函数D加以表示，即

$$\frac{\mathrm{d}}{\mathrm{d}t}\frac{\partial T}{\partial \dot{q}_j}-\frac{\partial T}{\partial q_j}+\frac{\partial U}{\partial q_j}+\frac{\partial D}{\partial \dot{q}_j}=Q_j(j=1,2,3,\cdots\cdots)\qquad(3\text{-}5)$$

式中，q_j、$\dot{q}_j$为系统的广义坐标和广义速度；T、U分别为系统的动能与势能；D为能量散失函数；Q_j为广义激振力。

广义坐标q_j是指振动系统中第j个独立坐标，例如图3-3中的广义坐标有两个：x_1、x_2；广义速度$\dot{q}_j$是相应坐标上物体的运动速度，例如图3-3中的$\dot{x}_1$和$\dot{x}_2$。广义坐标的数目与自由度的数目相同。n个自由度的振动系统就有n个广义坐标，同时有n个相对应的广义速度。

第一项中的$\frac{\partial T}{\partial \dot{q}_j}$是动能$T$对其广义速度的偏导数，它表示振动系统在第$j$个坐标方向上所具有的动量，动量$\frac{\partial T}{\partial \dot{q}_j}$对时间$t$的导数是$\frac{\mathrm{d}}{\mathrm{d}t}\frac{\partial T}{\partial \dot{x}_j}$即为第$j$个坐标方向上惯性力的负值。第二项$\frac{\partial T}{\partial \dot{q}_j}$表示与广义坐标$q_j$有直接联系的惯性力或惯性力矩的负值。对于振动质量(或动能T)与广义坐标q_j无关的振动系统，第二项$\frac{\partial T}{\partial \dot{q}_j}$显然为零。

【例3-4】　应用拉格朗日方程写出图3-3所示的两自由度振动系统的运动方程。

解：(1) 求拉格朗日方程的能量参数

系统的动能为

$$T=\frac{1}{2}(m_1\dot{x}_1^2+m_2\dot{x}_2^2)$$

系统的势能为

$$U=\frac{1}{2}[k_2x_1^2+k_2(x_1-x_2)^2+k_3x_2^2]$$

黏性阻尼情况下，系统的能量耗散函数为

$$D=\frac{1}{2}[c_1\dot{x}_1^2+c_2(\dot{x}_1-\dot{x}_2)^2+c_3\dot{x}_2^2]$$

式中：x_1、x_2 为广义坐标；$\dot{x}_1$、$\dot{x}_2$ 为广义速度；$\ddot{x}_1$、$\ddot{x}_2$ 为广义加速度。

(2) 求能量参数导数

对以上动能 T、势能 U、能量耗散函数 D 直接求导数，得

$$\frac{\mathrm{d}}{\mathrm{d}t}\frac{\partial T}{\partial\dot{x}_1}=m_1\ddot{x}_1,\frac{\mathrm{d}}{\mathrm{d}t}\frac{\partial T}{\partial\dot{x}_2}=m_2\ddot{x}_2$$

$$\frac{\partial T}{\partial x_1}=0,\frac{\partial T}{\partial x_2}=0$$

$$\frac{\partial U}{\partial x_1}=(k_1+k_2)x_1-k_2x_2,\frac{\partial U}{\partial x_2}=-k_2x_1+(k_2+k_3)x_2$$

$$\frac{\partial D}{\partial\dot{x}_1}=(c_1+c_2)\dot{x}_1-c_2\dot{x}_2,\frac{\partial D}{\partial\dot{x}_2}=-c_2\dot{x}_1+(c_2+c_3)\dot{x}_2$$

(3) 求运动微分方程

设系统广义激振力为 $F_1=f_1(t)$，$F_2=f_2(t)$，将上述各项导数代入拉格朗日方程式(3-5)，得到有阻尼受迫振动微分方程为

$$\begin{cases}m_1\ddot{x}_1+(c_1+c_2)\dot{x}_1-c_2\dot{x}_2+(k_1+k_2)x_1-k_2x_2=f_1(t)\\m_2\ddot{x}_2-c_2\dot{x}_1+(c_2+c_3)\dot{x}_2+(k_2+k_3)x_2-k_2x_1=f_2(t)\end{cases}$$

上式与牛顿第二定律建立的运动方程式(3-1) 完全一样。对于工程实际的振动问题，一般根据系统的复杂程度选用一种简便的力学建模方法。

3.3 两自由度系统的自由振动

研究两自由度系统的自由振动的目的有两个：一是求系统的固有频率，因系统的固有频率个数与系统的自由度数是一致的，故两自由度系统有两个固有频率；二是求解系统的主振型，即系

统的振动形式。

3.3.1　无阻尼两自由度系统的自由振动

3.3.1.1　运动微分方程的建立

当不考虑图 3-3 所示两自由度系统的阻尼和外界激励时，得到图 3-8 所示的两自由度无阻尼自由振动系统。令式(3-1) 中 $c_1=c_2=c_3=0$，$f_2(t)=f_1(t)=0$，得到系统的运动微分方程为

$$\begin{cases} m_1\ddot{x}_1+(k_1+k_2)x_1-k_2x_2=0 \\ m_2\ddot{x}_2+(k_2+k_3)x_2-k_2x_1=0 \end{cases}$$

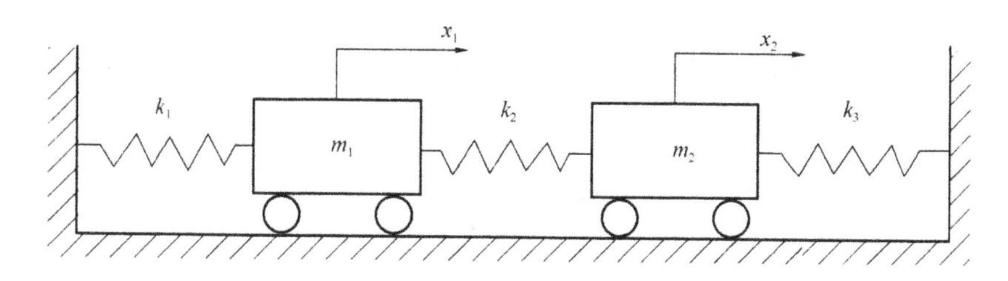

图 3-8　两自由度无阻尼自由振动系统

为书写方便，采用下列符号

$$\left.\begin{aligned} a=\frac{k_1+k_2}{m_1}, b=\frac{k_2}{m_1} \\ c=\frac{k_2}{m_2}, d=\frac{k_2+k_3}{m_2} \end{aligned}\right\}$$

则系统的方程可写为

$$\begin{cases} \ddot{x}_1+ax_1-bx_2=0 \\ \ddot{x}_2-cx_2+dx_1=0 \end{cases} \tag{3-6}$$

3.3.1.2　固有频率和主振型

从单自由度系统振动理论得知，系统的无阻尼自由振动是简谐振动。希望在两自由度系统无阻尼自由振动中找到简谐振动的解。因此可先假设方程组式(3-6) 有简谐振动解，然后用待定系数法来寻找有简谐振动解的条件。

设在振动时，两个质量按同样的频率和相位角做简谐振动，故可设方程组式(3-6)的特解为

$$\begin{cases} x_1 = A_1\sin(\omega_n t + \varphi) \\ x_2 = A_2\sin(\omega_n t + \varphi) \end{cases} \tag{3-7}$$

其中振幅 A_1 与 A_2、频率 ω_n、初相位角 φ 都有待于确定。对式(3-7)分别取一阶及二阶导数，分别为

$$\begin{cases} \dot{x}_1 = A_1\omega_n\cos(\omega_n t + \varphi) \\ \dot{x}_2 = A_2\omega_n\cos(\omega_n t + \varphi) \end{cases}, \begin{cases} \ddot{x}_1 = -A_1\omega_n^2\sin(\omega_n t + \varphi) \\ \ddot{x}_2 = -A_2\omega_n^2\sin(\omega_n t + \varphi) \end{cases} \tag{3-8}$$

将式(3-7)、式(3-8)代入式(3-6)，并加以整理后得

$$\begin{cases} (a - \omega_n^2)A_1 - bA_2 = 0 \\ -cA_1 + (c - \omega_n^2)A_2 = 0 \end{cases} \tag{3-9}$$

式(3-9)是 A_1、A_2 的线性齐次代数方程组 A_1、$A_2=0$ 显然不是我们所要的振动解，要使 A_1、A_2 有非空解，则式(3-9)的系数行列式必须等于零，即

$$\begin{vmatrix} a - \omega_n^2 & -b \\ -c & c - \omega_n^2 \end{vmatrix} = 0$$

将上式展开得

$$\omega_n^4 - (a + c)\omega_n^2 + c(a - b) = 0 \tag{3-10}$$

解上列方程，可得如下的两个根

$$\begin{aligned} \omega_{n1,2}^2 &= \frac{a + c}{2} \mp \sqrt{\left(\frac{a + c}{2}\right)^2 - c(a - b)} \\ &= \frac{a + c}{2} \mp \sqrt{\left(\frac{a - c}{2}\right)^2 + bc} \end{aligned} \tag{3-11}$$

由此可见，式(3-10)是决定系统频率的方程，故称为系统的频率方程或特征方程。特征方程的特征值即频率 ω_n 只与参数 a、b、c 有关。而这些参数又只决定于系统的质量 m_1、m_2 和刚度 k_1、k_2，即频率 ω_n 只决定于系统本身的物理性质，故称 ω_n 为系统的固有频率。两自由度系统的固有频率有两个，即 ω_{n1} 和 ω_{n2}，且 $\omega_{n1} < \omega_{n2}$，把 ω_{n1} 称为第一阶固有频率，ω_{n2} 称为第二阶固有频率。理论证明，n 个自由度系统的频率方程是 ω_n^2 的 n 次代数方程，在无阻

尼的情况下，它的 n 个根必定都是正实根，故主频率的个数与系统的自由度数目相等。

将所求得的 ω_{n1} 和 ω_{n2} 代入式(3-9)中得

$$\begin{cases}\beta_1=\dfrac{A_2^{(1)}}{A_1^{(1)}}=\dfrac{a-\omega_{n1}^2}{b}=\dfrac{c}{c-\omega_{n1}^2}\\ \beta_2=\dfrac{A_2^{(2)}}{A_1^{(2)}}=\dfrac{a-\omega_{n2}^2}{b}=\dfrac{c}{c-\omega_{n2}^2}\end{cases}\tag{3-12}$$

式中：$A_1^{(1)}$、$A_2^{(1)}$ 分别对应于 ω_{n1} 的质点 m_1、m_2 的振幅；$A_1^{(2)}$、$A_2^{(2)}$ 分别对应于 ω_{n2} 的质点 m_1、m_2 的振幅；β_1 为第一主振型，即对应于第一主频率 ω_{n1} 的振幅比；β_2 为第二主振型，即对应于第二主频率 ω_{n2} 的振幅比。

由此可见，对应于 ω_{n1} 和 ω_{n2}，振幅 A_1 与 A_2 之间有两个确定的比值，称之为振幅比。

将式(3-12)与式(3-7)联系起来可以看出，两个 m_1 与 m_2 任一瞬间位移的比值 x_2/x_1 也是确定的，并且等于振幅比 A_2/A_1。系统的其他点的位移都可以由 x_1 及 x_2 来决定。这样，当系统按照频率 ω_{n1} 或 ω_{n2} 做同步简谐运动时，由确定比值的一对常数 $A_1^{(1)}$、$A_2^{(1)}$ 或 $A_1^{(2)}$、$A_2^{(2)}$ 可以确定系统的振动形态，称之为固有振型。可用矢量形式表示为

$$\mathbf{A}^{(1)}=A_1^{(1)}\begin{bmatrix}1\\ \beta_1\end{bmatrix}\tag{3-13a}$$

$$\mathbf{A}^{(2)}=A_1^{(2)}\begin{bmatrix}1\\ \beta_2\end{bmatrix}\tag{3-13b}$$

$\mathbf{A}^{(1)}$ 和 $\mathbf{A}^{(2)}$ 称为系统的模态矢量，每一个模态矢量和相应的固有圆频率构成系统的一个模态，称为自然模态。$\mathbf{A}^{(1)}$ 对应于较低的固有圆频率 ω_{n1}(亦称为基频)，它们组成第一阶模态；$\mathbf{A}^{(2)}$ 与 ω_{n2} 则构成第二模态。两自由度系统正好有两个自然模态。

当系统以某一阶固有频率按其相应的主振型做振动时，即称为系统的主振动。所以，第一主振动为

$$\begin{cases}x_1^{(1)}=A_1^{(1)}\sin(\omega_{n1}t+\varphi_1)\\ x_2^{(1)}=A_2^{(1)}\sin(\omega_{n1}t+\varphi_1)=\beta_1A_1^{(1)}\sin(\omega_{n1}t+\varphi_1)\end{cases}\tag{3-14}$$

第二主振动为

$$\begin{cases} x_1^{(2)} = A_1^{(2)} \sin(\omega_{n2} t + \varphi_2) \\ x_2^{(2)} = A_2^{(2)} \sin(\omega_{n2} t + \varphi_2) = \beta_2 A_1^{(2)} \sin(\omega_{n2} t + \varphi_2) \end{cases} \tag{3-15}$$

为了进一步研究主振型的性质，可以将式(3-11)进一步改写。

因为

$$\omega_{n1,2}^2 = \frac{a+c}{2} \mp \sqrt{\left(\frac{a-c}{2}\right)^2 + bc}$$

所以

$$\begin{aligned} a - \omega_{n1}^2 &= a - \left[\frac{a+c}{2} - \sqrt{\left(\frac{a-c}{2}\right)^2 + bc}\right] \\ &= \frac{a-c}{2} + \sqrt{\left(\frac{a-c}{2}\right)^2 + bc} \end{aligned}$$

因为上式的等式右边恒大于零，所以$a - \omega_{n1}^2 > 0$，由式(3-12)知，$\beta_1 > 0$。

又因为

$$\begin{aligned} a - \omega_{n2}^2 &= a - \left[\frac{a+c}{2} + \sqrt{\left(\frac{a-c}{2}\right)^2 + bc}\right] \\ &= \frac{a-c}{2} - \sqrt{\left(\frac{a-c}{2}\right)^2 + bc} \end{aligned}$$

因为上式的等式右边恒小于零，所以$a - \omega_{n2}^2 < 0$，由式(3-12)知，$\beta_2 > 0$。

由此可见，$\beta_1 > 0$表示$A_1^{(1)}$和$A_2^{(1)}$的符号相同，即第一主振动中两个质点m_1与m_2的相位相同，在任一瞬时的运动方向相同；$\beta_2 > 0$则表示第二主振动中两个质点m_1与m_2的相位相反，主振动和主振型如图3-9所示。它们一会相互分离，一会又相向运动，这样，在整个第二主振动的任一瞬间的位置都不改变。这样的点称为“节点”。

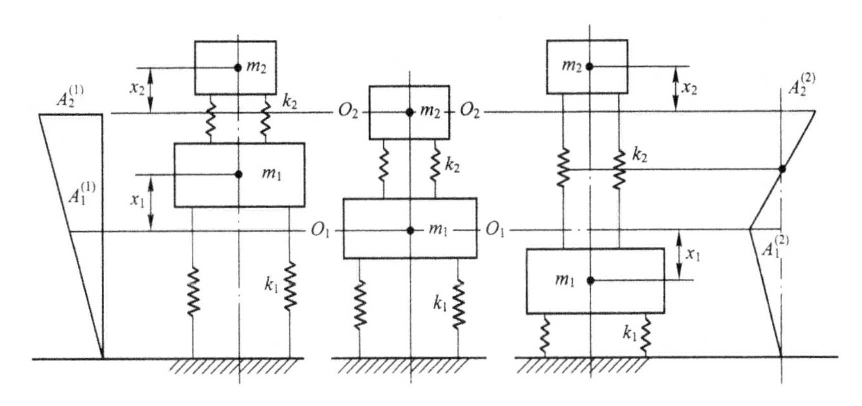

图 3-9　两自由度振动系统的主振动和主振型

振动理论证明，多自由度系统的主振型的阶次越高，节点数就越多，并且第 i 阶一般都有 $i-1$ 个节点。对于弹性体来说，节点已经不再是一个点，而是连成线或面，称为节线或节面。

节点数越多，其相应的振幅就越难增大。相反，低阶的主振动由于节点数少，故振动就容易激起。所以，在多自由度系统中，低频主振动比高频主振动危险。

3.3.1.3　初始条件的响应

从微分方程的理论来说，两阶主振动只是微分方程组的两组特解。而它的通解则应由这两组特解相叠加组成。从振动的实践来看，两自由度系统受到任意的初干扰时，一般来说，系统的各阶主振动都要激发。因而出现的自由振动应是这些简谐振动的合成。

所以，在一般的初干扰下，系统的响应是：

$$\begin{cases} x_1 = A_1^{(1)}\sin(\omega_{n1}t+\varphi_1)+A_1^{(2)}\sin(\omega_{n2}t+\varphi_2) \\ x_2 = \beta_1 A_1^{(1)}\sin(\omega_{n1}t+\varphi_1)+\beta_2 A_1^{(2)}\sin(\omega_{n2}t+\varphi_2) \end{cases} \tag{3-16}$$

式中：$A_1^{(1)}$，$A_1^{(2)}$，φ_1，φ_2 四个未知数要由振动的四个初始条件来决定。

设初始条件为：$t=0$ 时，$x_1=x_{10}$，$x_2=x_{20}$，$\dot{x}_1=\dot{x}_{10}$，$\dot{x}_2=\dot{x}_{20}$ 经过运算，可以求出：

$$
\begin{cases}
A_1^{(1)} = \dfrac{1}{\beta_2 - \beta_1}\sqrt{(\beta_2 x_{10} - x_{20})^2 + \left(\dfrac{\beta_2 \dot{x}_{10} - \dot{x}_{20}}{\omega_{n1}}\right)} \\
A_1^{(2)} = \dfrac{1}{\beta_1 - \beta_2}\sqrt{(\beta_1 x_{10} - x_{20})^2 + \left(\dfrac{\beta_1 \dot{x}_{10} - \dot{x}_{20}}{\omega_{n2}}\right)} \\
\varphi_1 = \arctan \dfrac{\omega_{n1}(\beta_2 \dot{x}_{10} - \dot{x}_{20})}{\beta_2 \dot{x}_{10} - \dot{x}_{20}} \\
\varphi_2 = \arctan \dfrac{\omega_{n2}(\beta_1 \dot{x}_{10} - \dot{x}_{20})}{\beta_1 \dot{x}_{10} - \dot{x}_{20}}
\end{cases}
\tag{3-17}
$$

当 $A_1^{(2)}=0$，即由式(3-17)得 $\beta_1 x_{10}=x_{20}$ 和 $\beta_1 \dot{x}_{10}=\dot{x}_{20}$，也就是说，当 $x_{20}/x_{10}=\dot{x}_{20}/\dot{x}_{10}=\beta_1$ 时，系统出现一阶主振动。同理当 $x_{20}/x_{10}=\dot{x}_{20}/\dot{x}_{10}=\beta_2$ 时，系统出现二阶主振动。由于是同步运动，所以质量初位移之比恒等于初速度之比，所以当系统中两个质量的初位移之比或初速度之比等于其振幅比 β_j 时，系统就出现第 j 阶主振动。

3.3.2 有阻尼两自由度系统的自由振动

如图 3-10 所示为有阻尼系统，由式(3-2)可知其自由振动运动微分方程的矩阵形式为

$$
\begin{bmatrix} m_1 & 0 \\ 0 & m_2 \end{bmatrix}\begin{bmatrix} \ddot{x}_1 \\ \ddot{x}_2 \end{bmatrix} + \begin{bmatrix} c_1 + c_2 & -c_2 \\ -c_2 & c_2 + c_3 \end{bmatrix}\begin{bmatrix} \dot{x}_1 \\ \dot{x}_2 \end{bmatrix} + \begin{bmatrix} k_1 + k_2 & -k_2 \\ -k_2 & k_2 + k_3 \end{bmatrix}\begin{bmatrix} x_1 \\ x_2 \end{bmatrix} = \begin{bmatrix} 0 \\ 0 \end{bmatrix}
\tag{3-18}
$$

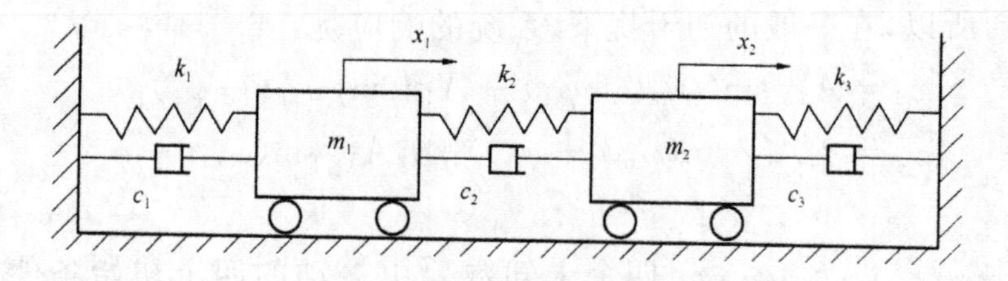

图 3-10 两自由度有阻尼系统

其中

$$\boldsymbol{M}=\begin{bmatrix} m_1 & 0 \\ 0 & m_2 \end{bmatrix}=\begin{bmatrix} m_{11} & m_{12} \\ m_{21} & m_{22} \end{bmatrix}$$

$$\boldsymbol{C}=\begin{bmatrix} c_1+c_2 & -c_2 \\ -c_2 & c_2+c_3 \end{bmatrix}=\begin{bmatrix} c_{11} & c_{12} \\ c_{21} & c_{22} \end{bmatrix}$$

$$\boldsymbol{K}=\begin{bmatrix} k_1+k_2 & -k_2 \\ -k_2 & k_2+k_3 \end{bmatrix}$$

设方程(3-18) 的解为

$$\begin{cases} x_1=A_1\mathrm{e}^{\lambda t} \\ x_2=A_2\mathrm{e}^{\lambda t} \end{cases}$$

代入式(3-18) 得

$$\begin{cases} (m_{11}\lambda^2+c_{11}\lambda+k_{11})A_1+(m_{12}\lambda^2+c_{12}\lambda+k_{12})A_2=0 \\ (m_{21}\lambda^2+c_{21}\lambda+k_{21})A_1+(m_{22}\lambda^2+c_{22}\lambda+k_{22})A_2=0 \end{cases}$$

上式具有非零解的条件是

$$\begin{vmatrix} m_{11}\lambda^2+c_{11}\lambda+k_{11} & m_{12}\lambda^2+c_{12}\lambda+k_{12} \\ m_{21}\lambda^2+c_{21}\lambda+k_{21} & m_{22}\lambda^2+c_{22}\lambda+k_{22} \end{vmatrix}=0$$

展开上式得到特征方程的形式为

$$A\lambda^4+B\lambda^3+C\lambda^2+D\lambda+E=0$$

由此可解得四个特征根 λ_1,λ_2,λ_3,λ_4。

如果阻尼系数非常大,那么特征方程所有的根都是实数,而且是负值,此时式(3-18) 的解将不是周期性的,即系统运动将不是周期性衰减,不具振荡性,而是迅速衰减为零。

如果阻尼系数很小,系统做自由衰减振动,而且所有非零根都是复根,它们按共轭对出现。设此时特征根为

$$\lambda_1=-n_1+\mathrm{j}\omega_{\mathrm{r1}},\lambda_2=-n_1-\mathrm{j}\omega_{\mathrm{r1}}$$

$$\lambda_3=-n_2+\mathrm{j}\omega_{\mathrm{r2}},\lambda_4=-n_2-\mathrm{j}\omega_{\mathrm{r2}}$$

式中:n_1、n_2 为衰减系数;ω_{r1}、ω_{r2} 为有阻尼时的固有频率。

方程组(3-18) 的通解为

$$\begin{cases} x_1=A_1^{(1)}\mathrm{e}^{\lambda_1 t}+A_1^{(2)}\mathrm{e}^{\lambda_2 t}+A_1^{(3)}\mathrm{e}^{\lambda_3 t}+A_1^{(4)}\mathrm{e}^{\lambda_4 t} \\ x_2=A_2^{(1)}\mathrm{e}^{\lambda_1 t}+A_2^{(2)}\mathrm{e}^{\lambda_2 t}+A_2^{(3)}\mathrm{e}^{\lambda_3 t}+A_2^{(4)}\mathrm{e}^{\lambda_4 t} \end{cases} \tag{3-19}$$

其中

$$\frac{A_2^{(1)}}{A_1^{(1)}}=\frac{m_{11}\lambda_1^2+c_{11}\lambda_1+k_{11}}{m_{12}\lambda_1^2+c_{12}\lambda_1+k_{12}}=-\frac{m_{21}\lambda_1^2+c_{21}\lambda_1+k_{21}}{m_{22}\lambda_1^2+c_{22}\lambda_1+k_{22}}=\beta_{11}$$

$$\frac{A_2^{(2)}}{A_1^{(2)}}=\frac{m_{11}\lambda_2^2+c_{11}\lambda_2+k_{11}}{m_{12}\lambda_2^2+c_{12}\lambda_2+k_{12}}=-\frac{m_{21}\lambda_2^2+c_{21}\lambda_2+k_{21}}{m_{22}\lambda_2^2+c_{22}\lambda_2+k_{22}}=\beta_{22}$$

$$\frac{A_2^{(3)}}{A_1^{(3)}}=\frac{m_{11}\lambda_3^2+c_{11}\lambda_3+k_{11}}{m_{12}\lambda_3^2+c_{12}\lambda_3+k_{12}}=-\frac{m_{21}\lambda_3^2+c_{21}\lambda_3+k_{21}}{m_{22}\lambda_3^2+c_{22}\lambda_3+k_{22}}=\beta_{33}$$

$$\frac{A_2^{(4)}}{A_1^{(4)}}=\frac{m_{11}\lambda_4^2+c_{11}\lambda_4+k_{11}}{m_{12}\lambda_4^2+c_{12}\lambda_4+k_{12}}=-\frac{m_{21}\lambda_4^2+c_{21}\lambda_4+k_{21}}{m_{22}\lambda_4^2+c_{22}\lambda_4+k_{22}}=\beta_{44}$$

(3-20)

将复数根代入上述各式，则有

$$A_1^{(1)}=\frac{1}{2}B_1\mathrm{e}^{-\mathrm{j}\varphi_1},A_1^{(2)}=\frac{1}{2}B_1\mathrm{e}^{\mathrm{j}\varphi_1},$$

$$A_1^{(3)}=\frac{1}{2}B_2\mathrm{e}^{-\mathrm{j}\varphi_2},A_1^{(4)}=\frac{1}{2}B_2\mathrm{e}^{\mathrm{j}\varphi_2} \tag{3-21}$$

$$\beta_{11}=\beta'_1\mathrm{e}^{-\mathrm{j}\theta_1},\beta_{22}=\beta'_1\mathrm{e}^{\mathrm{j}\theta_1},\beta_{33}=\beta'_2\mathrm{e}^{-\mathrm{j}\theta_1},\beta_{44}=\beta'_2\mathrm{e}^{j\theta_1} \tag{3-22}$$

将式(3-21)和式(3-22)代入(3-19)，得到解的最终形式

$$\begin{cases}x_1=B_1\mathrm{e}^{-n_1t}\cos(\omega_{\mathrm{r}1}t-\varphi_1)+B_2\mathrm{e}^{-n_2t}\cos(\omega_{\mathrm{r}2}t-\varphi_2)\\x_2=\beta'_1B_1\mathrm{e}^{-n_1t}\cos(\omega_{\mathrm{r}1}t-\varphi_1-\theta_1)+\beta'_2B_2\mathrm{e}^{-n_2t}\cos(\omega_{\mathrm{r}2}t-\varphi_2-\theta_2)\end{cases}$$

其中，常数 $\beta'_1,\beta'_2,\theta_1$ 和 θ_2 由式(3-20)和式(3-22)确定，而 B_1,B_2,φ_1 和 φ_2 则由系统的初始条件决定。

具有黏性阻尼自由振动的解与无阻尼自由振动的解在形式上很相似，但二者又有区别，如：

① 在有阻尼情况下，质体振幅随 e^{-n_1t} 和 e^{-n_2t} 而减小，直至最后完全消失；

② 有阻尼的固有频率 $\omega_{\mathrm{r}1}$ 和 $\omega_{\mathrm{r}2}$ 与无阻尼情况下也不同；

③x_1、x_2 表达式中相对应部分有不同的相角。

如果黏性阻尼系数很小，有阻尼固有频率 $\omega_{\mathrm{r}1}$ 和 $\omega_{\mathrm{r}2}$ 与无阻尼的固有频率 $\omega_{\mathrm{n}1}$、$\omega_{\mathrm{n}2}$ 近似相等，振幅比 β'_1 与 β_1 及 β'_2 与 β_2 也近似相等，即

$$\omega_{\mathrm{r}1}=\omega_{\mathrm{n}1},\omega_{\mathrm{r}2}=\omega_{\mathrm{n}2}$$

$$\beta'_1=\beta_1,\beta'_2=\beta_2$$

如果阻尼非常大，那么特征方程的所有根都是实的，而且是负值，方程的解不是周期性的，经过一定时间就衰减为零。

3.4　两自由度系统的受迫振动

3.4.1　无阻尼两自由度系统的受迫振动

和单自由度系统一样，两自由系统在受到持续的激振力作用下就会产生强迫振动，而且在一定条件下也会产生振动。

如图 3-10 所示两自由度系统，若系统的阻尼为 0，$c_1=c_2=c_3=0$，又受到简谐激振力 $f_1(t)=F_1\sin\omega t$ 及 $f_2(t)=F_2\sin\omega t$ 的作用，就变为如图 3-11 所示的受简谐激振力作用的无阻尼两自由度振动系统。

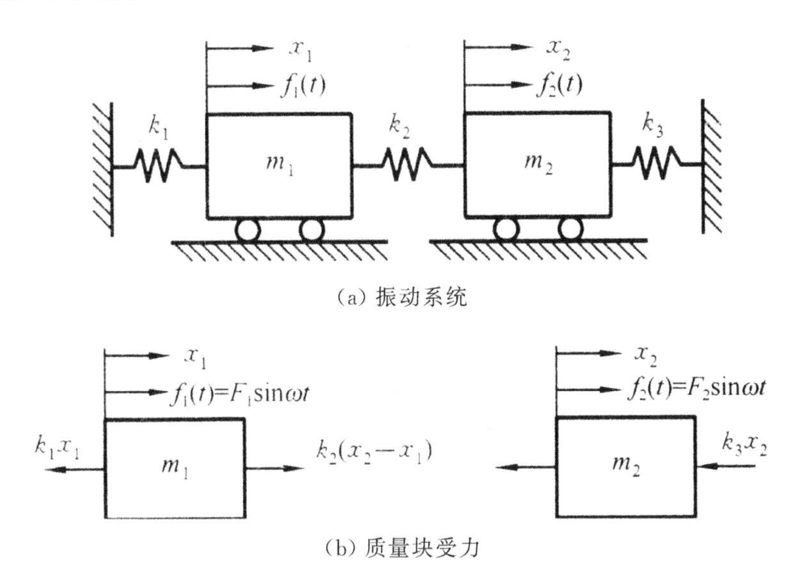

图 3-11　考虑谐波激励的两自由度无阻尼自由振动系统

根据牛顿运动定律，可直接写出系统强迫振动的微分方程

$$\begin{cases} m_1\ddot{x}_1+(k_1+k_2)x_1-k_2x_2=f_1(t)=F_1\sin\omega t \\ m_2\ddot{x}_2-k_2x_1+(k_2+k_3)x_2=f_2(t)=F_2\sin\omega t \end{cases} \tag{3-23}$$

令

$$a=\frac{k_1+k_2}{m_1},b=\frac{k_2}{m_1},c=\frac{k_2}{m_2}$$

$$d=\frac{k_2+k_3}{m_2},q_1=\frac{F_1}{m_1},q_2=\frac{F_2}{m_2}$$

把式(3-23) 简化为

$$\begin{cases}\ddot{x}_1+ax_1-bx_2=q_1\sin\omega t\\ \ddot{x}_2-cx_2+dx_1=q_2\sin\omega t\end{cases}\tag{3-24}$$

这是一个二阶线性常系数非齐次微分方程组,其通解由两部分组成。一是对应于齐次方程组的解,即上节讨论过的无阻尼自由振动,当系统存在阻尼时,这一自由振动经过一段时间后就逐渐衰减掉。二是对于上述非齐次方程组的一个特解,它是由激振力引起的强迫振动,即系统的稳态振动。

这里只研究稳态振动,故设上列微分方程组简谐振动的特解为

$$\begin{cases}x_1=B_1\sin\omega t\\ x_2=B_2\sin\omega t\end{cases}\tag{3-25}$$

式中,B_1、B_2 是质量 m_1、m_2 的振幅,在方程组中是待定常数。对式(3-25) 分别求一阶及二阶导数,代入式(3-24),得

$$\begin{cases}(a-\omega^2)B_1-bB_2=q_1\\ -cB_1+(d-\omega^2)B_2=q_2\end{cases}\tag{3-26}$$

这是一个二元非齐次联立代数方程,它的解为

$$\begin{cases}B_1=\dfrac{(d-\omega^2)q_1+bq_2}{\Delta\omega^2}\\ B_2=\dfrac{cq_1+(a-\omega^2)q_2}{\Delta\omega^2}\end{cases}\tag{3-27}$$

式中

$$\Delta\omega^2=(a-\omega^2)(d-\omega^2)-bc=\omega^4-(a+d)\omega^2+ad-bc$$

由式(3-10),系统的固有频率方程为

$$\omega_n^4-(a+d)\omega_n^2+(ad-bc)=0\tag{3-28}$$

根据根与系数关系

$$\begin{cases}\omega_{n1}^2+\omega_{n2}^2=a+d\\ \omega_{n1}^2\omega_{n2}^2=ad-bc\end{cases}\tag{3-29}$$

所以得

$$\Delta\omega^2=\omega^4-(\omega_{n1}^2+\omega_{n2}^2)\omega^2+\omega_{n1}^2\omega_{n2}^2=(\omega^2-\omega_{n1}^2)(\omega^2-\omega_{n2}^2)\tag{3-30}$$

由式(3-27)和式(3-30)可见,当激振力频率ω等于系统第一阶固有频率ω_{n1}或第二阶固有频率ω_{n2}时,系统振幅无限增大,即出现共振现象,其振幅B_1、B_2趋于无穷大。所以两自由度系统有两个共振区,在跨越共振区时,B_1、B_2将会反号,即出现倒相。

以B_1、B_2绝对值为纵坐标,以ω为横坐标,将式(3-27)做成曲线,称为幅频特性曲线,如图3-12所示。图中可见,当激振频率$\omega<\omega_{n1}$时,B_1和B_2均为正值,质体1和质体2做同相振动,B_1和B_2随ω增大而增大。当$\omega>\omega_{n1}$及$\omega<\omega_{22}$时,B_1和B_2均为负值。当$\omega>\omega_{22}$及$\omega<\omega_{n2}$时,B_1变为正值,而B_2仍为负值,这时质体1与质体2做异相振动。当$\omega>\omega_{n2}$时,B_1变为负值而B_2变为正值,质体1与质体2仍做异相振动。$\omega=\omega_{22}$是第一阶主振型与第二阶主振型的界线。

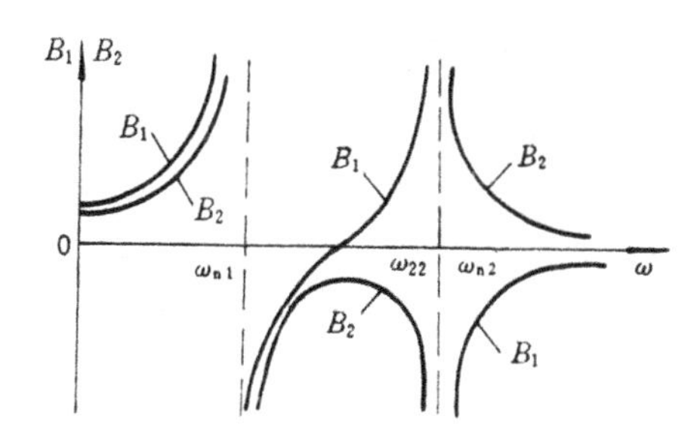

图3-12　两自由度幅频特性曲线

把式(3-27)代回式(3-25)就可得到系统的响应为

$$\begin{cases}x_1=B_1\sin\omega t=\dfrac{(d-\omega^2)q_1+bq_2}{(a-\omega^2)(d-\omega^2)-bc}\sin\omega t\\ x_2=B_2\sin\omega t=\dfrac{cq_1+(a-\omega^2)q_2}{(a-\omega^2)(d-\omega^2)-bc}\sin\omega t\end{cases}\tag{3-31}$$

上式表明,系统做与激振力同频率的简谐振动。其振幅不仅决定于激振力的幅值 F_1 和 F_2、激振力频率以及系统本身的物理性质，与系统的固有频率也有很大的关系。

把式(3-31) 中的两式相除，得强迫振动时两质量的振幅比

$$\frac{B_2}{B_1}=\frac{cq_1+(a-\omega^2)q_2}{(d-\omega^2)q_1+bq_2} \tag{3-32}$$

这说明，在一定的激振力的幅值和频率下，振幅比同样是确定值，也就是说，系统有一定的振型。当激振频率 ω 等于第一阶固有频率 ω_{n1} 时，振幅比为

$$\left(\frac{B_2}{B_1}\right)_{\omega_{n1}}=\frac{cq_1+(a-\omega_{n1}^2)q_2}{(d-\omega_{n1}^2)q_1+bq_2} \tag{3-33}$$

把式(3-11) 中 $(a-\omega_{n1}^2)/b$ 的分子分母均乘以 ω_{n1}，$c/(d-\omega_{n1}^2)$ 的分子分母均乘以 ω_{n2}，然后按比例式相加法则可得

$$\beta_1=\frac{A_2^{(1)}}{A_1^{(1)}}=\frac{cq_1+(a-\omega_{n1}^2)q_2}{(d-\omega_{n1}^2)q_1+bq_2}=\left(\frac{B_2}{B_1}\right)_{\omega_{n1}}$$

同理可得

$$\beta_2=\frac{A_2^{(2)}}{A_1^{(2)}}=\left(\frac{B_2}{B_1}\right)_{\omega_{n2}}$$

这表明，系统在任何一个共振频率下的振型就是相应的主振型，即系统以哪一阶固有频率共振，则此时的共振振型就是哪一阶主振型。这是多自由度系统强迫振动的一个极为重要的特性。在实际中，经常用共振法测定机械系统的固有频率，并根据测出的振型来判断固有频率的阶次，就是利用了上述这一规律。

根据式(3-19) 和式(3-31) 可写出方程(3-18) 的通解为

$$\begin{cases}x_1=A_1^{(1)}\sin(\omega_{n1}t+\varphi_1)+A_1^{(2)}\sin(\omega_{n2}t+\varphi_2)+B_1\sin\omega t\\x_2=A_1^{(1)}\beta_1\sin(\omega_{n1}t+\varphi_1)+A_1^{(2)}\beta_2\sin(\omega_{n2}t+\varphi_2)+B_2\sin\omega t\end{cases} \tag{3-34}$$

由上式看出，无阻尼强迫振动系统包括有三个振动频率 ω_{n1}、ω_{n2} 和 ω 的谐振动，前两种谐振动的频率 ω_{n1} 和 ω_{n2} 是系统的固有频率，由振动系统的基本要素(质量和弹簧刚度) 决定，它的振幅决定于初始条件；后一种谐振动的频率即强迫振动频率(激振力的频率)，它的振幅与激振力及系统的参数有关，这三种谐振动组

成了一种复合的振动。由于振动系统往往存在着阻尼，即使是很小的阻尼，频率为 ω_{n1} 和 ω_{n2} 的自由振动经过一段时间之后终将消失，但频率为 ω 的强迫振动虽然与阻尼有一定的关系，但它始终保持一定大小的数值。

3.4.2　有阻尼两自由度系统的受迫振动

3.4.2.1　受迫振动方程及其通解

如图 3-13 所示为具有黏性阻尼的两自由度受迫振动系统。该系统的受迫振动方程有以下形式

$$\begin{cases} m_{11}\ddot{x}_1 + c_{11}\dot{x}_1 + c_{12}\dot{x}_2 + k_{11}x_1 + k_{12}x_2 = F_1\sin\omega t \\ m_{22}\ddot{x}_2 + c_{21}\dot{x}_1 + c_{22}\dot{x}_2 + k_{21}x_1 + k_{22}x_2 = 0 \end{cases} \tag{3-35}$$

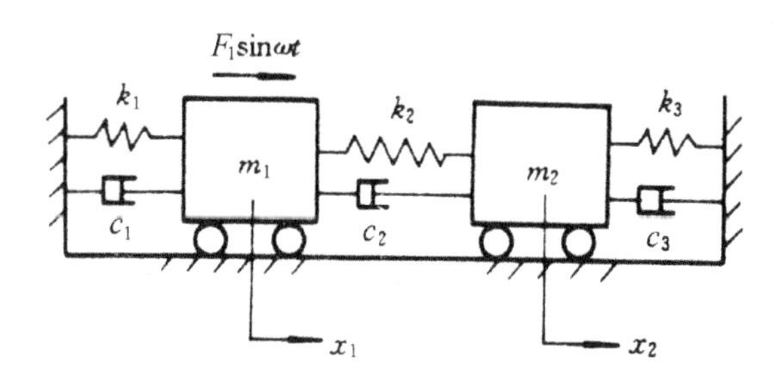

图 3-13　具有黏性阻尼的两自由度受迫振动系统

上述非齐次振动方程的解应包括两部分，即齐次方程的通解与非齐次方程的特解。通解即自由振动部分，它的表达式与上一小节相同，见式(3-34)；特解即受迫振动部分，它的频率等于激振力的频率。当阻尼很小时，受迫振动方程的全解可表示为

$$\begin{cases} x_1 = \beta_1 e^{-n_1 t}(D_1\cos\omega_{r1}t + D_2\sin\omega_{r1}t) + \beta_2 e^{-n_2 t}(D_3\cos\omega_{r2}t + \\ \qquad D_4\sin\omega_{r2}t) + B_{1s}\cos\omega t + B_{1\lambda}\sin\omega t \\ x_2 = e^{-n_1 t}(D_1\cos\omega_{r1}t + D_2\sin\omega_{r1}t) + e^{-n_2 t}(D_3\cos\omega_{r2}t \\ \qquad + D_4\sin\omega_{r2}t) + B_{2s}\cos\omega t + B_{2\lambda}\sin\omega t \end{cases} \tag{3-36}$$

其中

$$D_1=A_1^{(1)}+A_1^{(2)},D_2=\mathrm{j}(A_1^{(1)}-A_1^{(2)}),$$
$$D_3=A_1^{(3)}+A_1^{(4)},D_4=\mathrm{j}(A_1^{(3)}-A_1^{(4)})$$

3.4.2.2 求受迫振动方程稳态解的一般方法

前已叙及，有阻尼的自由振动，由于 e^{-n_1t} 和 e^{-n_2t} 存在，经过一定时间后，将全部消失，而仅存在受迫振动，所以受迫振动方程的稳态解为

$$\begin{cases}x_1=B_{1s}\cos\omega t+B_{1\lambda}\sin\omega t\\x_2=B_{2s}\cos\omega t+B_{2\lambda}\sin\omega t\end{cases}\tag{3-37}$$

将位移 x_1、x_2 及它们的一阶、二阶导数代入方程(3-35)中，经化简整理得

$$\begin{aligned}&[(k_{11}-m_{11}\omega^2)B_{1s}+k_{12}B_{2s}+c_{11}B_{1\lambda}+c_{12}\omega B_{2\lambda}]\cos\omega t+\\&[(k_{11}-m_{11}\omega^2)B_{1\lambda}+k_{12}B_{2\lambda}-c_{11}\omega B_{1s}-c_{12}\omega B_{2s}-F_1]\sin\omega t=0\\&[(k_{22}-m_{22}\omega^2)B_{2s}+k_{12}B_{1s}+c_{12}B_{1\lambda}+c_{22}\omega B_{2\lambda}]\cos\omega t+\\&[(k_{22}-m_{22}\omega^2)B_{2\lambda}+k_{12}B_{1\lambda}-c_{12}\omega B_{1s}-c_{22}\omega B_{2s}]\sin\omega t=0\end{aligned}\tag{3-38}$$

为使上式恒等，$\sin\omega t$ 和 $\cos\omega t$ 的系数必为零，即

$$\begin{aligned}&(k_{11}-m_{11}\omega^2)B_{1s}+k_{12}B_{2s}+c_{11}B_{1\lambda}+c_{12}\omega B_{2\lambda}=0\\&(k_{11}-m_{11}\omega^2)B_{1\lambda}+k_{12}B_{2\lambda}-c_{11}\omega B_{1s}-c_{12}\omega B_{2s}=F_1\\&(k_{22}-m_{22}\omega^2)B_{2s}+k_{12}B_{1s}+c_{12}B_{1\lambda}+c_{22}\omega B_{2\lambda}=0\\&(k_{22}-m_{22}\omega^2)B_{2\lambda}+k_{12}B_{1\lambda}-c_{12}\omega B_{1s}-c_{22}\omega B_{2s}=0\end{aligned}\tag{3-39}$$

根据以上四个代数方程，可以求得四个未知数 B_{1s}、B_{2s}、$B_{1\lambda}$ 和 $B_{2\lambda}$，这时位移可表示为

$$\begin{cases}x_1=B_1\sin(\omega t-\varphi_1)\\x_2=B_2\sin(\omega t-\varphi_2)\end{cases}\tag{3-40}$$

其中

$$B_1=\sqrt{B_{1s}^2+B_{1\lambda}^2},B_2=\sqrt{B_{2s}^2+B_{2\lambda}^2}$$

$$\varphi_1=\arctan\frac{-B_{1s}}{B_{1\lambda}},\varphi_2=\arctan\frac{-B_{2s}}{B_{2\lambda}}$$

利用前面的代数方程组求 B_{1s}、B_{2s}、$B_{1\lambda}$ 和 $B_{2\lambda}$，这虽然是可能办到的，但比较复杂，下面介绍一种求受迫振动方程稳态解较简便的方法 —— 复数法。

3.4.2.3　求受迫振动方程稳态解的复数法

复数法的基本步骤是先将实数方程式变换为复数方程式，然后用复数运算规则求复数方程的复数解，再将复数解变换为实数解。

用 $F_1 e^{j\omega t}$ 代替 $F_1 \sin\omega t$；用复位移 $\bar{x}_1$ 和 $\bar{x}_2$ 代替实位移 x_1 和 x_2；用复速度 $\overline{\dot{x}}$ 和 $\overline{\dot{x}}_2$ 来代替实速度 $\dot{x}_1$ 和 $\dot{x}_2$；用复加速度 $\overline{\ddot{x}}_1$ 和 $\overline{\ddot{x}}_2$ 来代替实加速度 $\ddot{x}_1$ 和 $\ddot{x}_2$。这时，方程(3-35) 可变换为复数方程，即

$$\begin{cases} m_{11}\overline{\ddot{x}}_1 + c_{11}\overline{\dot{x}}_1 + c_{12}\overline{\dot{x}}_2 + k_{11}\bar{x}_1 + k_{12}\bar{x}_2 = F_1 e^{j\omega t} \\ m_{22}\overline{\ddot{x}}_2 + c_{21}\overline{\dot{x}}_1 + c_{22}\overline{\dot{x}}_2 + k_{21}\bar{x}_1 + k_{22}\bar{x}_2 = 0 \end{cases} \tag{3-41}$$

设方程的稳态复数解为

$$\begin{cases} \bar{x}_1 = \bar{B}_1 e^{j\omega t} \\ x_2 = \bar{B}_2 e^{j\omega t} \end{cases} \tag{3-42}$$

而复速度和复加速度为

$$\overline{\dot{x}}_1 = j\omega\bar{B}_1 e^{j\omega t}, \overline{\dot{x}}_2 = j\omega\bar{B}_2 e^{j\omega t}$$

$$\overline{\ddot{x}}_1 = -\omega^2\bar{B}_1 e^{j\omega t}, \overline{\ddot{x}}_2 = -\omega^2\bar{B}_2 e^{j\omega t} \tag{3-43}$$

将式(3-42) 和式(3-43) 代入方程(3-41) 中，经化简可得以下复数形式的代数方程

$$\begin{cases} (k_{11} - m_{11}\omega^2 + j\omega c_{11})\bar{B}_1 + (k_{12} + j\omega c_{12})\bar{B}_2 = F_1 \\ (k_{12} + j\omega c_{12})\bar{B}_1 + (k_{22} - m_{22}\omega^2 + j\omega c_{22})\bar{B}_2 = 0 \end{cases} \tag{3-44}$$

由此，振幅的复数值 $\bar{B}_1$ 和 $\bar{B}_2$ 可按行列式方法求出

$$\bar{B}_1=\frac{\begin{bmatrix}F_1 & k_{12}+\mathrm{j}\omega c_{12}\\ 0 & k_{22}-m_{22}\omega^2+\mathrm{j}\omega c_{22}\end{bmatrix}}{\begin{bmatrix}k_{11}-m_{11}\omega^2+\mathrm{j}\omega c_{11} & k_{12}+\mathrm{j}\omega c_{12}\\ k_{12}+\mathrm{j}\omega c_{12} & k_{22}-m_{22}\omega^2+\mathrm{j}\omega c_{22}\end{bmatrix}}=F_1\frac{c+\mathrm{j}d}{a+\mathrm{j}b}$$

$$=F_1\frac{(c+\mathrm{j}d)(a-\mathrm{j}b)}{(a+\mathrm{j}b)(a-\mathrm{j}b)}=F_1\frac{(ac+bd)+\mathrm{j}(ad-bc)}{a^2+b^2}$$

$$=F_1\sqrt{\frac{c^2+\mathrm{d}^2}{a^2+b^2}}\mathrm{e}^{-\mathrm{j}\varphi_1}=B_1\mathrm{e}^{-\mathrm{j}\varphi_1}$$

$$\bar{B}_2=\frac{\begin{bmatrix}k_{11}-m_{11}\omega^2+\mathrm{j}\omega c_{11} & F_1\\ k_{12}+\mathrm{j}\omega c_{12} & 0\end{bmatrix}}{\begin{bmatrix}k_{11}-m_{11}\omega^2+\mathrm{j}\omega c_{11} & k_{12}+\mathrm{j}\omega c_{12}\\ k_{12}+\mathrm{j}\omega c_{12} & k_{22}-m_{22}\omega^2+\mathrm{j}\omega c_{22}\end{bmatrix}}=F_1\frac{l+\mathrm{j}f}{a+\mathrm{j}b}$$

$$=F_1\frac{(l+\mathrm{j}f)(a-\mathrm{j}b)}{(a+\mathrm{j}b)(a-\mathrm{j}b)}=F_1\frac{(al+bf)+\mathrm{j}(af-bl)}{a^2+b^2}$$

$$=F_1\sqrt{\frac{l^2+f^2}{a^2+b^2}}\mathrm{e}^{-\mathrm{j}\varphi_2}=B_2\mathrm{e}^{-\mathrm{j}\varphi_2}$$

式中

$$a=(k_{11}-m_{11}\omega^2)(k_{22}-m_{22}\omega^2)-k_{12}^2-c_{11}c_{22}\omega^2+c_{12}^2\omega^2,$$

$$b=(k_{11}-m_{11}\omega^2)c_{22}\omega+(k_{22}-m_{22}\omega^2)c_{11}\omega-2k_{12}\omega c_{12},$$

$$c=k_{22}-m_{22}\omega^2,d=c_{22}\omega,l=-k_{12},f=-c_{12}\omega$$

因而,振幅 B_1 和 B_2 的实际数值为

$$B_1=F_1\sqrt{\frac{c^2+\mathrm{d}^2}{a^2+b^2}},B_2=F_1\sqrt{\frac{l^2+f^2}{a^2+b^2}}$$

而激振力超前于位移的相位角为

$$\varphi_1=\arctan\frac{bc-ad}{ac+bd},\varphi_2=\arctan\frac{bl-af}{al+bf}$$

把上面求出的 $\bar{B}_1$ 和 $\bar{B}_2$ 代入式(3-42)中,可得

$$\begin{cases}\bar{x}_1=B_1\mathrm{e}^{-\mathrm{j}\varphi_1}\mathrm{e}^{\mathrm{j}\omega t}=B_1\mathrm{e}^{\mathrm{j}(\omega t-\varphi_1)}=B_1[\cos(\omega t-\varphi_1)+\mathrm{j}\sin(\omega t-\varphi_1)]\\ \bar{x}_2=B_2\mathrm{e}^{-\mathrm{j}\varphi_2}\mathrm{e}^{\mathrm{j}\omega t}=B_2\mathrm{e}^{\mathrm{j}(\omega t-\varphi_2)}=B_2[\cos(\omega t-\varphi_2)+\mathrm{j}\sin(\omega t-\varphi_2)]\end{cases}\tag{3-45}$$

方程的实数解即为上式的虚部(这是因为转换后的复数方程

的虚部与原实数方程相同),所以

$$\begin{cases} x_1 = B_1\sin(\omega t - \varphi_1) \\ x_2 = B_2\sin(\omega t - \varphi_2) \end{cases} \tag{3-46}$$

这一结果与式(3-40)所得结果是一致的。若图 3-11 中质体 m_1、m_2 上各受有简谐激振力幅值为 $F_1\sin\omega t$ 和 $F_2\sin\omega t$,则受迫振动方程的矩阵形式为

$$\boldsymbol{M}\ddot{\bar{\boldsymbol{X}}} + \boldsymbol{C}\dot{\bar{\boldsymbol{X}}} + \boldsymbol{K}\bar{\boldsymbol{X}} = \boldsymbol{F}\mathrm{e}^{\mathrm{j}\omega t} \tag{3-47}$$

仅考虑受迫振动,设其稳态复数解为

$$\bar{\boldsymbol{X}} = \bar{\boldsymbol{B}}\mathrm{e}^{\mathrm{j}\omega t} \tag{3-48}$$

将上式及其一阶、二阶导数代入方程(3-47)中,得到以下代数方程

$$(\boldsymbol{K} - \boldsymbol{M}\omega^2 + \mathrm{j}\omega\boldsymbol{C})\bar{\boldsymbol{B}} = \boldsymbol{F} \tag{3-49}$$

对方程中的 $\bar{\boldsymbol{B}}$ 求解,可得

$$\bar{\boldsymbol{B}} = (\boldsymbol{K} - \boldsymbol{M}\omega^2 + \mathrm{j}\omega\boldsymbol{C})^{-1}\boldsymbol{F} \tag{3-50}$$

所以式(3-48)中的位移为

$$\bar{\boldsymbol{X}} = (\boldsymbol{K} - \boldsymbol{M}\omega^2 + \mathrm{j}\omega\boldsymbol{C})^{-1}\boldsymbol{F}\mathrm{e}^{\mathrm{j}\omega t} \tag{3-51}$$

因为刚度矩阵 $\boldsymbol{K}$、质量矩阵 $\boldsymbol{M}$ 和阻尼矩阵 $\boldsymbol{C}$ 分别为

$$\boldsymbol{K} = \begin{bmatrix} k_{11} & k_{12} \\ k_{21} & k_{22} \end{bmatrix}, \boldsymbol{M} = \begin{bmatrix} m_{11} & 0 \\ 0 & m_{22} \end{bmatrix}, \boldsymbol{C} = \begin{bmatrix} c_{11} & c_{12} \\ c_{21} & c_{22} \end{bmatrix}$$

所以,按照矩阵的运算,则

$$\begin{aligned} \begin{bmatrix} x_2 \\ x_1 \end{bmatrix} &= (\boldsymbol{K} - \boldsymbol{M}\omega^2 + \mathrm{j}\omega\boldsymbol{C})^{-1}\begin{bmatrix} F_1 \\ F_2 \end{bmatrix}\mathrm{e}^{\mathrm{j}\omega t} \\ &= \frac{\begin{bmatrix} k_{22} - m_{22}\omega^2 + \mathrm{j}\omega c_{22} & -(k_{21} + \mathrm{j}\omega c_{21}) \\ -(k_{12} + \mathrm{j}\omega c_{12}) & k_{11} - m_{11}\omega^2 + \mathrm{j}\omega c_{11} \end{bmatrix}}{|\boldsymbol{K} - \boldsymbol{M}\omega^2 + \mathrm{j}\omega\boldsymbol{C}|}\begin{bmatrix} \boldsymbol{F}_1 \\ \boldsymbol{F}_2 \end{bmatrix}\mathrm{e}^{\mathrm{j}\omega t} \\ &= \begin{bmatrix} \bar{B}_1 \\ \bar{B}_2 \end{bmatrix}\mathrm{e}^{\mathrm{j}\omega t} \end{aligned} \tag{3-52}$$

其中

$$|\boldsymbol{K} - \boldsymbol{M}\omega^2 + \mathrm{j}\omega\boldsymbol{C}| = (k_{11} - m_{11}\omega^2 + \mathrm{j}\omega c_{11})$$

$$(k_{22}-m_{22}\omega^2+\mathrm{j}\omega c_{22})-(k_{12}+\mathrm{j}\omega c_{12})^2$$

引进以下符号

$$a=(k_{11}-m_{11}\omega^2)(k_{22}-m_{22}\omega^2)-k_{12}^2-c_{11}c_{22}\omega^2+c_{12}^2\omega^2$$

$$b=(k_{11}-m_{11}\omega^2)c_{22}\omega+(k_{22}-m_{22}\omega^2)c_{11}\omega-2k_{12}\omega c_{12}$$

$$c=k_{22}-m_{22}\omega^2, d=c_{22}\omega, l=-k_{12},$$

$$f=-c_{12}\omega, g=k_{11}-m_{11}\omega^2, h=c_{11}\omega$$

于是可求出振幅的复数表示式

$$\begin{aligned}\bar{B}_1&=\frac{c+\mathrm{j}d}{a+\mathrm{j}b}F_1+\frac{l+\mathrm{j}f}{a+\mathrm{j}b}F_2\\&=F_1\sqrt{\frac{c^2+\mathrm{d}^2}{a^2+b^2}}\mathrm{e}^{-\mathrm{j}\varphi_{11}}+F_2\sqrt{\frac{l^2+f^2}{a^2+b^2}}\mathrm{e}^{-\mathrm{j}\varphi_{12}}\\\bar{B}_2&=\frac{l+\mathrm{j}f}{a+\mathrm{j}b}F_1+\frac{g+\mathrm{j}h}{a+\mathrm{j}b}F_2\\&=F_1\sqrt{\frac{l^2+f^2}{a^2+b^2}}\mathrm{e}^{-\mathrm{j}\varphi_{21}}+F_2\sqrt{\frac{g^2+h^2}{a^2+b^2}}\mathrm{e}^{-\mathrm{j}\varphi_{22}}\end{aligned}\tag{3-53}$$

其中

$$\varphi_{11}=\arctan\frac{bc-ad}{ac+bd}, \varphi_{12}=\arctan\frac{bl-af}{al+bf}$$

$$\varphi_{21}=\arctan\frac{bl-af}{al+bf}, \varphi_{22}=\arctan\frac{bg-ah}{ag+bh}$$

因此,复位移可以表示为

$$\begin{cases}\bar{x}_1=F_1\sqrt{\dfrac{c^2+\mathrm{d}^2}{a^2+b^2}}\mathrm{e}^{\mathrm{j}(\omega t-\varphi_{11})}+F_2\sqrt{\dfrac{l^2+f^2}{a^2+b^2}}\mathrm{e}^{\mathrm{j}(\omega t-\varphi_{12})}\\\bar{x}_2=F_1\sqrt{\dfrac{l^2+f^2}{a^2+b^2}}\mathrm{e}^{\mathrm{j}(\omega t-\varphi_{21})}+F_2\sqrt{\dfrac{g^2+h^2}{a^2+b^2}}\mathrm{e}^{\mathrm{j}(\omega t-\varphi_{22})}\end{cases}\tag{3-54}$$

根据式(3-53),振幅的复数形式还可表示为

$$\begin{aligned}\bar{B_1}&=\frac{F_1c+F_2l+\mathrm{j}(F_1d+F_2f)}{a+\mathrm{j}b}=\sqrt{\frac{(F_1c+F_2l)^2+(F_1d+F_2f)^2}{a^2+b^2}}\mathrm{e}^{-\mathrm{j}\varphi_1}\\\bar{B_2}&=\frac{F_1l+F_2g+\mathrm{j}(F_1f+F_2h)}{a+\mathrm{j}b}=\sqrt{\frac{(F_1l+F_2g)^2+(F_1f+F_2h)^2}{a^2+b^2}}\mathrm{e}^{-\mathrm{j}\varphi_2}\end{aligned}\tag{3-55}$$

其中

$$\begin{cases} \varphi_1 = \arctan \dfrac{b(F_1c + F_2l) - a(F_1d + F_2f)}{a(F_1c + F_2l) + b(F_1d + F_2f)} \\ \varphi_2 = \arctan \dfrac{b(F_1l + F_2g) - a(F_1f + F_2h)}{a(F_1l + F_2g) + b(F_1f + F_2h)} \end{cases} \tag{3-56}$$

由此得复位移为

$$\begin{aligned} \bar{x}_1 &= \sqrt{\frac{(F_1c + F_2l)^2 + (F_1d + F_2f)^2}{a^2 + b^2}} e^{j(\omega t - \varphi_1)} \\ &= \sqrt{\frac{(F_1c + F_2l)^2 + (F_1d + F_2f)^2}{a^2 + b^2}} [\cos(\omega t - \varphi_1) + j\sin(\omega t - \varphi_1)] \\ \bar{x}_2 &- \sqrt{\frac{(F_1l + F_2g)^2 + (F_1f + F_2h)^2}{a^2 + b^2}} e^{j(\omega t - \varphi_2)} \\ &= \sqrt{\frac{(F_1l + F_2g)^2 + (F_1f + F_2h)^2}{a^2 + b^2}} [\cos(\omega t - \varphi_2) + j\sin(\omega t - \varphi_2)] \end{aligned} \tag{3-57}$$

振幅 B_1 和 B_2 分别为

$$B_1 = \sqrt{\frac{(F_1c + F_2l)^2 + (F_1d + F_2f)^2}{a^2 + b^2}}$$

$$B_2 = \sqrt{\frac{(F_1l + F_2g)^2 + (F_1f + F_2h)^2}{a^2 + b^2}} \tag{3-58}$$

因此，只要确定出 a、b、c、d、l、f、g、h 各值，便可按式(3-58)和式(3-56)计算出振幅与相位差角。再代入式(3-46)中，便可求得方程的稳态解。

第4章　多自由度系统的振动

在大多数情况下，将工程结构简化成单自由度系统往往不能全面反映实际结构的振动情况，因而需要用多自由度系统描述。所谓多自由度系统，是指必须通过两个以上的独立广义坐标才能够描述系统运动特性的系统，或者说是自由度数目多于一个，但又不属于连续弹性体（自由度数目为无穷多个）的系统。实际机械或结构的振动问题，许多都可以简化为具有多个自由度的动力学模型来进行研究。因此，处理多自由度系统振动问题的理论和方法，在动力学分析中占有重要的地位，而且具有很高的工程应用价值。

4.1　多自由度系统振动概述

实际工程结构经过适当的离散或简化，可以简化成由有限个无弹性的质量（惯性元件），由质点到刚体，由有限个无质量的弹簧（弹性元件）和阻尼器（阻尼元件）组成，这就是所谓的多自由度系统。

多自由度系统的振动分析与上章讨论的两自由度系统在原理上没有本质的差别，只是由于自由度数目的增加，使振动求解的计算工作量急剧增加，变得十分庞杂，特别是激振力函数为任意情况时，振动分析就甚为困难，且当阻尼存在时更是如此。所以在电子计算机被用于工程计算之前，解决多自由度系统的振动问题只是理论上的。而当计算机成为强有力的计算工具之后，工程上实际的多自由度振动的求解才成为现实。

对于 m 个质点的质点系，共约束是 r 个，那么广义坐标系 $n=$

$3m-r$ 个，也就是有 n 个自由度数。对于多自由度系统，有 n 个自由度，就有 n 阶固有频率、n 个主振型和 $n-1$ 个节点（节点为系统中振幅为零的点，实际结构往往是节线或节面）。如图 4-1 所示为三自由度扭转系统模型，图 4-2 所示为刚体在空间运动的六个自由度，图 4-3 所示为有限单元法将连续体离散成若干有限单元构成。

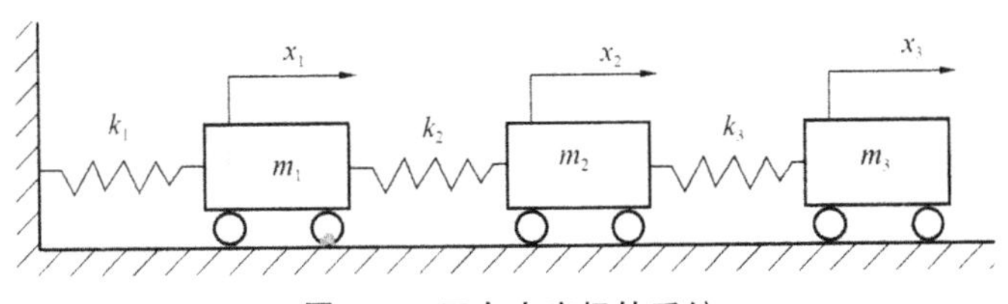

图 4-1　三自由度扭转系统

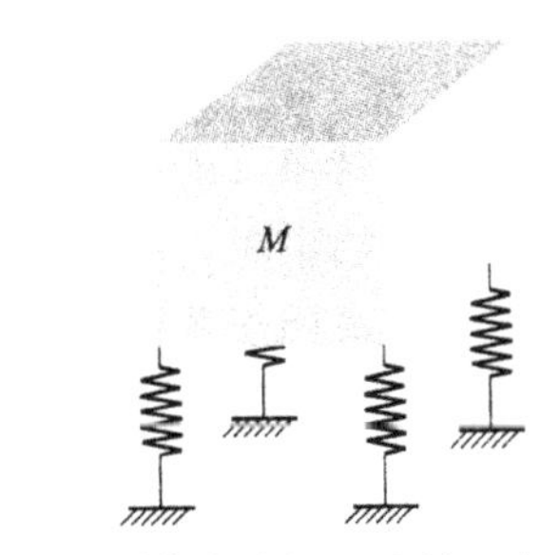

图 4-2　刚体在空间运动的六自由度模型

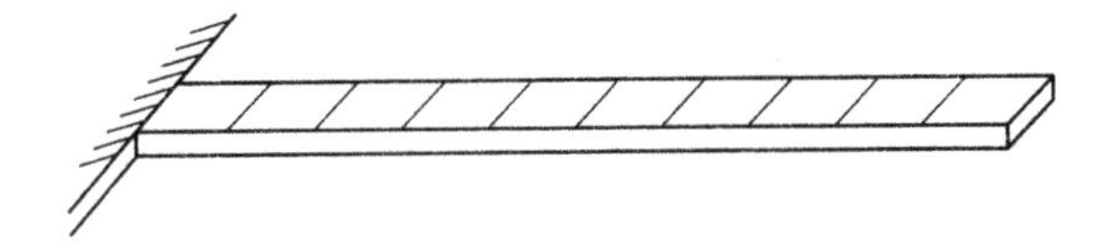

图 4-3　连续体离散成若干有限单元

多自由度系统的振动微分方程式，一般是一组相互耦合的常微分方程组。在系统发生微小振幅振动的情况下，微分方程都是线性常系数的。由于自由度数量的增加，微分方程的数量也大大增加。为了表达简洁起见，在处理多自由度振动系统问题时，常常使用矩阵的表达方式。对于多自由度系统，可以采取直接求取分析解或数值解的方法进行研究。如果系统的自由度数量很多，特别是系统为有阻尼系统并且受到复杂激振的作用时，按照一般求解微分方程的方法进行求解非常困难，当然，可借助计算机进行数值求解。但是，在实际的工程应用中，广泛采用模态分析方法。

4.2 多自由度系统振动微分方程的建立

如果将实际的工程结构在一定的假设条件下，简化处理后确定了动力学模型，并确定了其中的惯性、刚度和阻尼参数之后，就可以应用多种方法建立系统的运动微分方程。

4.2.1 牛顿力学法

以前建立单自由度和二自由度振动系统的微分方程就是采用了这种方法，即直接应用牛顿第二定律或达朗伯原理建立系统的运动微分方程。这种方法的特点是分析比较直观、简便，适用于比较简单的系统。

如图 4-4 所示为三自由度振动系统，三个自由度质体通过线性弹簧与黏性阻尼器连接，质体受到外载荷力 $F(t)$ 的作用。各质体在其平衡位置附近做小幅振动。取质体水平位移为广义坐标，向右为正方向，对质体 m_i 进行受力分析，分离体 m_i 与其作用力如图 4-5 所示。

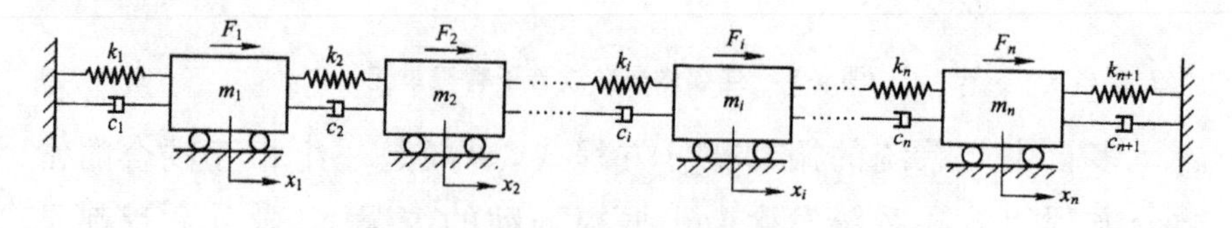

图 4-4 多自由度系统

应用牛顿定律，建立质量 m_i 的微分方程

$$m_i\ddot{x}_i = F_i + k_{i+1}(x_{i+1} - x_i) + c_{i+1}(\dot{x}_{i+1} - \dot{x}_i) - k_i(x_i - x_{i-1}) + c_i(\dot{x}_i - \dot{x}_{i-1})$$

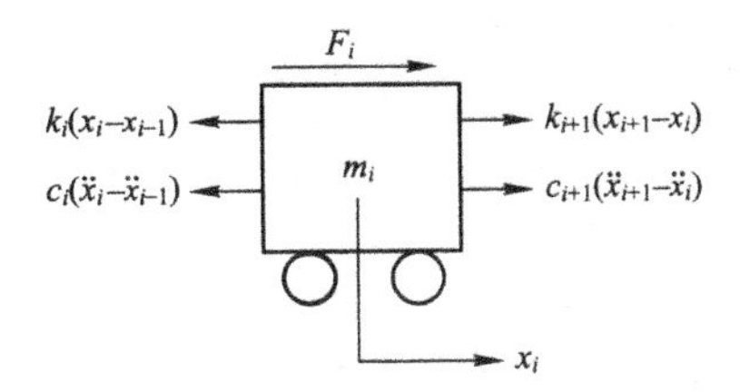

图 4-5　分离体 m_i 作用图

整理上式得

$$m_i\ddot{x}_i - c_i\dot{x}_{i-1} + (c_i + c_{i+1})\dot{x}_i - c_{i+1}\dot{x}_{i+1} - k_i x_{i-1} + (k_i + k_{i+1})x_i - k_{i+1}x_{i+1} = F_i \tag{4-1}$$

同理得到所有质量体的微分方程

$$\begin{aligned}
&m_1\ddot{x}_1 + (c_1 + c_2)\dot{x}_1 - c_2\dot{x}_2 + (k_1 + k_2)x_1 - k_2x_2 = F_1 \\
&m_2\ddot{x}_2 - c_2\dot{x}_1 + (c_2 + c_3)\dot{x}_2 - c_3\dot{x}_3 - k_2x_1 + (k_2 + k_3)x_2 - k_3x_3 = F_2 \\
&\vdots \\
&m_i\ddot{x}_i - c_i\dot{x}_{i-1} + (c_i + c_{i+1})\dot{x}_i - c_{i+1}\dot{x}_{i+1} - k_ix_{i-1} + (k_i + k_{i+1})x_i - k_{i+1}x_{i+1} = F_i \\
&\vdots \\
&m_n\ddot{x}_n - c_n\dot{x}_{n-1} + (c_n + c_{n+1})\dot{x}_n - k_nx_{n-1} + (k_n + k_{n+1})x_n = F_n
\end{aligned} \tag{4-2}$$

4.2.2　作用力方程与影响系数法

将式(4-2)写成矩阵形式为

$$\boldsymbol{M}\ddot{\boldsymbol{X}} + \boldsymbol{C}\dot{\boldsymbol{X}} + \boldsymbol{K}\boldsymbol{X} = \boldsymbol{F} \tag{4-3}$$

式中：$\boldsymbol{M}$、$\boldsymbol{C}$、$\boldsymbol{K}$ 分别是质量矩阵、阻尼矩阵和刚度矩阵，$\boldsymbol{X}$、$\boldsymbol{F}$ 分别是位移列阵和力列阵，$\boldsymbol{X} = [x_1, x_2, \cdots, x_n]^{\mathrm{T}}$，$n$ 维广义坐标列向量

$$\boldsymbol{M} = \begin{bmatrix} m_{11} & \cdots & m_{1j} & \cdots & m_{1n} \\ m_{21} & \cdots & m_{2j} & \cdots & m_{2n} \\ \vdots & \vdots & \vdots & \vdots & \vdots \\ m_{n1} & \cdots & m_{nj} & \cdots & m_{nn} \end{bmatrix}, \boldsymbol{C} = \begin{bmatrix} c_{11} & \cdots & c_{1j} & \cdots & c_{1n} \\ c_{21} & \cdots & c_{2j} & \cdots & c_{2n} \\ \vdots & \vdots & \vdots & \vdots & \vdots \\ c_{n1} & \cdots & c_{nj} & \cdots & c_{nn} \end{bmatrix}$$

$$\boldsymbol{K}=\begin{bmatrix} k_{11} & \cdots & k_{1j} & \cdots & k_{1n} \\ k_{21} & \cdots & k_{2j} & \cdots & k_{2n} \\ \vdots & \vdots & \vdots & \vdots & \vdots \\ k_{n1} & \cdots & k_{nj} & \cdots & k_{nn} \end{bmatrix},\boldsymbol{F}=\begin{bmatrix} F_1 \\ F_2 \\ \vdots \\ F_n \end{bmatrix}$$

若能设法求出机械系统的$\boldsymbol{M}$、$\boldsymbol{C}$、$\boldsymbol{K}$，就可以直接按上式写出机械系统的运动微分方程。如果忽略阻尼的影响，式(4-3)写成

$$\boldsymbol{M}\ddot{\boldsymbol{X}}+\boldsymbol{K}\boldsymbol{X}=\boldsymbol{F} \tag{4-4}$$

上列矩阵中的任一元素m_{ij}，c_{ij}，k_{ij}分别代表第i坐标和第j坐标之间的惯性、阻尼和刚度的相互影响，故分别称之为惯性影响系数、阻尼影响系数和刚度影响系数。显然，只要能确定m_{ij}，c_{ij}和k_{ij}这些影响系数的数值，即可求出$\boldsymbol{M}$、$\boldsymbol{C}$、$\boldsymbol{K}$。

4.2.2.1 质量矩阵与质量系数

m_{ij}为使机械系统的第j坐标产生单位加速度，而其他坐标的加速度为零时，在第i坐标上所需加的作用力大小。

对于图4-4所示的系统，假设质量元件m_1的位移$x_1=1$，$x_2=x_3=0$，即使m_1产生单位位移，而m_2、m_3不动。为了使系统处于上述状态，所需施加的与惯性力相平衡的外力，则在m_1、m_2和m_3上所需的力分别为

$$m_{11}=m_1,m_{21}=m_{31}=0$$

同理，可得阻尼矩阵的第二列、第三列分别为

$$m_{22}=m_2,m_{12}=m_{32}=0$$

$$m_{33}=m_3,m_{13}=m_{23}=0$$

将所求得的质量影响系统按下标写成矩阵形式，就得到机械系统的质量矩阵为

$$\boldsymbol{M}=\begin{bmatrix} m_1 & 0 & 0 & 0 & 0 & 0 \\ 0 & m_2 & 0 & 0 & 0 & 0 \\ 0 & 0 & \vdots & 0 & 0 & 0 \\ 0 & 0 & 0 & m_i & 0 & 0 \\ 0 & 0 & 0 & 0 & \vdots & 0 \\ 0 & 0 & 0 & 0 & 0 & m_n \end{bmatrix} \tag{4-5}$$

对于图 4-4 所示的这类弹簧质量阻尼系统，如果将系统质心作为坐标原点，则质量矩阵是对角矩阵，但一般情况下质量矩阵并不一定是对角矩阵。

4.2.2.2　阻尼矩阵与阻尼系数

c_{ij} 为使机械系统的第 j 坐标产生单位速度，而其他坐标的速度为零时，在第 i 坐标上所需加的作用力大小。

对于图 4-4 所示的系统，假设 $\ddot{x}_1=1,\ddot{x}_2=\ddot{x}_3=0$，即使 m_1 产生单位加速度，而 m_2、m_3 的加速度为零。使系统处于这种状态，则必须在系统上施加一定的外力。则在 m_1、m_2 和 m_3 上所需的力分别为

$$c_{11}=c_1+c_2,c_{21}=-c_2,c_{31}=0$$

同理，可得阻尼矩阵的第二列、第三列分别为

$$c_{22}=c_2+c_3,c_{12}=-c_2,c_{32}=-c_3$$

$$c_{33}=c_3,c_{23}=-c_3,c_{13}=0$$

将所求得的刚度影响系统按下标写成矩阵形式，就得到机械系统的阻尼矩阵为

$$\boldsymbol{C}=\begin{bmatrix} c_1+c_2 & -c_2 & 0 & 0 & 0 & 0 \\ c_2 & c_2+c_3 & -c_3 & 0 & 0 & 0 \\ 0 & 0 & \vdots & 0 & 0 & 0 \\ 0 & 0 & -c_i & c_i+c_{i+1} & -c_{i+1} & 0 \\ 0 & 0 & 0 & 0 & \vdots & 0 \\ 0 & 0 & 0 & 0 & -c_n & c_n+c_{n+1} \end{bmatrix} \tag{4-6}$$

显然，对于图 4-4 所示的这类弹簧质量 — 阻尼系统，一般存在下述规律：

① 阻尼矩阵中的对角元素 c_{ii} 为连接在质量元件 i 上的所有阻尼系数的和。

② 阻尼矩阵中的非对角元素 c_{ij} 为直接连接在质量元件 i 和质量元件 j 之间的阻尼系数，取负值。

③ 一般而言,阻尼矩阵是对称矩阵,$\boldsymbol{C}=\boldsymbol{C}^{\mathrm{T}}$。

4.2.2.3 刚度矩阵与刚度系数

k_{ij} 为使机械系统的第 j 坐标产生单位位移,而其他坐标的位移为零时,在第 i 坐标上所需加的作用力大小。

对于图 4-4 所示的系统,假设质量元件 m_1 的位移 $x_1=1$,$x_2=x_3=0$,即使 m_1 产生单位位移,而 m_2、m_3 不动。使系统处于这种状态,则必须在系统上施加一定的外力。则在 m_1、m_2 和 m_3 上所需的力分别为

$$k_{11}=k_1x_1+k_2x_1=k_1+k_2,k_{21}=-k_2x_1=-k_2,k_{31}=0$$

同理,可得阻尼矩阵的第二列、第三列分别为

$$k_{22}=k_2+k_3,k_{12}=-k_2,k_{32}=-k_3$$

$$k_{33}=k_3,k_{13}=0,k_{23}=-k_3$$

将所求得的刚度影响系统按下标写成矩阵形式,就得到机械系统的刚度矩阵为

$$\boldsymbol{K}=\begin{bmatrix} k_1+k_2 & -k_2 & 0 & 0 & 0 & 0 \\ k_2 & k_2+k_3 & -k_3 & 0 & 0 & 0 \\ 0 & 0 & \vdots & 0 & 0 & 0 \\ 0 & 0 & -k_i & k_i+k_{i+1} & -k_{i+1} & 0 \\ 0 & 0 & 0 & 0 & \vdots & 0 \\ 0 & 0 & 0 & 0 & -k_n & k_n+k_{n+1} \end{bmatrix} \tag{4-7}$$

显然,对于图 4-4 所示的这类弹簧质量 — 阻尼系统,一般存在下述规律:

① 刚度矩阵中的对角元素 k_{ii} 为连接在质量元件 i 上的所有弹簧刚度系数的和。

② 刚度矩阵中的非对角元素 k_{ij} 为直接连接在质量元件 i 和质量元件 j 之间弹簧的刚度系数,取负值。

③ 一般而言,刚度矩阵是对称矩阵,即 $\boldsymbol{K}=\boldsymbol{K}^{\mathrm{T}}$。

【例 4-1】 如图 4-6 所示为用弹簧刚度为 k_1 与 k_2 的两只弹簧

联接的三个单摆的系统。当该系统在 $F_{\theta 1}$、$F_{\theta 2}$ 及 $F_{\theta 3}$ 作用下做微幅振动时，试求其刚度矩阵。

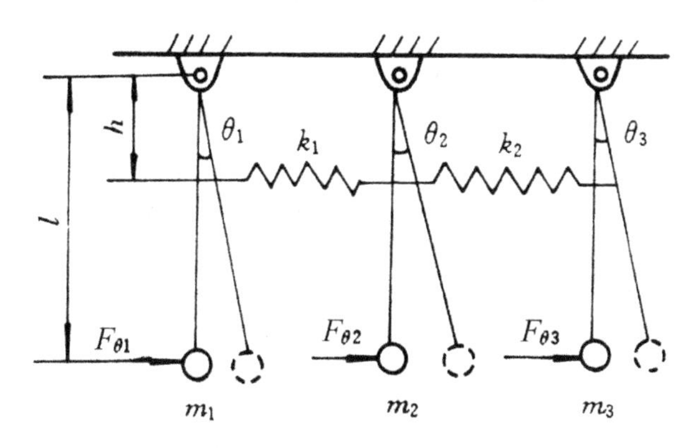

(a) 振动系统

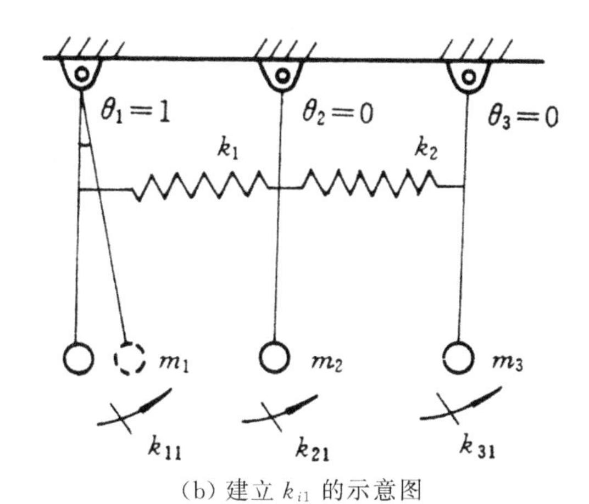

(b) 建立 k_{i1} 的示意图

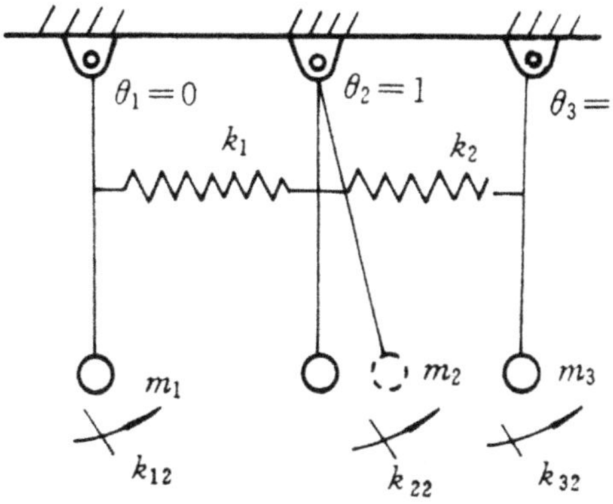

(c) 建立 k_{i2} 的示意图

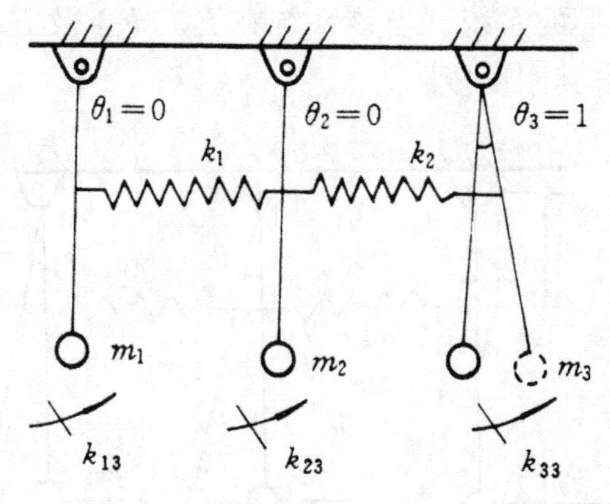

(d) 建立 k_{i3} 的示意图

图 4-6　三联摆振动系统

解:单摆 m_1、m_2 及 m_3 的摆角分别以 θ_1、θ_2 及 θ_3 表示,根据求导刚度影响系数的规则:

当 $\theta_1=1$,而 $\theta_2=\theta_3=0$ 时,如图 4-6(b) 所示,系统保持这种位置状态所需加的力矩 k_{11}、k_{21} 及 k_{31} 的值分别为

$$k_{11}=k_1h^2+m_1gl$$

$$k_{21}=-k_1h^2$$

$$k_{31}=0$$

当 $\theta_2=1$,而 $\theta_1=\theta_3=0$ 时,如图 4-6(c) 所示,系统保持这种位置状态所需加的力矩 k_{12}、k_{22} 及 k_{32} 的值分别为

$$k_{12}=-k_1h^2$$

$$k_{22}=(k_1+k_2)h^2+m_2gl$$

$$k_{32}=-k_2h^2$$

以此类推,当 $\theta_3=1$,而 $\theta_1=\theta_2=0$ 时,如图 4-6(d) 所示,相应地求出 k_{13}、k_{23} 及 k_{33} 的值分别为

$$k_{13}=0$$

$$k_{23}=-k_2h^2$$

$$k_{33}=-k_2h^2+m_3gl$$

显然,所求刚度矩阵 $\boldsymbol{K}_g$ 为

$$\boldsymbol{K}_g=\begin{bmatrix} k_{11} & k_{12} & k_{13} \\ k_{21} & k_{22} & k_{23} \\ k_{13} & k_{32} & k_{33} \end{bmatrix}$$

$$=\begin{bmatrix} k_1h^2+m_1gl & -k_1h^2 & 0 \\ -k_1h^2 & (k_1+k_2)h^2+m_2gl & -k_2h^2 \\ 0 & -k_2h^2 & -k_2h^2+m_3gl \end{bmatrix}$$

可见，使单摆恢复原位的弹簧弹性恢复力与单摆重力恢复力耦合在一起。将这两种恢复力的影响系数分成分开的阵列，我们得到

$$\boldsymbol{K}_g=\boldsymbol{K}+\boldsymbol{G}$$

其中

$$\boldsymbol{K}=\begin{bmatrix} k_1h^2 & -k_1h^2 & 0 \\ -k_1h^2 & (k_1+k_2)h^2 & -k_2h^2 \\ 0 & -k_2h^2 & k_2h^2 \end{bmatrix}$$

$$\boldsymbol{G}=\begin{bmatrix} m_1gl & 0 & 0 \\ 0 & m_2gl & 0 \\ 0 & 0 & m_3gl \end{bmatrix}$$

前一种阵列和通常的由刚度影响系数组成的刚度矩阵一致，而后一种阵列仅包括重力影响系数，称为重力矩阵。它表示在重力出现时，各单摆分别具有单位位移时，为保持位移形态所需加的作用力。在没有重力时，重力矩阵 G 中诸项均为零。

【例 4-2】　如图 4-7 所示弹簧—质量系统，其广义坐标为 x_1、x_2、x_3，试根据质量系数、阻尼系数和刚度系数的物理意义求该系统的质量矩阵、阻尼矩阵和刚度矩阵。

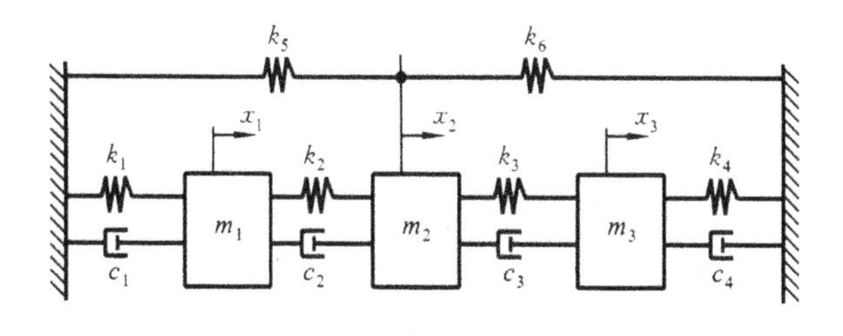

图 4-7　弹簧—质量系统

解：该系统为三自由度系统。

当 $\ddot{x}_1=1,\ddot{x}_2=0,\ddot{x}_3=0$ 时，有

$$m_{11}=m_1,m_{21}=0,m_{31}=0$$

当 $\ddot{x}_2=1,\ddot{x}_1=0,\ddot{x}_3=0$ 时，有

$$m_{12}=0,m_{22}=m_2,m_{32}=0$$

当 $\ddot{x}_3=1,\ddot{x}_1=0,\ddot{x}_2=0$ 时，有

$$m_{13}=0,m_{23}=0,m_{33}=m_3$$

因此，系统的质量矩阵为

$$\boldsymbol{M}=\begin{bmatrix} m_1 & 0 & 0 \\ 0 & m_2 & 0 \\ 0 & 0 & m_3 \end{bmatrix}$$

当 $\dot{x}_1=1,\dot{x}_2=0,\dot{x}_3=0$ 时，有

$$c_{11}=c_1+c_2,c_{21}=-c_2,c_{31}=0$$

当 $\dot{x}_2=1,\dot{x}_1=0,\dot{x}_3=0$ 时，有

$$c_{12}=-c_2,c_{22}=c_2+c_3,c_{32}=-c_3$$

当 $\dot{x}_3=1,\dot{x}_1=0,\dot{x}_2=0$ 时，有

$$c_{13}=0,c_{23}=-c_3,c_{33}=c_3+c_4$$

因此，系统的阻尼矩阵为

$$\boldsymbol{C}=\begin{bmatrix} c_1+c_2 & -c_2 & 0 \\ -c_2 & c_2+c_3 & -c_3 \\ 0 & -c_3 & c_3+c_4 \end{bmatrix}$$

当 $x_1=1,x_2=0,x_3=0$ 时，有

$$k_{11}=k_1+k_2,k_{21}=-k_2,k_{31}=0$$

当 $x_2=1,x_1=0,x_3=0$ 时，有

$$k_{12}=-k_2,k_{22}=k_2+k_3+k_5+k_6,k_{32}=-k_3$$

当 $x_3=1,x_1=0,x_2=0$ 时，有

$$k_{13}=0,k_{23}=-k_3,k_{33}=k_3+k_4$$

因此，系统的刚度矩阵为

$$\boldsymbol{K}=\begin{bmatrix} k_1+k_2 & -k_2 & 0 \\ -k_2 & k_2+k_3+k_5+k_6 & -k_3 \\ 0 & -k_3 & k_3+k_4 \end{bmatrix}$$

【例 4-3】　如图 4-8 所示为一带有分支系统的弹簧 — 质量系统，其广义坐标为 x_1、x_2、x_3、x_4，试根据质量系数、阻尼系数和刚度系数的物理意义求系统的质量矩阵、阻尼矩阵和刚度矩阵。

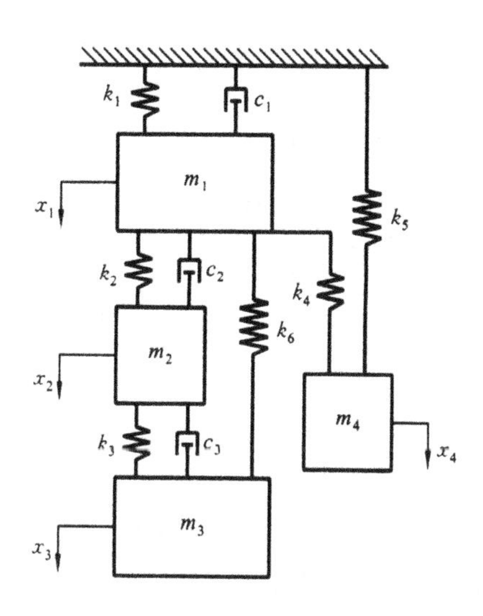

图 4-8　带有分支系统的弹簧 — 质量系统

解：该系统为四自由度系统。

当 $\ddot{x}_1=1, \ddot{x}_2=0, \ddot{x}_3=0, \ddot{x}_4-0$ 时，有

$$m_{11}=m_1, m_{21}=0, m_{31}=0, m_{41}=0$$

当 $\ddot{x}_2=1, \ddot{x}_1=0, \ddot{x}_3=0, \ddot{x}_4=0$ 时，有

$$m_{12}=0, m_{22}=m_2, m_{32}=0, m_{42}=0$$

当 $\ddot{x}_3=1, \ddot{x}_1=0, \ddot{x}_2=0, \ddot{x}_4=0$ 时，有

$$m_{13}=0, m_{23}=0, m_{33}=m_3, m_{43}=0$$

当 $\ddot{x}_4=1, \ddot{x}_1=0, \ddot{x}_2=0, \ddot{x}_3=0$ 时，有

$$m_{14}=0, m_{24}=0, m_{34}=0, m_{44}=m_4$$

因此系统的质量矩阵为

$$\boldsymbol{M}=\begin{bmatrix} m_1 & 0 & 0 & 0 \\ 0 & m_2 & 0 & 0 \\ 0 & 0 & m_3 & 0 \\ 0 & 0 & 0 & m_4 \end{bmatrix}$$

当 $\dot{x}_1=1, \dot{x}_2=0, \dot{x}_3=0, \dot{x}_4=0$ 时，有

$$c_{11}=c_1+c_2, c_{21}=-c_2, c_{31}=0, c_{41}=0$$

当 $\dot{x}_2=1, \dot{x}_1=0, \dot{x}_3=0, \dot{x}_4=0$ 时，有

$$c_{12}=-c_2, c_{22}=c_2+c_3, c_{32}=-c_3, c_{42}=0$$

当 $\dot{x}_3=1, \dot{x}_1=0, \dot{x}_2=0, \dot{x}_4=0$ 时，有

$$c_{13}=0, c_{23}=-c_3, c_{33}=c_3, c_{43}=0$$

当 $\dot{x}_4=1, \dot{x}_1=0, \dot{x}_2=0, \dot{x}_3=0$ 时，有

$$c_{14}=0, c_{24}=0, c_{34}=0, c_{44}=0$$

因此系统的阻尼矩阵为

$$\boldsymbol{C}=\begin{bmatrix} c_1+c_2 & -c_2 & 0 & 0 \\ -c_2 & c_2+c_3 & -c_3 & 0 \\ 0 & -c_3 & c_3 & 0 \\ 0 & 0 & 0 & 0 \end{bmatrix}$$

当 $x_1=1, x_2=0, x_3=0, x_4=0$ 时，有

$$k_{11}=k_1+k_2+k_4+k_6, k_{21}=-k_2, k_{31}=-k_6, k_{41}=-k_4$$

当 $x_2=1, x_1=0, x_3=0, x_4=0$ 时，有

$$k_{12}=-k_2, k_{22}=k_2+k_3, k_{32}=-k_3, k_{42}=0$$

当 $x_3=1, x_1=0, x_2=0, x_4=0$ 时，有

$$k_{13}=-k_6, k_{23}=-k_3, k_{33}=k_3+k_6, k_{43}=0$$

当 $x_4=1, x_1=0, x_2=0, x_3=0$ 时，有

$$k_{14}=-k_4, k_{24}=0, k_{34}=0, k_{44}=k_4+k_5$$

因此系统的刚度矩阵为

$$\boldsymbol{K}=\begin{bmatrix} k_1+k_2+k_4+k_6 & -k_2 & -k_6 & -k_4 \\ -k_2 & k_2+k_3 & -k_3 & 0 \\ -k_6 & -k_3 & k_3+k_6 & 0 \\ -k_4 & 0 & 0 & 0 \end{bmatrix}$$

4.2.3 位移方程与柔度影响系数法

一般情况下，采用作用力方程来建立系统的振动微分方程对许多振动系统而言都是很方便的。但是，对于静定系统，采用位移方程求解振动微分方程更为简便、易求解。

位移方程指的是机械系统通过受力后产生的变形来建立系统的运动方程。同一系统，同一广义坐标的作用力方程和位移方程是等价的。现引进柔度的概念，在单位力作用下，弹簧常数为 k 的弹簧所产生位移 δ 称为弹簧的柔度，显然 $\delta=1/k$，对于图 4-9 所示系统三自由度无阻尼系统的柔度分别为

$$\delta_1=\frac{1}{k_1},\delta_2-\frac{1}{k_2},\delta_3=\frac{1}{k_3} \tag{4 8}$$

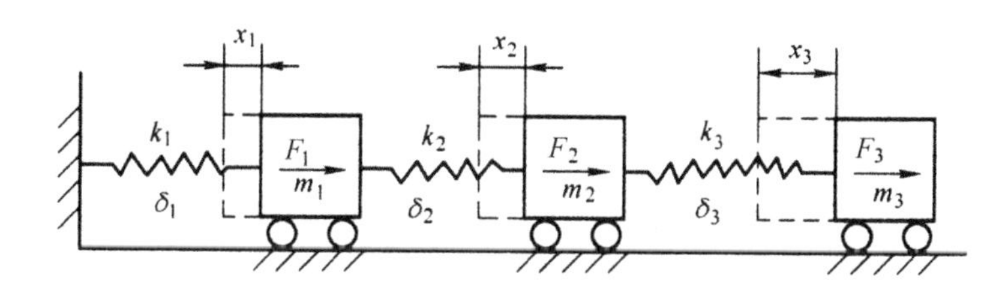

图 4-9　三自由度无阻尼系统

假定图 4-9 所示系统各质量上的力 F_1、F_2 和 F_3 是静止地作用上去的(以致不出现惯性力)，则各质量块的位移为

$$(x_1)_{st}=\delta_1(F_1+F_2+F_3)$$

$$(x_2)_{st}=\delta_1(F_1+F_2+F_3)+\delta_2(F_2+F_3)$$

$$(x_3)_{st}=\delta_1(F_1+F_2+F_3)+\delta_2(F_2+F_3)+\delta_3F_3 \tag{4-9}$$

式(4-8)、式(4-9) 以矩阵形式表示为

$$\begin{bmatrix}x_1\\x_2\\x_3\end{bmatrix}_{st}=\begin{bmatrix}\delta_1 & \delta_1 & \delta_1\\ \delta_1 & \delta_1+\delta_2 & \delta_1+\delta_2\\ \delta_1 & \delta_1+\delta_2 & \delta_1+\delta_2+\delta_3\end{bmatrix}\begin{bmatrix}F_1\\F_2\\F_3\end{bmatrix} \tag{4-10}$$

简写成

$$\boldsymbol{X}=\boldsymbol{\delta F} \tag{4-11}$$

式中：$\boldsymbol{\delta}$ 表示柔度矩阵，它的一般形式为

$$\boldsymbol{\delta}=\begin{bmatrix}\delta_{11} & \delta_{12} & \delta_{13}\\ \delta_{21} & \delta_{22} & \delta_{23}\\ \delta_{31} & \delta_{32} & \delta_{33}\end{bmatrix} \tag{4-12}$$

柔度影响系数 δ_{ij} 为在机械振动系统的第 i 坐标上作用一单位力时，在第 j 坐标上所产生的位移大小。

直接从机械振动系统的动力学模型中求出柔度矩阵 $\boldsymbol{\delta}$，即对机械振动系统的每一个坐标依次作用一单位力，计算各坐标所产生的位移，来导出全部，从而得出柔度矩阵，即所谓柔度影响系数法。

① 先在质量 m_1 上作用一单位力，而在 m_2、m_3 上作用力为零，如图 4-10(a) 所示。此时，各质量所产生的静位移分别为 δ_{11}、δ_{21}、δ_{31}。根据柔度影响系数的定义，可以得出 m_1、m_2、m_3 产生的位移为

$$\delta_{11}=\delta_{21}=\delta_{31}=\delta_1$$

② 再在质量 m_2 上作用一单位力，而在 m_1，m_3 上作用力为零，如图 4-10(b) 所示。此时，m_1、m_2、m_3 产生的位移分别为

$$\delta_{12}=\delta_1,\delta_{22}=\delta_1+\delta_2,\delta_{32}=\delta_1+\delta_2$$

③ 最后在质量 m_3 上作用一单位力，而在质量 m_1、m_2 上作用力为零，如图 4-10(c) 所示。此时，m_1、m_2、m_3 产生的位移分别为

$$\delta_{13}=\delta_1,\delta_{23}=\delta_1+\delta_2,\delta_{33}=\delta_1+\delta_2+\delta_3$$

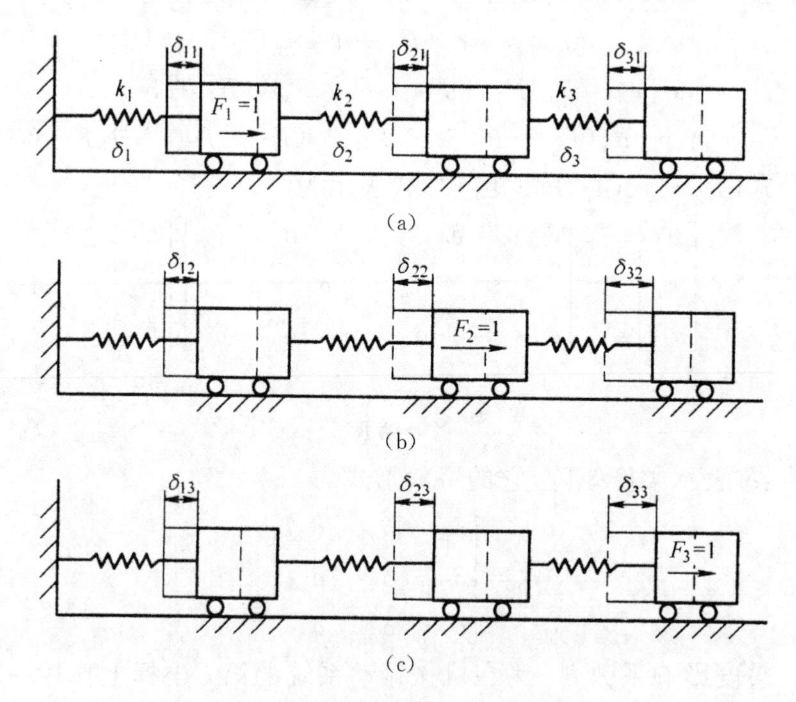

图 4-10　建立系统柔度矩阵的示意图

将以上求得的全部柔度影响系数按下标写成矩阵形式，其形式与式(4-10)中的柔度矩阵完全一致。

$$\boldsymbol{\delta}=\begin{bmatrix}\delta_{11} & \delta_{12} & \delta_{13}\\ \delta_{21} & \delta_{22} & \delta_{23}\\ \delta_{31} & \delta_{32} & \delta_{33}\end{bmatrix}=\begin{bmatrix}\delta_1 & \delta_1 & \delta_1\\ \delta_1 & \delta_1+\delta_2 & \delta_1+\delta_2\\ \delta_1 & \delta_1+\delta_2 & \delta_1+\delta_2+\delta_3\end{bmatrix} \tag{4-13}$$

柔度影响系数$\delta_{ij}=\delta_{ji}$，这种对称性在刚度矩阵中也同样存在。实际上，对于线性弹性系统，柔度矩阵和刚度矩阵总是对称的。

在式(4-10)中，假如F_1、F_2、F_3不是静力，而是动力作用的力，则机械系统的惯性力就必须计入。这时式(4-10)应改写成

$$\begin{bmatrix}x_1\\ x_2\\ x_3\end{bmatrix}_{st}=\begin{bmatrix}\delta_1 & \delta_1 & \delta_1\\ \delta_1 & \delta_1+\delta_2 & \delta_1+\delta_2\\ \delta_1 & \delta_1+\delta_2 & \delta_1+\delta_2+\delta_3\end{bmatrix}\begin{bmatrix}F_1-m_1\ddot{x}_1\\ F_2-m_2\ddot{x}_2\\ F_3-m_3\ddot{x}_3\end{bmatrix}$$

或写成

$$\begin{bmatrix}x_1\\ x_2\\ x_3\end{bmatrix}_{st}=\begin{bmatrix}\delta_1 & \delta_1 & \delta_1\\ \delta_1 & \delta_1+\delta_2 & \delta_1+\delta_2\\ \delta_1 & \delta_1+\delta_2 & \delta_1+\delta_2+\delta_3\end{bmatrix}\left[\begin{bmatrix}F_1\\ F_2\\ F_3\end{bmatrix}-\begin{bmatrix}m_1 & 0 & 0\\ 0 & m_2 & 0\\ 0 & 0 & m_3\end{bmatrix}\begin{bmatrix}\ddot{x}_1\\ \ddot{x}_2\\ \ddot{x}_3\end{bmatrix}\right]$$

上式还可以简写为矩阵形式：

$$\boldsymbol{X}=\boldsymbol{\delta}(\boldsymbol{F}-\boldsymbol{M}\ddot{\boldsymbol{X}}) \tag{4-14}$$

上式表明，在动力作用下机械系统产生的位移等于系统的柔度矩阵与作用力的乘积。

为了将位移方程与作用力方程做比较，对式(4-4)求$\boldsymbol{X}$得

$$\boldsymbol{X}=\boldsymbol{K}^{-1}(\boldsymbol{F}-\boldsymbol{M}\ddot{\boldsymbol{X}}) \tag{4-15}$$

比较式(4-14)和式(4-15)，可以得到

$$\boldsymbol{\delta}=\boldsymbol{K}^{-1} \tag{4-16}$$

式(4-16)说明，对于同一个机械振动系统，若选取相同的广义坐标，则机械振动系统的刚度矩阵和柔度矩阵互为逆矩阵。

对于梁、轴等类型的机械振动系统，其柔度影响系数可以直接应用材料力学的公式来求出其数值。

当考虑机械振动系统阻尼的作用时，多自由度系统运动的作

用力方程为式(4-3),即为

$$\boldsymbol{M}\ddot{\boldsymbol{X}}+\boldsymbol{C}\dot{\boldsymbol{X}}+\boldsymbol{K}\boldsymbol{X}=\boldsymbol{F}$$

将上式两端前乘 δ:

$$\boldsymbol{\delta}\boldsymbol{M}\ddot{\boldsymbol{X}}+\boldsymbol{\delta}\boldsymbol{C}\dot{\boldsymbol{X}}+\boldsymbol{\delta}\boldsymbol{K}\boldsymbol{X}=\boldsymbol{\delta}\boldsymbol{F} \tag{4-17}$$

因为 $\boldsymbol{\delta}=\boldsymbol{K}^{-1}$,所以

$$\boldsymbol{\delta}\boldsymbol{K}=\boldsymbol{I}$$

所以,式(4-17) 可简化为

$$\boldsymbol{\delta}\boldsymbol{M}\ddot{\boldsymbol{X}}+\boldsymbol{\delta}\boldsymbol{C}\dot{\boldsymbol{X}}+\boldsymbol{X}=\boldsymbol{\delta}\boldsymbol{F} \tag{4-18}$$

式(4-18) 就是多自由度有阻尼系统的运动位移方程的一般形式。

【例 4-4】 试求出图 4-11 所示的三自由度系统的刚度矩阵和柔度矩阵。

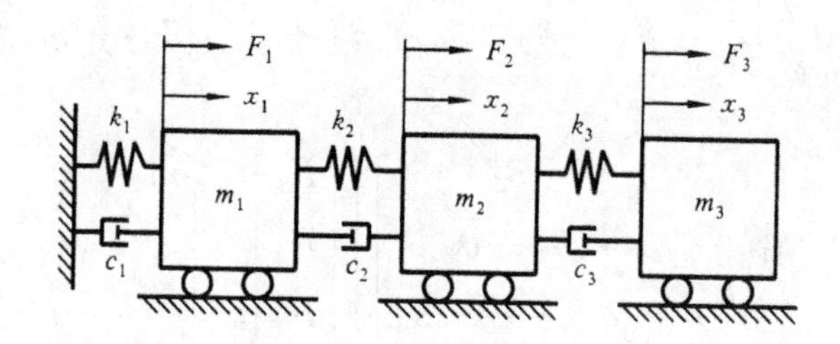

图 4-11 三自由度系统

解:以三质量块的水平位移 x_1、x_2、x_3 为广义坐标。

当 $x_1=1,x_2=0,x_3=0$ 时,有

$$k_{11}=k_1+k_2,k_{21}=-k_2,k_{31}=0$$

当 $x_2=1,x_1=0,x_3=0$ 时,有

$$k_{12}=-k_2,k_{22}=k_2+k_3,k_{32}=-k_3$$

当 $x_3=1,x_1=0,x_2=0$ 时,有

$$k_{13}=0,k_{23}=-k_3,k_{33}=k_3$$

因此,系统的刚度矩阵为

$$\boldsymbol{K}=\begin{bmatrix} k_1+k_2 & -k_2 & 0 \\ -k_2 & k_2+k_3 & -k_3 \\ 0 & -k_3 & k_3 \end{bmatrix}$$

当 $F_1=1,F_2=0,F_3=0$ 时，有

$$\delta_{11}=\delta_{21}=\delta_{31}=\frac{1}{k_1}$$

当 $F_2=1,F_1=0,F_3=0$ 时，有

$$\delta_{12}=\frac{1}{K_1},\delta_{22}=\frac{1}{k_1}+\frac{1}{k_2},\delta_{32}=\frac{1}{k_1}+\frac{1}{k_2}$$

当 $F_3=1,F_1=0,F_2=0$ 时，有

$$\delta_{13}=\frac{1}{k_1},\delta_{23}=\frac{1}{k_1}+\frac{1}{k_2},\delta_{33}=\frac{1}{k_1}+\frac{1}{k_2}+\frac{1}{k_3}$$

因此系统的柔度矩阵为

$$\boldsymbol{\delta}=\begin{bmatrix}\frac{1}{k_1} & \frac{1}{k_1} & \frac{1}{k_1}\\ \frac{1}{k_1} & \frac{1}{k_1}+\frac{1}{k_2} & \frac{1}{k_1}+\frac{1}{k_2}\\ \frac{1}{k_1} & \frac{1}{k_1}+\frac{1}{k_2} & \frac{1}{k_1}+\frac{1}{k_2}+\frac{1}{k_3}\end{bmatrix}$$

显然，这里的刚度矩阵 $\boldsymbol{K}$ 与柔度矩阵 $\boldsymbol{\delta}$ 互为逆矩阵。

值得注意的是，本节的研究对象是多自由度振动系统，且自由度数 $n\geqslant 2$。当 $n=2$ 时，该系统即为第3章所研究的两自由度系统，因而本节有关质量系数、阻尼系数、刚度系数、柔度系数的物理意义以及质量矩阵、阻尼矩阵、刚度矩阵、柔度矩阵的确定方法同样适用于两自由度振动系统。

【例4-5】　如图4-12所示，两自由度简支梁激振力为 F_1、F_2，集中质量为 m_1、m_2，抗弯刚度为 EI，试写出简支梁做横向振动的位移方程。

解：根据简支梁在横向集中力作用下的挠度公式得知，当 $0\leqslant x\leqslant a$ 时

$$\delta(x)=\frac{Fbx}{6EI\cdot l}(l^2-x^2-b^2)$$

作用单位力

$$F=1,b=\frac{2}{3}l,x=\frac{l}{3},\delta_{11}=\frac{8l^3}{486EI}$$

$$F=1, b=\frac{l}{3}, x=\frac{l}{3}, \delta_{12}=\frac{7l^3}{486EI}$$

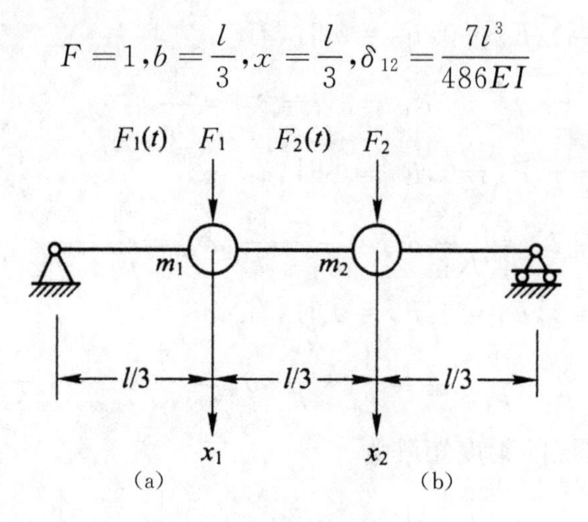

图 4-12　两自由度简支梁

同样求出

$$\delta_{21}=\frac{7l^3}{486EI}$$

$$\delta_{22}=\frac{8l^3}{486EI}$$

令

$$\delta=\frac{l^3}{486EI}$$

柔度矩阵

$$\boldsymbol{\delta}=\begin{bmatrix} 8\delta & 7\delta \\ 7\delta & 8\delta \end{bmatrix}$$

振动位移方程

$$\begin{bmatrix} x_1 \\ x_2 \end{bmatrix}=\begin{bmatrix} 8\delta & 7\delta \\ 7\delta & 8\delta \end{bmatrix}\left(\begin{bmatrix} F_1 \\ F_2 \end{bmatrix}-\begin{bmatrix} m_1 & 0 \\ 0 & m_2 \end{bmatrix}\begin{bmatrix} \ddot{x}_1 \\ \ddot{x}_2 \end{bmatrix}\right)$$

4.2.4　拉格朗日法

(1) 系统的动能

考虑图 4-4 所示系统，其中质量元件 i 的动能为 $m_i\dot{x}_i^2/2$，而整个系统的动能为

$$T=\frac{1}{2}\sum_{i=1}^{n}m_i\dot{x}_i^2 \tag{4-19}$$

将上式写成二次型矩阵形式，得

$$T=\frac{1}{2}\dot{\boldsymbol{X}}^{\mathrm{T}}\boldsymbol{M}\dot{\boldsymbol{X}} \tag{4-20}$$

式中：$\boldsymbol{M}$ 为质量矩阵，$\boldsymbol{X}$ 为广义坐标矢量。扩展到一般情况，将 x_i 扩展为更一般的广义速度坐标符号 q_i，动能表示为 q_i 的二次型，即

$$T=\frac{1}{2}\sum_{i=1}^{n}\sum_{j=1}^{n}m_{ij}\dot{q}_i\dot{q}_j \tag{4-21}$$

（2）系统的势能

研究图 4-4 所示的多自由度线性系统的势能。有 n 个力 F_i 作用于系统之上，先不妨设想各力是按比例施加上去的，并且还假定加载过程十分缓慢，因而不会引起动态效应。现在考虑质量元件 i，在加载过程中其上受到的作用力由 0 增加到 F_i，而其位移也相应地由 0 增加到 x_i，则在 $x=x_i$ 处的力为

$$F_i=\sum_{i=1}^{n}k_{ij}x_j(j=1,2,3,\cdots,n) \tag{4-22}$$

可得作用在质量元件 i 上的外力做的功，即系统由此获得的那一部分势能为

$$U_i=\frac{1}{2}F_ix_i$$

对各个质块的受力与变形都可做同样的分析，因此，整个系统的势能为

$$U=\frac{1}{2}\sum_{i=1}^{n}F_ix_i \tag{4-23}$$

将式(4-22) 代入式(4-23)，得

$$U=\frac{1}{2}\sum_{i=1}^{n}x_i\left(\sum_{j=1}^{n}k_{ij}x_j\right)=\frac{1}{2}\sum_{i=1}^{n}\sum_{j=1}^{n}k_{ij}x_ix_j \tag{4-24}$$

将式(4-24) 用矩阵形式表达，即为

$$\boldsymbol{U}=\frac{1}{2}\boldsymbol{X}^{\mathrm{T}}\boldsymbol{K}\boldsymbol{X} \tag{4-25}$$

式中，$\boldsymbol{K}$ 为刚度矩阵，$\boldsymbol{X}$ 为广义坐标矢量。

将 x_i 改为更一般的广义坐标 q_i，式(4-25) 变为

$$\boldsymbol{U}=\frac{1}{2}\boldsymbol{q}^{\mathrm{T}}\boldsymbol{K}\boldsymbol{q} \tag{4-26}$$

(3) 系统的能量散失函数

考虑图 4-4 所示系统，阻尼元件 i 的能量散失函数可定义为坐标 x_i 上的速度的平方与相应的阻尼系数的乘积之和再除以 2，即 $c_i\dot{x}_i^2/2$，因而整个系统的能量散失函数为

$$D=\frac{1}{2}\sum_{i=1}^{n}c_i\dot{x}_i^2 \tag{4-27}$$

将式(4-27) 改为矩阵形式进行表达，即

$$D=\frac{1}{2}\dot{\boldsymbol{X}}^{\mathrm{T}}\boldsymbol{C}\dot{\boldsymbol{X}} \tag{4-28}$$

将 x_i 改为更一般的广义坐标 q_i，式(4-27) 表示为

$$D=\frac{1}{2}\sum_{i=1}^{n}\sum_{j=1}^{n}c_{ij}\dot{q}_i\dot{q}_j \tag{4-29}$$

(4) 拉格朗日方法

对 T 进行全微分，得

$$\mathrm{d}T=\sum_{i=1}^{n}\frac{\partial T}{\partial q_i}\mathrm{d}q_i+\sum_{i=1}^{n}\frac{\partial T}{\partial q_i}\mathrm{d}\dot{q}_i \tag{4-30}$$

将 T 对 $\dot{\boldsymbol{q}}$ 求导，有：

$$\frac{\partial T}{\partial\dot{q}_i}=\sum_{j=1}^{n}m_{ij}\dot{q}_i$$

将上式乘以 $\dot{\boldsymbol{q}}$ 并对 i 从 1 到 n 求和，有

$$\sum_{i=1}^{n}\frac{\partial T}{\partial\dot{q}_i}\dot{q}_j=\sum_{i=1}^{n}\sum_{j=1}^{n}m_{ij}\dot{q}_i\dot{q}_j \tag{4-31}$$

比较式(4-21) 和式(4-31) 可知：

$$\sum_{i=1}^{n}\frac{\partial T}{\partial\dot{q}_i}\dot{q}_i=2T \tag{4-32}$$

对式(4-32) 进行一次微分，得

$$2\mathrm{d}T=\sum_{i=1}^{n}\mathrm{d}(\frac{\partial T}{\partial\dot{q}_i})\dot{q}_i+\sum_{i=1}^{n}\frac{\partial T}{\partial\dot{q}_i}\mathrm{d}\dot{q}_i \tag{4-33}$$

式(4-33) 与式(4-30) 相减可得：

$$\mathrm{d}T=\sum_{i=1}^{n}[\frac{\mathrm{d}}{\mathrm{d}t}(\frac{\partial T}{\partial\dot{q}_i})-\frac{\partial T}{\partial\dot{q}_i}\mathrm{d}\dot{q}_i]$$

根据守恒系统的原理 $\mathrm{d}T+\mathrm{d}U=0$，有

$$\mathrm{d}(T+U)=\sum_{i=1}^{n}[\frac{\mathrm{d}}{\mathrm{d}t}(\frac{\partial T}{\partial\dot{q}_i})-\frac{\partial T}{\partial q_i}+\frac{\partial U}{\partial q_i}]\mathrm{d}q_i=0 \tag{4-34}$$

因为 n 个广义坐标是独立的，$\mathrm{d}q_i$ 不可能都等于零，因此要上式成立必须使

$$\frac{\mathrm{d}}{\mathrm{d}t}(\frac{\partial T}{\partial\dot{q}_i})-\frac{\partial T}{\partial q_i}+\frac{\partial U}{\partial q_i}=0\ (i=1,2,\cdots,n)$$

当系统还作用有除有势力之外的附加力时，外力 F_i 在 $\mathrm{d}q_i$ 上所做的功将是

$$\mathrm{d}W=\sum_{i=1}^{n}Q_i\mathrm{d}q_i$$

令 $\mathrm{d}W=\mathrm{d}(T+U)$，则可得

$$\frac{\mathrm{d}}{\mathrm{d}t}(\frac{\partial T}{\partial\dot{q}_i})-\frac{\partial T}{\partial q_i}+\frac{\partial U}{\partial q_i}=Q_i$$

式中：Q_i 是所有外力，包括阻尼力，又因为阻尼力可用能量散失函数 D 表示

$$-\frac{\partial D}{\partial\dot{q}_i}=\sum_{j=1}^{n}c_{ij}\dot{q}_j$$

所以，按照拉格朗日方程的方法，系统的振动微分方程通过动能 T、势能 U、能量散失函数 D 加以表示，即

$$\frac{\mathrm{d}}{\mathrm{d}t}\frac{\partial T}{\partial\dot{q}_i}-\frac{\partial T}{\partial q_i}+\frac{\partial U}{\partial q_i}+\frac{\partial D}{\partial\dot{q}_i}=Q_i(i=1,2,3,\cdots n)$$

式中：q_i、$\dot{q}_i$ 为系统的广义坐标和广义速度；T、U 分别为系统的动能与势能；D 为能量散失函数；Q_i 为广义激振力。

4.3　固有频率和主振型

4.3.1　固有频率

已知无阻尼的 n 自由度系统的自由振动微分方程具有下述一般形式

$$\begin{bmatrix} m_{11} & m_{12} & \cdots & m_{1n} \\ m_{21} & m_{22} & \cdots & m_{2n} \\ \vdots & \vdots & \vdots & \vdots \\ m_{n1} & m_{n2} & \cdots & m_{nn} \end{bmatrix}\begin{bmatrix} \ddot{x}_1 \\ \ddot{x}_2 \\ \vdots \\ \ddot{x}_n \end{bmatrix}+\begin{bmatrix} k_{11} & k_{12} & \cdots & k_{1n} \\ k_{21} & k_{22} & \cdots & k_{2n} \\ \vdots & \vdots & \vdots & \vdots \\ k_{n1} & k_{n2} & \cdots & k_{nn} \end{bmatrix}\begin{bmatrix} x_1 \\ x_2 \\ \vdots \\ x_n \end{bmatrix}=0 \tag{4-35}$$

式中：$m_{ij}=m_{ji}$，$k_{ij}=k_{ji}$，上式可简写为

$$\boldsymbol{M}\ddot{\boldsymbol{X}}+\boldsymbol{K}\boldsymbol{X}=\boldsymbol{0}$$

设上式的解为

$$x_i=A_i\sin(\omega_{\mathrm{n}}t+\varphi)\ (i=1,2,\cdots,n) \tag{4-36}$$

即假设系统偏离静平衡位置后做自由振动时，各 x_i 在同一固有频率 ω_{n}，同一相位角 φ 做自由振动，式中 A_i 表示 x_i 的振幅，将所设解式(4-36) 代入式(4-35)，得

$$\begin{cases} (k_{11}-m_{11}\omega_{\mathrm{n}}^2)A_1+(k_{12}-m_{12}\omega_{\mathrm{n}}^2)A_2+\cdots(k_{1n}-m_{1n}\omega_{\mathrm{n}}^2)A_n=0 \\ (k_{21}-m_{21}\omega_{\mathrm{n}}^2)A_1+(k_{22}-m_{22}\omega_{\mathrm{n}}^2)A_2+\cdots(k_{2n}-m_{2n}\omega_{\mathrm{n}}^2)A_n=0 \\ \vdots \\ (k_{n1}-m_{n1}\omega_{\mathrm{n}}^2)A_1+(k_{n2}-m_{n2}\omega_{\mathrm{n}}^2)A_2+\cdots(k_{nn}-m_{nn}\omega_{\mathrm{n}}^2)A_n=0 \end{cases} \tag{4-37}$$

用矩阵形式表示为

$$\boldsymbol{KA}-\omega_{\mathrm{n}}^2\boldsymbol{MA}=\boldsymbol{0} \tag{4-38}$$

式(4-37) 或式(4-38) 是一组 A_i 的 n 元线性齐次方程组，其由非零解的条件为系数的行列式等于 0，即

$$|\boldsymbol{H}^{(i)}|=\begin{bmatrix} k_{11}-m_{11}\omega_{\mathrm{n}}^{2} & k_{12}-m_{12}\omega_{\mathrm{n}}^{2} & \cdots & k_{1n}-m_{1n}\omega_{\mathrm{n}}^{2} \\ k_{21}-m_{21}\omega_{\mathrm{n}}^{2} & k_{22}-m_{22}\omega_{\mathrm{n}}^{2} & \cdots & k_{2n}-m_{2n}\omega_{\mathrm{n}}^{2} \\ \vdots & \vdots & \vdots & \vdots \\ k_{n1}-m_{n1}\omega_{\mathrm{n}}^{2} & k_{n2}-m_{n2}\omega_{\mathrm{n}}^{2} & \cdots & k_{nn}-m_{nn}\omega_{\mathrm{n}}^{2} \end{bmatrix}=0 \tag{4-39}$$

式(4-39) 称为机械振动系统的特征方程或频率方程。$(\boldsymbol{H}^{(i)})^{a}$ 表示 $\boldsymbol{H}^{(i)}$ 的伴随矩阵，伴随矩阵的任一列就是特征向量。将特征方程展开后可得到 ω_{n}^{2} 的 n 次代数方程

$$\omega_{\mathrm{n}}^{2n}+a_{1}\omega_{\mathrm{n}}^{2(n-1)}+a_{2}\omega_{\mathrm{n}}^{2(n-2)}+\cdots+a_{n-1}\omega_{\mathrm{n}}^{2}+a_{n}=0$$

式中：$a_1,a_2,\cdots,a_n$ 等系数都是 m_{ij} 与 k_{ij} 组合。

对于一个 n 自由度系统，求解其特征方程后，可以得到 ω_{n}^{2} 的 n 个根，这 ω_{n}^{2} 的 n 个根称为方程(4-38)的 n 个特征根或特征值，开方后即得机械系统各阶的固有频率。

如果 $\boldsymbol{M}$ 是正定的(即系统的动能除全部速度都为零外，总是大于零的)，$\boldsymbol{K}$ 是正定的或半正定的，特征值全部是正根，特殊情况下，其中有零根或重根。将这 n 个固有频率由小到大按次序排列，分别称之为一阶固有频率(基频)、二阶固有频率、…、n 阶固有频率，即

$$0<\omega_{\mathrm{n}1}<\omega_{\mathrm{n}2}<\cdots<\omega_{nn} \tag{4-40}$$

4.3.2　主振型

求得机械振动系统的各阶固有频率后，将其中某一阶固有频率 ω_{ni} 代回式(4-37)，并加以展开：

$$\begin{cases} (k_{11}-m_{11}\omega_{\mathrm{n}i}^{2})A_{1}^{(i)}+(k_{12}-m_{12}\omega_{\mathrm{n}i}^{2})A_{2}^{(i)}+\cdots(k_{1n}-m_{1n}\omega_{\mathrm{n}i}^{2})A_{n}^{(i)}=0 \\ (k_{21}-m_{21}\omega_{\mathrm{n}i}^{2})A_{1}^{(i)}+(k_{22}-m_{22}\omega_{\mathrm{n}i}^{2})A_{2}^{(i)}+\cdots(k_{2n}-m_{2n}\omega_{\mathrm{n}i}^{2})A_{n}^{(i)}=0 \\ \vdots \\ (k_{\mathrm{n}1}-m_{\mathrm{n}1}\omega_{\mathrm{n}i}^{2})A_{1}^{(i)}+(k_{\mathrm{n}2}-m_{\mathrm{n}2}\omega_{\mathrm{n}i}^{2})A_{2}^{(i)}+\cdots(k_{\mathrm{n}n}-m_{\mathrm{n}n}\omega_{\mathrm{n}i}^{2})A_{n}^{(i)}=0 \end{cases} \tag{4-41}$$

显然，式(4-41) 是由 n 个齐次代数方程所组成的方程组。因此，从中只能求得 n 个未知量 $A_{i}^{(i)}$ 之间的比值，而无法求出 $A_{1}^{(i)}$、

$A_2^{(i)}$、…、$A_n^{(i)}$ 的确定解。现在，我们将方程组(4-41)中划去其中不独立的某一式(如最后一式)，并将剩下独立的 $n-1$ 个方程中某一相同的 $A_i^{(i)}$ 项(如 $A_n^{(i)}$ 项)移到等式右边，即可得到下列代数方程组：

$$\begin{cases}(k_{11}-m_{11}\omega_{ni}^2)A_1^{(i)}+(k_{12}-m_{12}\omega_{ni}^2)A_2^{(i)}+\cdots(k_{1,n-1}-m_{1,n-1}\omega_{ni}^2)A_{n-1}^{(i)} \\ =-(k_{1n}-m_{1n}\omega_{ni}^2)A_n^{(i)} \\ (k_{21}-m_{21}\omega_{ni}^2)A_1^{(i)}+(k_{22}-m_{22}\omega_{ni}^2)A_2^{(i)}+\cdots(k_{2,n-1}-m_{2,n-1}\omega_{ni}^2)A_{n-1}^{(i)} \\ =-(k_{2n}-m_{2n}\omega_{ni}^2)A_n^{(i)} \\ \vdots \\ (k_{n-1,1}-m_{n-1,1}\omega_{ni}^2)A_1^{(i)}+(k_{n-1,2}-m_{n-1,2}\omega_{ni}^2)A_2^{(i)}+\cdots(k_{n-1,n-1}- \\ m_{n-1,n-1}\omega_{ni}^2)A_{n-1}^{(i)}=-(k_{nn}-m_{nn}\omega_{ni}^2)A_n^{(i)}\end{cases} \tag{4-42}$$

根据式(4-42)，就可以对 $A_1^{(i)}$，$A_2^{(i)}$，…，$A_{n-1}^{(i)}$ 求解，而求得的 $A_i^{(i)}$ 值($i=1,2,\cdots,n-1$)都与 $A_n^{(i)}$ 成正比。这样就可以得到对应于第 i 阶固有频率 ω_{ni} 的 n 个振幅 $A_1^{(i)}$，$A_2^{(i)}$，…，$A_n^{(i)}$ 之间的关系，也就是机械振动系统按第 i 阶固有频率振动时各坐标的振幅比。把由这 n 个具有确定的相对比值的振幅所组成的列阵，称为机械系统的第 i 阶主振型。即

$$A^{(i)}=\begin{bmatrix}A_1^{(i)} \\ A_2^{(i)} \\ \vdots \\ A_n^{(i)}\end{bmatrix} \tag{4-43}$$

若将机械系统的各阶固有频率依次代入式(4-38)，即可得到机械系统的第一阶、第二阶、…、第 n 阶主振型分别为

$$A^{(1)}=\begin{bmatrix}A_1^{(1)} \\ A_2^{(1)} \\ \vdots \\ A_n^{(1)}\end{bmatrix},A^{(2)}=\begin{bmatrix}A_1^{(2)} \\ A_2^{(2)} \\ \vdots \\ A_n^{(2)}\end{bmatrix},A^{(n)}=\begin{bmatrix}A_1^{(n)} \\ A_2^{(n)} \\ \vdots \\ A_n^{(n)}\end{bmatrix} \tag{4-44}$$

由此可见，n 个自由度的系统就有 n 个固有频率和 n 个相应的主振型。在数学上，把这种性质称为对应于每一个特征值 ω_{ni}，具

有某一个特征向量 $\boldsymbol{H}^{(i)}$。

当系统作某一阶主振动时，各坐标振幅的绝对值大小由系统的初始条件决定，但各坐标间振幅的相对比值只决定于系统的物理性质，即由系统的质量矩阵 $\boldsymbol{M}$ 和刚度矩阵 $\boldsymbol{K}$ 中各元素的值所决定。因此我们不必求出具体初始条件下系统做某一阶主振动时各坐标幅值组成的主振型的具体数值，而可以任意规定其中某一坐标的幅值。例如，对第一阶主振型来说，如 $A_n^{(i)} \neq 0$，可规定 $A_n^{(i)}=1$，这样 $A_n^{(1)}, A_n^{(2)}, \cdots, A_{n-1}^{(i-1)}$ 的值也就由式(4-44)确定了，这个过程被称为归一化。归一化了的特征向量又称为振型向量。

对于 n 个自由度系统，如果将所有振型向量依序排成各列，可得到如下形式的 $n \times n$ 阶振型矩阵或称模态矩阵。

$$\boldsymbol{A}_{\omega}=[\boldsymbol{A}^{(1)}\ \boldsymbol{A}^{(2)} \cdots \boldsymbol{A}^{(n)}]=\begin{bmatrix} A_1^{(1)} & A_1^{(2)} & \cdots & A_1^{(n)} \\ A_2^{(1)} & A_2^{(2)} & \cdots & A_2^{(n)} \\ \vdots & \vdots & \vdots & \vdots \\ A_n^{(1)} & A_n^{(2)} & \cdots & A_n^{(n)} \end{bmatrix}$$

【例 4-6】　图 4-13 所示的三自由度系统，已知 $m_1=2m, m_2=1.5m, m_3=m; k_1=3k, k_2=2k, k_3=k$，求系统的固有频率及主振型。

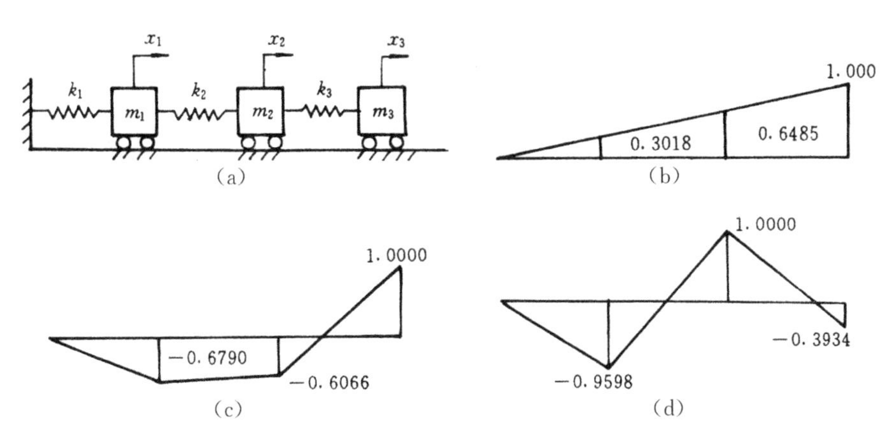

图 4-13　三自由度系统及其主振型

解：按矩阵形式写出该系统的运动作用力方程式为

$$\begin{bmatrix}2m & 0 & 0\\ 0 & 1.5m & 0\\ 0 & 0 & m\end{bmatrix}\begin{bmatrix}\ddot{x}_1\\ \ddot{x}_2\\ \ddot{x}_3\end{bmatrix}+\begin{bmatrix}5k & -2k & 0\\ -2k & 3k & -k\\ 0 & -k & k\end{bmatrix}\begin{bmatrix}x_1\\ x_2\\ x_3\end{bmatrix}=\begin{bmatrix}0\\ 0\\ 0\end{bmatrix}$$

根据式(4-39)写出系统的特征方程式为

$$|\boldsymbol{H}^{(i)}|=\begin{bmatrix}5k-2m\omega_{ni}^2 & -2k & 0\\ -2k & 3k-15m\omega_{ni}^2 & -k\\ 0 & -k & k-m\omega_{ni}^2\end{bmatrix}=0$$

展开化简后得

$$(\omega_{ni}^2)^3-5.5\frac{k}{m}(\omega_{ni}^2)^2+7.5\left(\frac{k}{m}\right)^2\omega_{ni}^2-2\left(\frac{k}{m}\right)^3=0$$

此三次方程不可能分解因式,可用数值法求得三个根为

$$\omega_{n1}^2=0.3515\frac{k}{m},\omega_{n2}^2=1.6066\frac{k}{m},\omega_{n3}^2=3.5419\frac{k}{m}$$

即

$$\omega_{n1}=0.5928\sqrt{\frac{k}{m}},\omega_{n2}=1.2675\sqrt{\frac{k}{m}},\omega_{n3}=1.8820\sqrt{\frac{k}{m}}$$

将 $\omega_{n1}^2=0.3515\frac{k}{m}$ 代入方程(4－38)得出

$$\begin{bmatrix}5k-2m\omega_{ni}^2 & -2k & 0\\ -2k & 3k-1.5m\omega_{ni}^2 & -k\\ 0 & -k & k-m\omega_{ni}^2\end{bmatrix}\begin{bmatrix}A_1^{(1)}\\ A_2^{(1)}\\ A_3^{(1)}\end{bmatrix}=\begin{bmatrix}0\\ 0\\ 0\end{bmatrix}$$

即

$$k\begin{bmatrix}5-0.703 & -2 & 0\\ -2 & 3-0.5272 & -1\\ 0 & -1 & 1-0.3515\end{bmatrix}\begin{bmatrix}A_1^{(1)}\\ A_2^{(1)}\\ A_3^{(1)}\end{bmatrix}=\begin{bmatrix}0\\ 0\\ 0\end{bmatrix}$$

令 $A_3^{(1)}=1$,解之得对应于一阶固有频率的特征向量

$$A^{(1)}=\begin{bmatrix}0.3018\\ 0.6485\\ 1.0000\end{bmatrix}$$

同理,将 $\omega_{n2}^2=1.6066\frac{k}{m}$ 代入方程(4-38),令 $A_3^{(2)}=1$ 可解得对

应于二阶固有频率的特征向量

$$A^{(2)}=\begin{bmatrix}-0.6790\\-0.6066\\1.0000\end{bmatrix}$$

同样，再将$\omega_{n3}^{2}=3.5419\dfrac{k}{m}$代入方程(4-38)，令$A_{2}^{(3)}=1$可解出对应于三阶固有频率的特征向量

$$A^{(3)}=\begin{bmatrix}-0.9598\\1.0000\\-0.3934\end{bmatrix}$$

根据特征向量画出如图 4-13(b)、(c)、(d) 所示的第一、二、三阶主振型。

下面介绍用位移方程表示的系统的固有频率及主振型的计算。系统的无阻尼自由振动的位移方程为

$$\begin{bmatrix}\delta_{11}&\delta_{12}&\cdots&\delta_{1n}\\\delta_{21}&\delta_{22}&\cdots&\delta_{2n}\\\vdots&\vdots&\vdots&\vdots\\\delta_{n1}&\delta_{n2}&\cdots&\delta_{nn}\end{bmatrix}\begin{bmatrix}m_{11}&m_{12}&\cdots&m_{1n}\\m_{21}&m_{22}&\cdots&m_{2n}\\\vdots&\vdots&\vdots&\vdots\\m_{n1}&m_{n2}&\cdots&m_{nn}\end{bmatrix}\begin{bmatrix}\ddot{x}_{1}\\\ddot{x}_{2}\\\vdots\\\ddot{x}_{n}\end{bmatrix}+\begin{bmatrix}x_{1}\\x_{2}\\\vdots\\x_{n}\end{bmatrix}=0 \tag{4-45}$$

将式(4-36) 代入式(4-45) 得

$$-\omega_{ni}^{2}\begin{bmatrix}\delta_{11}&\delta_{12}&\cdots&\delta_{1n}\\\delta_{21}&\delta_{22}&\cdots&\delta_{2n}\\\vdots&\vdots&\vdots&\vdots\\\delta_{n1}&\delta_{n2}&\cdots&\delta_{nn}\end{bmatrix}\begin{bmatrix}m_{11}&m_{12}&\cdots&m_{1n}\\m_{21}&m_{22}&\cdots&m_{2n}\\\vdots&\vdots&\vdots&\vdots\\m_{n1}&m_{n2}&\cdots&m_{nn}\end{bmatrix}\begin{bmatrix}A_{1}^{(i)}\\A_{2}^{(i)}\\\vdots\\A_{n}^{(i)}\end{bmatrix}+\begin{bmatrix}A_{1}^{(i)}\\A_{2}^{(i)}\\\vdots\\A_{n}^{(i)}\end{bmatrix}=\begin{bmatrix}0\\0\\\vdots\\0\end{bmatrix} \tag{4-46}$$

令$\lambda_{i}=1/\omega_{ni}^{2}$，式(4-46) 乘以$-\lambda_{i}$得

$$\left(\begin{bmatrix}\delta_{11}&\delta_{12}&\cdots&\delta_{1n}\\\delta_{21}&\delta_{22}&\cdots&\delta_{2n}\\\vdots&\vdots&\vdots&\vdots\\\delta_{n1}&\delta_{n2}&\cdots&\delta_{nn}\end{bmatrix}\begin{bmatrix}m_{11}&m_{12}&\cdots&m_{1n}\\m_{21}&m_{22}&\cdots&m_{2n}\\\vdots&\vdots&\vdots&\vdots\\m_{n1}&m_{n2}&\cdots&m_{nn}\end{bmatrix}-\lambda_{i}\begin{bmatrix}1&0&\cdots&0\\0&1&\cdots&0\\\vdots&\vdots&\vdots&\vdots\\0&0&\cdots&1\end{bmatrix}\right)$$

$$\begin{bmatrix} A_1^{(i)} \\ A_2^{(i)} \\ \vdots \\ A_n^{(i)} \end{bmatrix} = \begin{bmatrix} 0 \\ 0 \\ \vdots \\ 0 \end{bmatrix}$$

或写成简式

$$(\boldsymbol{\delta M} - \lambda_i \boldsymbol{I})\boldsymbol{A}^{(i)} = \boldsymbol{0} \tag{4-47}$$

再引入符号 $\boldsymbol{B}^{(i)} = (\boldsymbol{\delta M} - \lambda_i \boldsymbol{I})$ 称为特征矩阵，则得

$$\boldsymbol{B}^{(i)}\boldsymbol{A}^{(i)} = \boldsymbol{0} \tag{4-48}$$

对于振动系统来说，振幅不应全部为零，亦即 $\boldsymbol{A}^{(i)} \neq \boldsymbol{0}$，因此必有特征矩阵的行列式 $|\boldsymbol{B}^{(i)}| = 0$，即

$$|\boldsymbol{\delta M} - \lambda_i \boldsymbol{I}| = 0 \tag{4-49}$$

行列式(4-49)展开后得出一个关于 λ_i 的 n 阶多项式，多项式的根 λ_1、λ_2，…，λ_n 就是特征值，从而解得系统各阶的固有频率。

系统的特征向量，可借助伴随矩阵求得。根据定义，$\boldsymbol{B}^{(i)}$ 的逆矩阵有如下形式

$$(\boldsymbol{B}^{(i)})^{-1} = (\boldsymbol{B}^{(i)})^a / |\boldsymbol{B}^{(i)}|$$

或

$$|\boldsymbol{B}^{(i)}|(\boldsymbol{B}^{(i)})^{-1} = (\boldsymbol{B}^{(i)})^a \tag{4-50}$$

用 $\boldsymbol{B}^{(i)}$ 左乘式(4-50)得

$$|\boldsymbol{B}^{(i)}|\boldsymbol{I} = \boldsymbol{B}^{(i)}(\boldsymbol{B}^{(i)})^a$$

依据 $\boldsymbol{B}^{(i)}$ 的原始关系，上式变成

$$|\boldsymbol{\delta M} - \lambda_i \boldsymbol{I}|\boldsymbol{I} = (\boldsymbol{\delta M} - \lambda_i \boldsymbol{I})(\boldsymbol{\delta M} - \lambda_i \boldsymbol{I})^a$$

对于任何一个特征值 λ，上式左端均为零。因而有

$$(\boldsymbol{\delta M} - \lambda_i \boldsymbol{I})(\boldsymbol{\delta M} - \lambda_i \boldsymbol{I})^a = \boldsymbol{0} \tag{4-51}$$

比较式(4-47)与式(4-51)，可以看到特征向量就是伴随矩阵 $(\boldsymbol{B}^{(i)})^a$ 的任意一列。

【例 4-7】 求如图 4-14(a) 所示的梁做弯曲振动时的固有频率、主振型及振型矩阵（梁的抗弯刚度为 EJ，自重不计）。

解：该系统的质量矩阵 $\boldsymbol{M}$ 和柔度矩阵 $\boldsymbol{\delta}$ 分别为

$$\boldsymbol{M}=\begin{bmatrix} m & 0 & 0 \\ 0 & m & 0 \\ 0 & 0 & m \end{bmatrix},\boldsymbol{\delta}=\frac{l^3}{768EJ}\begin{bmatrix} 9 & 11 & 7 \\ 11 & 16 & 11 \\ 7 & 11 & 9 \end{bmatrix}$$

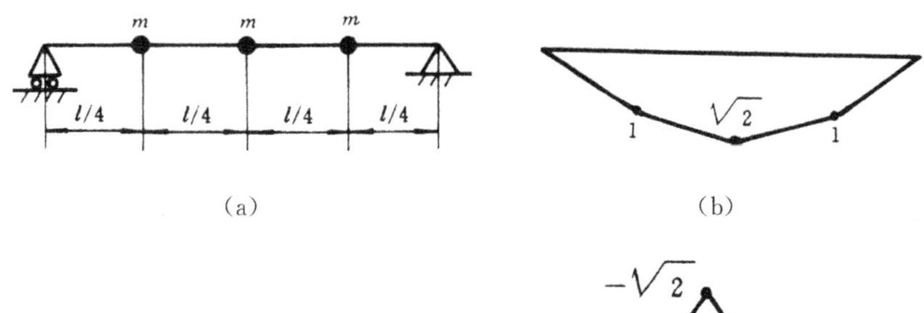

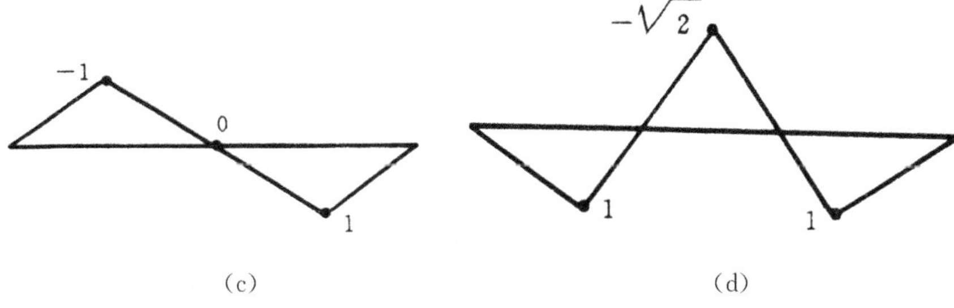

图 4-14　弯曲振动系统及主振型

将 $\boldsymbol{M}$ 和 $\boldsymbol{\delta}$ 代入特征矩阵得

$$\boldsymbol{\delta M}-\lambda_i\boldsymbol{I}=\frac{ml^3}{768EJ}\begin{bmatrix} 9 & 11 & 7 \\ 11 & 16 & 11 \\ 7 & 11 & 9 \end{bmatrix}\begin{bmatrix} 1 & 0 & 0 \\ 0 & 1 & 0 \\ 0 & 0 & 1 \end{bmatrix}-\begin{bmatrix} \lambda_i & 0 & 0 \\ 0 & \lambda_i & 0 \\ 0 & 0 & \lambda_i \end{bmatrix}$$

$$=\frac{ml^3}{768EJ}\begin{bmatrix} 9 & 11 & 7 \\ 11 & 16 & 11 \\ 7 & 11 & 9 \end{bmatrix}-\begin{bmatrix} \lambda_i & 0 & 0 \\ 0 & \lambda_i & 0 \\ 0 & 0 & \lambda_i \end{bmatrix}$$

$$=\begin{bmatrix} 9\delta-\lambda_i & 11\delta & 7\delta \\ 11\delta & 16\delta-\lambda_i & 11\delta \\ 7\delta & 11\delta & 9\delta-\lambda_i \end{bmatrix}$$

式中，$\delta=\dfrac{ml^3}{768EJ}$，$\alpha_i=\lambda_i/\delta$，则特征矩阵成为

$$\boldsymbol{B}^{(i)}=\delta\begin{bmatrix} 9-\alpha_i & 11 & 7 \\ 11 & 16-\alpha_i & 11 \\ 7 & 11 & 9-\alpha_i \end{bmatrix}$$

将特征矩阵代入式(4-48),得

$$\begin{bmatrix} 9-\alpha_i & 11 & 7 \\ 11 & 16-\alpha_i & 11 \\ 7 & 11 & 9-\alpha_i \end{bmatrix}\begin{bmatrix} A_1^{(i)} \\ A_2^{(i)} \\ A_3^{(i)} \end{bmatrix}=\begin{bmatrix} 0 \\ 0 \\ \vdots \\ 0 \end{bmatrix}$$

由于

$$\left|\boldsymbol{B}^{(i)}\right|=\begin{bmatrix} 9-\alpha_i & 11 & 7 \\ 11 & 16-\alpha_i & 11 \\ 7 & 11 & 9-\alpha_i \end{bmatrix}=0$$

展开后得

$$\alpha_i^3-34\alpha_i^2+78\alpha_i-28=0$$

解得三个正根为

$$\alpha_1=31.5562,\alpha_2=2.0000,\alpha_3=0.4438$$

则系统的三个固有频率分别为

$$\omega_{n1}=\sqrt{\frac{1}{\alpha_1\delta}}=0.7121\sqrt{\frac{48EJ}{ml^3}},\omega_{n2}=\sqrt{\frac{1}{\alpha_2\delta}}=2.8284\sqrt{\frac{48EJ}{ml^3}}$$

$$\omega_{n3}=\sqrt{\frac{1}{\alpha_3\delta}}=6.0044\sqrt{\frac{48EJ}{ml^3}}$$

用特征矩阵 $\boldsymbol{B}^{(i)}$ 的伴随矩阵 $(\boldsymbol{B}^{(i)})^a$ 求特征向量

$$(\boldsymbol{B}^{(i)})^a=\begin{bmatrix} (16-\alpha_i)(9-\alpha_i)-11^2 & 11\times7-11(9-\alpha_i) & 11^2-7(16-\alpha_i) \\ 11\times7-11(9-\alpha_i) & (9-\alpha_i)^2-7^2 & 11\times7-11(9-\alpha_i) \\ 11^2-7(16-\alpha_i) & 11\times7-11(9-\alpha_i) & (16-\alpha_i)(9-\alpha_i)-11^2 \end{bmatrix}$$

将求得的 α_1、α_2 及 α_3 分别代入 $(\boldsymbol{B}^{(i)})^a$ 任一列中,可得

$$(\boldsymbol{B}^{(1)})^a=\left(11^2+11\times7\sqrt{2}\right)\begin{bmatrix} 1 \\ \sqrt{2} \\ 1 \end{bmatrix}$$

$$(\boldsymbol{B}^{(2)})^a=(11^2-2\times7\times7)\begin{bmatrix} -1 \\ 0 \\ 1 \end{bmatrix}$$

$$(\boldsymbol{B}^{(3)})^{a} = (11^2 - 11 \times 7\sqrt{2}) \begin{bmatrix} 1 \\ -\sqrt{2} \\ 1 \end{bmatrix}$$

由此得三个特征向量为

$$\boldsymbol{A}^{(1)} = \begin{bmatrix} 1 \\ \sqrt{2} \\ 1 \end{bmatrix}, \boldsymbol{A}^{(2)} = \begin{bmatrix} -1 \\ 0 \\ 1 \end{bmatrix}, \boldsymbol{A}^{(3)} = \begin{bmatrix} 1 \\ -\sqrt{2} \\ 1 \end{bmatrix}$$

梁的三个主振型如图4-14(b)、(c)、(d)所示。振型矩阵为

$$\boldsymbol{A}_{\omega} = [\boldsymbol{A}^{(1)}\ \boldsymbol{A}^{(2)}\ \boldsymbol{A}^{(3)}] = \begin{bmatrix} 1 & -1 & 1 \\ \sqrt{2} & 0 & \sqrt{2} \\ 1 & 1 & 1 \end{bmatrix}$$

4.3.3　主振型的正交性

一个n自由度系统具有n个固有频率ω_{ni}及n组主振型$\boldsymbol{A}^{(i)}$，现在来进一步研究主振型之间的关系。由代数方程组(4-38)可得对应于固有频率ω_{ni}和ω_{nj}的主振型$\boldsymbol{A}^{(i)}$和$\boldsymbol{A}^{(j)}$,分别得出下述两个方程式

$$\boldsymbol{KA}^{(i)} - \omega_{ni}^2\boldsymbol{MA}^{(i)} = 0 \text{ 或 } \boldsymbol{KA}^{(i)} = \omega_{ni}^2\boldsymbol{MA}^{(i)} \tag{4-52}$$

$$\boldsymbol{KA}^{(j)} - \omega_{nj}^2\boldsymbol{MA}^{(j)} = 0 \text{ 或 } \boldsymbol{KA}^{(j)} = \omega_{ni}^2\boldsymbol{MA}^{(j)} \tag{4-53}$$

用第j阶主振型$\boldsymbol{A}^{(j)}$的转置矩阵$(\boldsymbol{A}^{(j)})^{\mathrm{T}}$左乘式(4-52),得

$$(\boldsymbol{A}^{(j)})^{\mathrm{T}}\boldsymbol{KA}^{(i)} = \omega_{ni}^2(\boldsymbol{A}^{(j)})^{\mathrm{T}}\boldsymbol{MA}^{(i)} \tag{4-54}$$

先将式(4-53)两边转置,而后用第i阶主振型$\boldsymbol{A}^{(i)}$右乘,由于质量矩阵与刚度矩阵均是对称矩阵,故得

$$(\boldsymbol{A}^{(j)})^{\mathrm{T}}\boldsymbol{KA}^{(i)} = \omega_{nj}^2(\boldsymbol{A}^{(j)})^{\mathrm{T}}\boldsymbol{MA}^{(i)} \tag{4-55}$$

式(4-54)减去式(4-55)得

$$(\omega_{ni}^2 - \omega_{nj}^2)(\boldsymbol{A}^{(j)})^{\mathrm{T}}\boldsymbol{MA}^{(i)} = 0 \tag{4-56}$$

式(4-54)的两边除以ω_{ni}^2减去式(4-55)的两边除以ω_{nj}^2,则得

$$\left(\frac{1}{\omega_{ni}^2} - \frac{1}{\omega_{nj}^2}\right)(\boldsymbol{A}^{(j)})^{\mathrm{T}}\boldsymbol{KA}^{(i)} = 0 \tag{4-57}$$

当$i \neq j$,且特征值$\omega_{ni} \neq \omega_{nj}$时,要满足式(4-56)和式(4-57),则必然有如下关系

$$(\boldsymbol{A}^{(j)})^{\mathrm{T}}\boldsymbol{M}\boldsymbol{A}^{(i)}=(\boldsymbol{A}^{(i)})^{\mathrm{T}}\boldsymbol{M}\boldsymbol{A}^{(j)}=0 \tag{4-58}$$

$$(\boldsymbol{A}^{(j)})^{\mathrm{T}}\boldsymbol{K}\boldsymbol{A}^{(i)}=(\boldsymbol{A}^{(i)})^{\mathrm{T}}\boldsymbol{K}\boldsymbol{A}^{(j)}=0 \tag{4-59}$$

式(4-58)与式(4-59)表明不相等的固有频率的两个主振型之间，存在着关于质量矩阵$\boldsymbol{M}$的正交性及关于刚度矩阵$\boldsymbol{K}$的正交性，统称为主振型的正交性。式(4-58)和式(4-59)就是主振型的正交性条件。

当$i=j$时，式(4-56)总能成立，令

$$(\boldsymbol{A}^{(i)})^{\mathrm{T}}\boldsymbol{M}\boldsymbol{A}^{(i)}=M_i(i=1,2,\cdots,n)$$

$$(\boldsymbol{A}^{(i)})^{\mathrm{T}}\boldsymbol{K}\boldsymbol{A}^{(i)}=K_i(i=1,2,\cdots,n)$$

由式(4-55)，令$j=i$，可得关系式

$$\omega_{\mathrm{n}i}^2=\frac{(\boldsymbol{A}^{(i)})^{\mathrm{T}}\boldsymbol{K}\boldsymbol{A}^{(i)}}{(\boldsymbol{A}^{(i)})^{\mathrm{T}}\boldsymbol{M}\boldsymbol{A}^{(i)}}=\frac{K_i}{M_i}$$

K_i称为第i阶主刚度或第i阶模态刚度；M_i称为第i阶主质量或第i阶模态质量。

由于主振型的正交性，不同阶的主振动之间不存在动能的转换，或者说不存在惯性耦合。同样可以证明第i阶固有振动的广义弹性力在第j阶固有振动的微小位移上的元功之和也等于零。因此，不同阶固有振动之间也不存在势能的转换，或者说不存在弹性耦合。

对于每一个主振动来说，它的动能和势能之和是个常数。在运动过程中，每个主振动内部的动能和势能可以互相转化，但各阶主振动之间不会发生能量的传递。

从能量的观点看，各阶主振动是互相独立的，这就是主振动正交性的物理意义。

【例4-8】 有三个具有质量的小球，置于一根张紧的钢丝上，如图4-15所示。假设系统中的主振型矩阵和正则振型矩阵。丝中的拉力F_{T}很大，因而各点的横向位移不会使拉力有明显的变化。设$m_1=m_2=m_3=m$，试用位移方程求该系统的固有频率和主振型。

解：系统的质量矩阵是

$$\boldsymbol{M}=\begin{bmatrix} m & 0 & 0 \\ 0 & m & 0 \\ 0 & 0 & m \end{bmatrix}$$

其柔度矩阵可按柔度影响系数求出。首先仅在 m_1 质量处施加水平单位力 $F=1$，m_1 位移是 δ_{11}，m_2 位移是 δ_{21}，m_3 位移是 δ_{31}。

画出 m_1 的受力如图 4-16 所示。

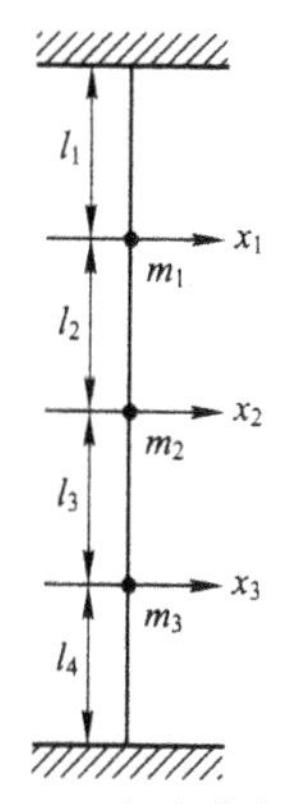

图 4-15　三自由度振动系统

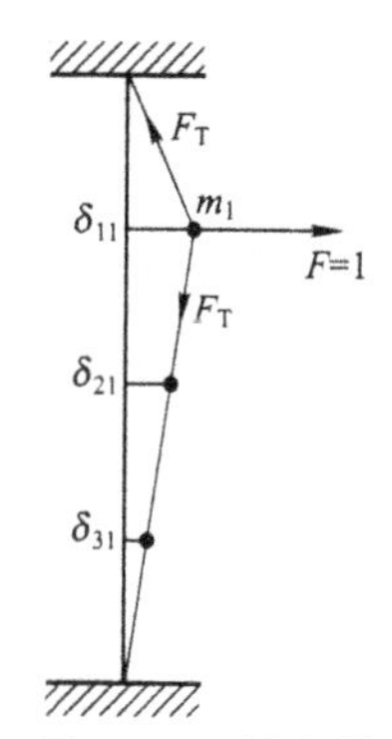

图 4-16　受力图

根据平衡条件，得

$$F_T\frac{\delta_{11}}{l}+F_T\frac{\delta_{11}}{3l}=1$$

$$\delta_{11}=\frac{3l}{4F_T}$$

由图中三角形的几何关系可解出

$$\delta_{21}=\frac{2}{3}\delta_{11}=\frac{2l}{4F_T},\delta_{31}=\frac{1}{3}\delta_{11}=\frac{l}{4F_T}$$

写出柔度矩阵

$$\boldsymbol{\delta}=\frac{l}{4F_T}\begin{bmatrix} 3 & 2 & 1 \\ 2 & 4 & 2 \\ 1 & 2 & 3 \end{bmatrix}$$

系统的特征矩阵为

$$\boldsymbol{B}=\boldsymbol{\delta M}-\lambda\boldsymbol{I}=\frac{ml}{4F_{\mathrm{T}}}\begin{bmatrix}3&2&1\\2&4&2\\1&2&3\end{bmatrix}-\begin{bmatrix}\lambda&0&0\\0&\lambda&0\\0&0&\lambda\end{bmatrix}$$

设 $\alpha=\frac{ml}{4F_{\mathrm{T}}}$,则

$$\boldsymbol{B}=\begin{bmatrix}3\alpha-\lambda&2\alpha&\alpha\\2\alpha&4\alpha-\lambda&2\alpha\\\alpha&2\alpha&3\alpha-\lambda\end{bmatrix}$$

得频率方程,即

$$(\lambda-2\alpha)(\lambda-8\alpha\lambda+8\alpha^2)=0$$

求出各根,按递降次序排列

$$\lambda_1=2(2+\sqrt{2})\alpha,\lambda_2=2\alpha,\lambda_3=2(2-\sqrt{2})\alpha$$

于是得到系统的固有频率

$$\omega_{\mathrm{n1}}^2=\frac{1}{2(2+\sqrt{2})}\frac{4F_{\mathrm{T}}}{ml},\omega_{\mathrm{n2}}^2=\frac{2F_{\mathrm{T}}}{ml},\omega_{\mathrm{n3}}^2=\frac{1}{2(2-\sqrt{2})}\frac{4F_{\mathrm{T}}}{ml}$$

为求系统的主振型,先求出伴随矩阵的第一列

$$(\boldsymbol{B})^a=\begin{bmatrix}(4\alpha-\lambda)(3\alpha-\lambda)-4\alpha^2&\cdots\\-2\alpha(3\alpha-\lambda)+2\alpha^2&\cdots\\4\alpha^2-\alpha(4\alpha-\lambda)&\cdots\end{bmatrix}$$

把 $\lambda_1,\lambda_2,\lambda_3$ 代入上式,并归一化得各阶主振型

$$\boldsymbol{A}^{(1)}=\begin{bmatrix}1\\\sqrt{2}\\1\end{bmatrix},\boldsymbol{A}^{(2)}=\begin{bmatrix}1\\0\\-1\end{bmatrix},\boldsymbol{A}^{(3)}=\begin{bmatrix}1\\-\sqrt{2}\\1\end{bmatrix}$$

4.4 主坐标与正则坐标

在一般情况下,具有有限个自由度振动系统的质量矩阵和刚度矩阵都不是对角阵。因此,系统的运动微分方程中既有动力偶合又有静力偶合。对于 n 自由度无阻尼振动系统,有可能选择这

样一组特殊坐标，使方程中不出现偶合项亦即质量矩阵和刚度矩阵都是对角阵，这样每个方程可以视为单自由度问题，称这组坐标为主坐标或模态坐标。

4.4.1　主振型矩阵与正则矩阵

以各阶主振型矢量为列，按顺序排列成一个 $n\times n$ 阶方阵，即前面所介绍的振型矩阵或模态矩阵，即

$$\boldsymbol{A}_{\omega}=[\boldsymbol{A}^{(1)}\ \boldsymbol{A}^{(2)}\cdots\boldsymbol{A}^{(n)}]=\begin{bmatrix}A_1^{(1)} & A_1^{(2)} & \cdots & A_1^{(n)}\\ A_2^{(1)} & A_2^{(2)} & \cdots & A_2^{(n)}\\ \vdots & \vdots & \vdots & \vdots\\ A_n^{(1)} & A_n^{(2)} & \cdots & A_n^{(n)}\end{bmatrix}$$

根据主振型的正交性，可以导出主振型矩阵的两个性质

$$\begin{cases}\boldsymbol{A}_{\omega}^{\mathrm{T}}\boldsymbol{M}\boldsymbol{A}_{\omega}=\boldsymbol{M}_{\omega}\\ \boldsymbol{A}_{\omega}^{\mathrm{T}}\boldsymbol{K}\boldsymbol{A}_{\omega}=\boldsymbol{K}_{\omega}\end{cases}\tag{4-60}$$

其中，主刚度矩阵 $\boldsymbol{K}_{\omega}$ 为

$$\boldsymbol{K}_{\omega}=\begin{bmatrix}K_{\omega1} & 0 & \cdots & 0\\ 0 & K_{\omega2} & \cdots & 0\\ \vdots & \vdots & \vdots & \vdots\\ 0 & 0 & \cdots & K_{\omega n}\end{bmatrix}$$

主质量矩阵 $\boldsymbol{M}_{\omega}$ 为

$$\boldsymbol{M}_{\omega}=\begin{bmatrix}M_{\omega1} & 0 & \cdots & 0\\ 0 & M_{\omega2} & \cdots & 0\\ \vdots & \vdots & \vdots & \vdots\\ 0 & 0 & \cdots & M_{\omega n}\end{bmatrix}$$

式(4-60)表明，主振型矩阵 $\boldsymbol{A}$ 具有如下性质：当 $\boldsymbol{M}$，$\boldsymbol{K}$ 为非对角阵时，如果分别前乘以主振型矩阵的转置矩阵 $\boldsymbol{A}^{\mathrm{T}}$，后乘以主振型矩阵 $\boldsymbol{A}$，则可使质量矩阵 $\boldsymbol{M}$ 和刚度矩阵 $\boldsymbol{K}$ 转变成为对角矩阵 $\boldsymbol{M}_{\omega}$、$\boldsymbol{K}_{\omega}$。

将主振型矩阵的各列除以其对应主质量的平方根，即第 i 阶正则振型

$$\boldsymbol{A}_{\mathrm{N}}^{(i)}=\frac{1}{\sqrt{M_i}}\boldsymbol{A}_p^{(i)}$$

这样得到的振型称为正则振型。正则振型的正交关系是

$$(\boldsymbol{A}_{\mathrm{N}}^{(i)})^{\mathrm{T}}\boldsymbol{K}\boldsymbol{A}_{\mathrm{N}}^{(j)}=\begin{cases}\omega_{\mathrm{n}i}^{2} & i=j\\ 0 & i\neq j\end{cases}$$

$$(\boldsymbol{A}_{\mathrm{N}}^{(i)})^{\mathrm{T}}\boldsymbol{M}\boldsymbol{A}_{\mathrm{N}}^{(j)}=\begin{cases}1 & i=j\\ 0 & i\neq j\end{cases}$$

其中 $\omega_{\mathrm{n}i}$ 为第 i 阶固有频率。

以各阶正则振型为列，依次排列成一个 $n\times n$ 阶方阵，称此方阵为正则振型矩阵，即

$$\boldsymbol{A}_{\mathrm{N}}=[\boldsymbol{A}_{\mathrm{N}}^{(1)}\ \boldsymbol{A}_{\mathrm{N}}^{(2)}\cdots\boldsymbol{A}_{\mathrm{N}}^{(n)}]=\begin{bmatrix}A_{\mathrm{N}1}^{(1)} & A_{\mathrm{N}1}^{(2)} & \cdots & A_{\mathrm{N}1}^{(n)}\\ A_{\mathrm{N}2}^{(1)} & A_{\mathrm{N}2}^{(2)} & \cdots & A_{\mathrm{N}2}^{(n)}\\ \vdots & \vdots & \vdots & \vdots\\ A_{\mathrm{N}n}^{(1)} & A_{\mathrm{N}n}^{(2)} & \cdots & A_{\mathrm{N}n}^{(n)}\end{bmatrix}$$

由正交性可导出正则矩阵两个性质

$$\begin{cases}\boldsymbol{M}_{\mathrm{N}}=\boldsymbol{A}_{\mathrm{N}}^{\mathrm{T}}\boldsymbol{M}\boldsymbol{A}_{\mathrm{N}}=\boldsymbol{I}\\ \boldsymbol{K}_{\mathrm{N}}=\boldsymbol{A}_{\mathrm{N}}^{\mathrm{T}}\boldsymbol{K}\boldsymbol{A}_{\mathrm{N}}=\boldsymbol{\omega}_{\mathrm{n}}^{2}\end{cases}$$

其中，$\boldsymbol{M}_{\mathrm{N}}$、$\boldsymbol{K}_{\mathrm{N}}$ 分别为正则质量矩阵、正则刚度矩阵，$\boldsymbol{\omega}_{\mathrm{n}}^{2}$ 为谱矩阵，正则质量矩阵 $\boldsymbol{M}_{\mathrm{N}}$ 是一个单位矩阵 $\boldsymbol{I}$，即

$$\boldsymbol{M}_{\mathrm{N}}=\begin{bmatrix}1 & 0 & \cdots & 0\\ 0 & 1 & \cdots & 0\\ \vdots & \vdots & \vdots & \vdots\\ 0 & 0 & \cdots & 1\end{bmatrix}$$

正则刚度矩阵 $\boldsymbol{K}_{\mathrm{N}}$ 的对角线元素分别是各阶固有频率的平方值，即

$$\boldsymbol{K}_{\mathrm{N}}=\begin{bmatrix}\omega_{\mathrm{n}1}^{2} & 0 & \cdots & 0\\ 0 & \omega_{\mathrm{n}2}^{2} & \cdots & 0\\ \vdots & \vdots & \vdots & \vdots\\ 0 & 0 & \cdots & \omega_{\mathrm{n}n}^{2}\end{bmatrix}$$

由前面的讨论可知，可利用主振型矩阵 $\boldsymbol{A}_{\omega}$，通过式(4-60) 使

系统的质量矩阵和刚度矩阵转换成为对角矩阵形式。因此,可利用主振型矩阵进行坐标变换,以寻求主坐标或正则坐标。

4.4.2　主坐标

用振型矩阵 $\boldsymbol{A}_{\omega}$ 将相互耦合的振动微分方程组变换为彼此独立的方程。这样,每个方程都可以按单自由度系统的运动方程来处理,这给多自由度系统的振动分析带来极大的方便。

多自由度系统自由振动的作用力方程

$$\boldsymbol{M}\ddot{\boldsymbol{X}}+\boldsymbol{K}\boldsymbol{X}=\boldsymbol{0} \tag{4-61}$$

由于 $\boldsymbol{M}$ 与 $\boldsymbol{K}$ 一般不是对角矩阵,因此上式为一组相互耦合的微分方程组,其求解是不太方便的。因为耦合方程的性质取决于所选用的广义坐标,而不取决于系统的固有特性。为此,希望能找到这样的坐标 $\boldsymbol{X}_P$,用它来描述振动方程时,既不存在惯性耦合,也不存在弹性耦合,即运动微分方程之间彼此独立。这种坐标 $\boldsymbol{X}_P$ 确实存在,下面介绍寻找这种坐标的线性变换方法。

用 $\boldsymbol{A}_{\omega}^{\mathrm{T}}$ 左乘方程(4-61),并在 $\ddot{\boldsymbol{X}}$ 和 $\boldsymbol{X}$ 前面插进 $\boldsymbol{I}=\boldsymbol{A}_{\omega}\boldsymbol{A}_{\omega}^{-1}$,则有

$$\boldsymbol{A}_{\omega}^{\mathrm{T}}\boldsymbol{A}_{\omega}\boldsymbol{A}_{\omega}^{-1}\ddot{\boldsymbol{X}}+\boldsymbol{A}_{\omega}^{\mathrm{T}}\boldsymbol{K}\boldsymbol{A}_{\omega}\boldsymbol{A}_{\omega}^{-1}\boldsymbol{X}=0$$

由式(4-60)知

$$\boldsymbol{M}_{\omega}=\boldsymbol{A}_{\omega}^{\mathrm{T}}\boldsymbol{M}\boldsymbol{A}_{\omega},\boldsymbol{K}_{\omega}=\boldsymbol{A}_{\omega}^{\mathrm{T}}\boldsymbol{K}\boldsymbol{A}_{\omega} \tag{4-62}$$

引用正交性关系,式(4-62)可写成

$$\boldsymbol{M}_{\omega}\ddot{\boldsymbol{X}}_P+\boldsymbol{K}_{\omega}\boldsymbol{X}_P=\boldsymbol{0} \tag{4-63}$$

此方程中的新位移坐标 $\boldsymbol{X}_P$ 称为主坐标,定义为

$$\boldsymbol{X}_P=\boldsymbol{A}_{\omega}^{-1}\boldsymbol{X} \tag{4-64}$$

相应地

$$\ddot{\boldsymbol{X}}_P=\boldsymbol{A}_{\omega}^{-1}\ddot{\boldsymbol{X}}$$

由于主质量矩阵 $\boldsymbol{M}_{\omega}$ 及主刚度矩阵 $\boldsymbol{K}_{\omega}$ 都是对角矩阵,所以用主坐标描述的系统运动方程式(4-63)中,各方程式之间互不耦合,其展开后的形式为

$$\begin{cases} M_{\omega 1}\ddot{x}_{p1} + K_{\omega 1}x_{p1} = 0 \\ M_{\omega 2}\ddot{x}_{p2} + K_{\omega 2}x_{p2} = 0 \\ \vdots \\ M_{\omega n}\ddot{x}_{pn} + K_{\omega n}x_{pn} = 0 \end{cases}$$

显然,使用主坐标 $\boldsymbol{X}_P$ 来描述系统的运动方程是很方便的,其求解也是很容易的。因为它把一个 n 自由度系统转化为 n 个单自由度系统了,以上运算称为解耦。

由式(4-64)可知原坐标 $\boldsymbol{X}$ 与主坐标 $\boldsymbol{X}_P$ 的关系是

$$\boldsymbol{X} = \boldsymbol{A}_{\omega}\boldsymbol{X}_P \tag{4-65}$$

相应地

$$\ddot{\boldsymbol{X}} = \boldsymbol{A}_{\omega}\ddot{\boldsymbol{X}}_P$$

为了理解这个坐标变换的意义,可将式(4-65)写成下述展开的形式

$$\begin{bmatrix} x_1 \\ x_2 \\ \vdots \\ x_n \end{bmatrix} = \begin{bmatrix} A_1^{(1)} & A_1^{(2)} & \cdots & A_1^{(n)} \\ A_2^{(1)} & A_2^{(2)} & \cdots & A_2^{(n)} \\ \vdots & \vdots & \vdots & \vdots \\ A_n^{(1)} & A_n^{(2)} & \cdots & A_n^{(n)} \end{bmatrix} \begin{bmatrix} x_{p1} \\ x_{p2} \\ \vdots \\ x_{pn} \end{bmatrix}$$

$$= \begin{bmatrix} A_1^{(1)}x_{p1} + A_1^{(2)}x_{p2} + \cdots + A_1^{(n)}x_{pn} \\ A_2^{(1)}x_{p1} + A_2^{(2)}x_{p2} + \cdots + A_2^{(n)}x_{pn} \\ \vdots \\ A_n^{(1)}x_{p1} + A_n^{(2)}x_{p2} + \cdots + A_n^{(n)}x_{pn} \end{bmatrix}$$

$$= x_{p1}\begin{bmatrix} A_1^{(1)} \\ A_2^{(1)} \\ \vdots \\ A_n^{(1)} \end{bmatrix} + x_{p2}\begin{bmatrix} A_1^{(2)} \\ A_2^{(2)} \\ \vdots \\ A_n^{(2)} \end{bmatrix} + \cdots + x_{pn}\begin{bmatrix} A_1^{(n)} \\ A_2^{(n)} \\ \vdots \\ A_n^{(n)} \end{bmatrix}$$

即

$$\boldsymbol{X} = x_{p1}\boldsymbol{A}^{(1)} + x_{p2}\boldsymbol{A}^{(2)} + \cdots + x_{pn}\boldsymbol{A}^{(n)} \tag{4-66}$$

可以看出:原先各坐标 x_1、x_2、…、x_n 任意一组位移值,都可以看成是由 n 组主振型按一定的比例组合而成的,这 n 个比例因子就是 n 个主坐标 x_{p1}、x_{p2}、…、x_{pn} 的值。如果 $x_{p1}=1$,而其他

x_{pi} 值都为零,则由式(4-66) 得

$$\boldsymbol{X}=1\times\boldsymbol{A}^{(1)}+0\times\boldsymbol{A}^{(2)}+\cdots+0\times\boldsymbol{A}^{(n)}=\boldsymbol{A}^{(1)}$$

即这时系统各坐标值 $\boldsymbol{X}$ 正好与第一阶主振型值 $\boldsymbol{A}^{(1)}$ 相等,这就是第一个主坐标 x_{p1} 取单位值的几何意义。其他各主坐标值的意义也类似。总之,每一个主坐标的值等于各阶主振型分量在系统原坐标值中占有成分的大小。

将式(4-65) 两边左乘以 $\boldsymbol{A}_{\omega}^{\mathrm{T}}\boldsymbol{M}$ 后,可得

$$\boldsymbol{A}_{\omega}^{\mathrm{T}}\boldsymbol{M}\boldsymbol{X}=\boldsymbol{A}_{\omega}\boldsymbol{X}_{P}\boldsymbol{A}_{\omega}^{\mathrm{T}}\boldsymbol{M}=\boldsymbol{M}_{\omega}\boldsymbol{X}_{P}$$

所以

$$\boldsymbol{X}_{P}=\boldsymbol{M}_{\omega}^{-1}\boldsymbol{A}_{\omega}^{\mathrm{T}}\boldsymbol{M}\boldsymbol{X}\tag{4-67}$$

由原坐标 $\boldsymbol{X}$ 按上式很容易地计算出 $\boldsymbol{X}_{P}$,因其中 $\boldsymbol{M}_{\omega}^{-1}$ 只要将 $\boldsymbol{M}_{\omega}$ 对角线元素取倒数后即可求得。式(4-67) 可看成(4-65) 的求逆。因此得到

$$\boldsymbol{A}_{\omega}^{-1}=\boldsymbol{M}_{\omega}^{-1}\boldsymbol{A}_{\omega}^{\mathrm{T}}\boldsymbol{M}$$

4.4.3　正则坐标

用正则振型矩阵 $\boldsymbol{A}_{\mathrm{N}}$ 进行坐标变换,设

$$\boldsymbol{X}=\boldsymbol{A}_{\mathrm{N}}\boldsymbol{X}_{\mathrm{N}}\tag{4-68}$$

式中,$\boldsymbol{X}_{\mathrm{N}}$ 是正则坐标矢量,将上式代入微分方程 $\boldsymbol{M}\ddot{\boldsymbol{X}}+\boldsymbol{K}\boldsymbol{X}=\boldsymbol{0}$ 得

$$\boldsymbol{M}\boldsymbol{A}_{\mathrm{N}}\ddot{\boldsymbol{X}}_{\mathrm{N}}+\boldsymbol{K}\boldsymbol{A}_{\mathrm{N}}\boldsymbol{X}_{\mathrm{N}}=\boldsymbol{0}$$

将上式前乘 $\boldsymbol{A}_{\mathrm{N}}^{\mathrm{T}}$,得

$$\boldsymbol{A}_{\mathrm{N}}^{\mathrm{T}}\boldsymbol{M}\boldsymbol{A}_{\mathrm{N}}\ddot{\boldsymbol{X}}_{\mathrm{N}}+\boldsymbol{A}_{\mathrm{N}}^{\mathrm{T}}\boldsymbol{K}\boldsymbol{A}_{\mathrm{N}}\boldsymbol{X}_{\mathrm{N}}=\boldsymbol{0}$$

由正则振型矩阵的性质得

$$\ddot{\boldsymbol{X}}_{\mathrm{N}}+\omega_{\mathrm{n}}^{2}\boldsymbol{X}_{\mathrm{N}}=\boldsymbol{0}$$

即

$$\ddot{x}_{\mathrm{N}i}+\omega_{\mathrm{n}i}^{2}x_{\mathrm{N}i}=0\ (i=1,2,\cdots,n)$$

各元素 $x_{\mathrm{N}1}$、$x_{\mathrm{N}2}$、…、$x_{\mathrm{N}n}$ 称为正则坐标,这样,采用正则坐标来描述系统的自由振动,可以得到最简单的运动方程式的形式。此外,由于与正则振型对应的正则质量矩阵是一个单位阵,$\boldsymbol{M}_{\mathrm{N}}=$

1,故$\boldsymbol{M}_{\mathrm{N}}^{-1}=\boldsymbol{I}^{-1}=\boldsymbol{I}$,利用式(4-67),可以得到由原坐标$\boldsymbol{X}$求得正则坐标$\boldsymbol{X}_{\mathrm{N}}$ 的表达式

$$\boldsymbol{X}_{\mathrm{N}}=\boldsymbol{M}_{\mathrm{N}}^{-1}\boldsymbol{A}_{\mathrm{N}}^{\mathrm{T}}\boldsymbol{MX}=\boldsymbol{IA}_{\mathrm{N}}^{\mathrm{T}}\boldsymbol{MX}$$

即

$$\boldsymbol{X}_{\mathrm{N}}=\boldsymbol{A}_{\mathrm{N}}^{\mathrm{T}}\boldsymbol{MX}$$

对式(4-68) 的求逆,有

$$\boldsymbol{A}_{\mathrm{N}}^{-1}=\boldsymbol{A}_{\mathrm{N}}^{\mathrm{T}}\boldsymbol{M} \tag{4-69}$$

用式(4-69) 求正则振型矩阵的逆矩阵较为便捷。

4.5 多自由度系统的自由振动

4.5.1 无阻尼多自由度系统的自由振动

系统的自由振动即为系统对初始激励的响应。无阻尼多自由度系统自由振动的运动微分方程为

$$\boldsymbol{M\ddot{X}}+\boldsymbol{KX}=\boldsymbol{0} \tag{4-70}$$

利用正则振型矩阵$\boldsymbol{A}_{\mathrm{N}}$ 作为坐标变换矩阵进行坐标变换,得到

$$\begin{cases}\boldsymbol{X}=\boldsymbol{X}_{\mathrm{N}}\boldsymbol{A}_{\mathrm{N}}\\ \ddot{\boldsymbol{X}}=\ddot{\boldsymbol{X}}_{\mathrm{N}}\boldsymbol{A}_{\mathrm{N}}\end{cases} \tag{4-71}$$

将式(4-71) 代入式(4-70),有

$$\boldsymbol{MA}_{\mathrm{N}}\ddot{\boldsymbol{X}}_{\mathrm{N}}+\boldsymbol{KA}_{\mathrm{N}}\boldsymbol{X}_{\mathrm{N}}=\boldsymbol{0}$$

用$\boldsymbol{A}_{\mathrm{N}}^{\mathrm{T}}$ 左乘上式两端,得

$$\boldsymbol{A}_{\mathrm{N}}^{\mathrm{T}}\boldsymbol{MA}_{\mathrm{N}}\ddot{\boldsymbol{X}}_{\mathrm{N}}+\boldsymbol{A}_{\mathrm{N}}^{\mathrm{T}}\boldsymbol{KA}_{\mathrm{N}}\boldsymbol{X}_{\mathrm{N}}=\boldsymbol{0} \tag{4-72}$$

根据正则矩阵的性质有

$$\boldsymbol{A}_{\mathrm{N}}^{\mathrm{T}}\boldsymbol{MA}_{\mathrm{N}}=\boldsymbol{I}=\begin{bmatrix}1 & 0 & \cdots & 0\\ 0 & 1 & \cdots & 0\\ \vdots & \vdots & \vdots & \vdots\\ 0 & 0 & \cdots & 1\end{bmatrix} \tag{4-73}$$

$$\boldsymbol{A}_{\mathrm{N}}^{\mathrm{T}}\boldsymbol{K}\boldsymbol{A}_{\mathrm{N}}=\begin{bmatrix}\omega_{\mathrm{n}1}^{2} & 0 & 0 & 0\\ 0 & \omega_{\mathrm{n}2}^{2} & 0 & 0\\ 0 & 0 & \vdots & 0\\ 0 & 0 & 0 & \omega_{\mathrm{n}i}^{2}\end{bmatrix} \tag{4-74}$$

将式(4-73)、式(4-74) 代入式(4-72)，得

$$\ddot{\boldsymbol{X}}_{P}+\begin{bmatrix}\omega_{\mathrm{n}1}^{2} & 0 & 0 & 0\\ 0 & \omega_{\mathrm{n}2}^{2} & 0 & 0\\ 0 & 0 & \vdots & 0\\ 0 & 0 & 0 & \omega_{\mathrm{n}i}^{2}\end{bmatrix}\boldsymbol{X}_{\mathrm{N}}=\boldsymbol{0} \tag{4-75}$$

式(4-75) 可分开表示为

$$\ddot{x}_{\mathrm{N}i}+\omega_{\mathrm{n}i}^{2}x_{\mathrm{N}i}=0\ (i=1,2,\cdots,n)$$

式中：$x_{\mathrm{N}i}$ 为第 i 阶模态坐标。

这些方程都类似于单自由度系统的运动方程，求解得

$$x_{\mathrm{N}i}=c_{i}\sin(\omega_{\mathrm{n}i}t+\varphi_{i})\ (i=1,2,\cdots,n) \tag{4-76}$$

式中：c_i、φ_i 是待定常数，由初始条件决定。如果已知系统的初始条件

$$\boldsymbol{X}(0)=\boldsymbol{X}_{0},\dot{\boldsymbol{X}}(0)=\dot{\boldsymbol{X}}_{0}$$

根据式(4-71) 和式(4-73)，有

$$x_{\mathrm{N}i}(0)=(\boldsymbol{A}_{\mathrm{N}}^{(i)})^{\mathrm{T}}\boldsymbol{M}\boldsymbol{X}_{0},\dot{x}_{\mathrm{N}i}(0)=(\boldsymbol{A}_{\mathrm{N}}^{(i)})^{\mathrm{T}}\boldsymbol{M}\dot{\boldsymbol{X}}_{0}(i=1,2,\cdots,n) \tag{4-77}$$

将式(4-77) 代入式(4-76)，就可确定 $x_{\mathrm{N}i}$，即得 $\boldsymbol{X}_{\mathrm{N}}$，最后代回坐标变换式(4-71)，得物理坐标下的响应为

$$\boldsymbol{X}=\sum_{i=1}^{n}\boldsymbol{A}_{\mathrm{N}}^{(i)}\left[(\boldsymbol{A}_{\mathrm{N}}^{(i)})^{\mathrm{T}}\boldsymbol{M}\boldsymbol{X}_{0}\cos(\omega_{\mathrm{n}i}t)+\frac{1}{\omega_{\mathrm{n}i}}\boldsymbol{M}\dot{\boldsymbol{X}}_{0}\sin(\omega_{\mathrm{n}i}t)\right] \tag{4-78}$$

式(4-78) 是多自由度系统的无阻尼自由振动响应。由此式可见，系统每个坐标的运动都是，n 个模态振动的叠加。

4.5.2　多自由度系统的阻尼

任何实际的机械系统都不可避免地存在着阻尼因素，如材料

的结构阻尼，介质的黏性阻尼等，由于各种阻尼力机理复杂，难以给出恰当的数学表达。在阻尼力较小时，或激励远离系统的固有频率时，可以忽略阻尼力的存在，近似地当作无阻尼系统。当系统具有一定的阻尼且激振频率接近于系统的固有频率时，则阻尼起着非常显著的抑制共振振幅的作用。一般情况下，可将各种类型的阻尼化作等效黏性阻尼。

在线性振动理论中，一般采用线性阻尼的假设，认为振动中的阻尼与速度的一次方成正比。在多自由度系统中，运动微分方程式中的阻尼矩阵一般是 n 阶方阵。

如图 4-17 所示为具有黏性阻尼的 n 自由度系统，系统在激振力 $\boldsymbol{F}$ 作用下的强迫振动方程为

$$\boldsymbol{M}\ddot{\boldsymbol{X}}+\boldsymbol{C}\dot{\boldsymbol{X}}+\boldsymbol{K}\boldsymbol{X}=\boldsymbol{F} \tag{4-79}$$

式中：$\boldsymbol{M}$ 为质量矩阵，$\boldsymbol{K}$ 为刚度矩阵的意义如前所述，$\boldsymbol{C}$ 为阻尼矩阵，即

$$\boldsymbol{C}=\begin{bmatrix} c_{11} & c_{12} & \cdots & c_{1n} \\ c_{21} & c_{22} & \cdots & c_{2n} \\ \vdots & \vdots & \vdots & \vdots \\ c_{n1} & c_{n2} & \cdots & c_{nn} \end{bmatrix} \tag{4-80}$$

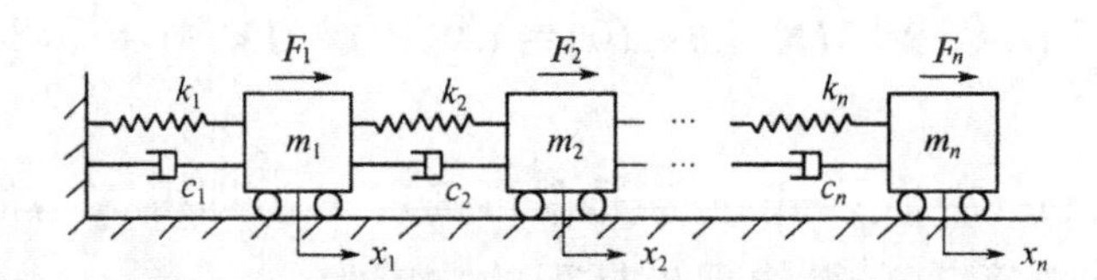

图 4-17　具有黏性阻尼的多自由度受迫振动系统

式(4-80)中阻尼矩阵元素 C_{ij} 称作阻尼影响系数。它的意义是使系统仅在第 j 个坐标上产生单位速度而相应于在第 i 个坐标上所需施加的力。在通常情况下，矩阵 $\boldsymbol{C}$ 也是对称阵，而且一般都是正定或半正定的。

引入阻尼后，系统的振动分析变得复杂化。设正则坐标 $\boldsymbol{X}_{\mathrm{N}}$，无阻尼振动系统的正则振型矩阵 $\boldsymbol{A}_{\mathrm{N}}^{\mathrm{T}}$，用正则振型矩阵的转置矩阵 $\boldsymbol{A}_{\omega}^{\mathrm{T}}$ 左乘方程两边，并将 $\boldsymbol{X}=\boldsymbol{A}_{\mathrm{N}}^{\mathrm{T}}\boldsymbol{X}_{\mathrm{N}}$、$\dot{\boldsymbol{X}}=\boldsymbol{A}_{\mathrm{N}}^{\mathrm{T}}\dot{\boldsymbol{X}}_{\mathrm{N}}$ 及 $\ddot{\boldsymbol{X}}=\boldsymbol{A}_{\mathrm{N}}^{\mathrm{T}}\ddot{\boldsymbol{X}}_{\mathrm{N}}$ 代

入式(4-80),得

$$\boldsymbol{A}_{\mathrm{N}}^{\mathrm{T}}\boldsymbol{M}\ddot{\boldsymbol{X}}_{\mathrm{N}}+\boldsymbol{A}_{\mathrm{N}}^{\mathrm{T}}C\dot{\boldsymbol{X}}_{\mathrm{N}}+\boldsymbol{A}_{\mathrm{N}}^{\mathrm{T}}\boldsymbol{K}\boldsymbol{X}_{\mathrm{N}}=\boldsymbol{A}_{\mathrm{N}}^{\mathrm{T}}\boldsymbol{F}$$

或简写成

$$\boldsymbol{M}_{\mathrm{N}}\ddot{\boldsymbol{X}}_{\mathrm{N}}+\boldsymbol{C}_{\mathrm{N}}\dot{\boldsymbol{X}}_{\mathrm{N}}+\boldsymbol{K}_{\mathrm{N}}\boldsymbol{X}_{\mathrm{N}}=\boldsymbol{F}_{\mathrm{N}} \tag{4-81}$$

式(4-81)中:$\boldsymbol{F}_{\mathrm{N}}$ 是正则坐标下的激振力列阵,$\boldsymbol{F}_{\mathrm{N}}=\boldsymbol{A}_{\mathrm{N}}^{\mathrm{T}}\boldsymbol{F}$;$\boldsymbol{M}_{\mathrm{N}}$ 为正则质量矩阵;$\boldsymbol{K}_{\mathrm{N}}$ 为正则刚度矩阵;$\boldsymbol{C}_{\mathrm{N}}$ 为正则坐标下的阻尼矩阵,称为正则阻尼矩阵,即

$$\boldsymbol{C}_{\mathrm{N}}=\boldsymbol{A}_{\mathrm{N}}^{\mathrm{T}}\boldsymbol{C}\boldsymbol{A}_{\mathrm{N}}=\begin{bmatrix} c_{\mathrm{N}11} & c_{\mathrm{N}12} & \cdots & c_{\mathrm{N}1n} \\ c_{\mathrm{N}21} & c_{\mathrm{N}22} & \cdots & c_{\mathrm{N}2n} \\ \vdots & \vdots & \vdots & \vdots \\ c_{\mathrm{N}n1} & c_{\mathrm{N}n2} & \cdots & c_{\mathrm{N}nn} \end{bmatrix} \tag{4-82}$$

一般来说 $\boldsymbol{C}_{\mathrm{N}}$ 不是对角线矩阵,因此式(4-81)仍是一组通过速度项 $\dot{\boldsymbol{X}}_{\mathrm{N}}$ 互相耦合的微分方程式。为了使方程组解耦,工程上常采用比例阻尼或振型阻尼。

4.5.2.1　比例阻尼

假设阻尼矩阵是质量矩阵和刚度矩阵的线性组合,或者正比于质量矩阵或刚度矩阵,即

$$\boldsymbol{C}=a\boldsymbol{M}+b\boldsymbol{K}$$

式中:a、b 是正的比例常数,由实验测定。

使用正则振型矩阵变换知

$$\boldsymbol{C}_{\mathrm{N}}=\boldsymbol{A}_{\mathrm{N}}^{\mathrm{T}}\boldsymbol{C}\boldsymbol{A}_{\mathrm{N}}=\boldsymbol{A}_{\mathrm{N}}^{\mathrm{T}}(a\boldsymbol{M}+b\boldsymbol{K})\boldsymbol{A}_{\mathrm{N}}=a\boldsymbol{I}+b\boldsymbol{\omega}_{\mathrm{n}}^{2}$$

$$\boldsymbol{C}_{\mathrm{N}}=\begin{bmatrix} a+b\omega_{\mathrm{n}1}^{2} & & & \\ & a+b\omega_{\mathrm{n}2}^{2} & & \\ & & \vdots & \\ & & & a+b\omega_{\mathrm{n}n}^{2} \end{bmatrix}$$

式中:$c_{\mathrm{N}i}=a+b\omega_{\mathrm{n}i}^{2}(i=1,2,\cdots,n)$,假设 $\zeta_i=\dfrac{a+b\omega_{\mathrm{n}i}^{2}}{2\omega_{\mathrm{n}i}}$,则

$$c_{\mathrm{N}i}=2\zeta_i\omega_{\mathrm{n}i}=a+b\omega_{\mathrm{n}i}^{2}$$

即

$$\boldsymbol{C}_{\mathrm{N}}=\begin{bmatrix}2\zeta_1\omega_{\mathrm{n}1} & & & \\ & 2\zeta_2\omega_{\mathrm{n}2} & & \\ & & \vdots & \\ & & & 2\zeta_n\omega_{\mathrm{n}n}\end{bmatrix}$$

$c_{\mathrm{N}i}$ 称为振型比例阻尼系数或模态比例阻尼系数，ζ_i 称振型阻尼比或模态阻尼比。

当多自由度振动系统中的阻尼矩阵是比例阻尼时，利用正则坐标变换解偶。即

$$\ddot{\boldsymbol{X}}_{\mathrm{N}}+\boldsymbol{C}_{\mathrm{N}}\dot{\boldsymbol{X}}_{\mathrm{N}}+\omega_{\mathrm{n}}^2\boldsymbol{X}_{\mathrm{N}}=\boldsymbol{F}_{\mathrm{N}}$$

式中，$\boldsymbol{F}_{\mathrm{N}}=\boldsymbol{A}_{\mathrm{N}}^{\mathrm{T}}\boldsymbol{F}=\boldsymbol{F}_{\mathrm{N}}\sin\omega t$，$\boldsymbol{F}_{\mathrm{N}}=\boldsymbol{A}_{\mathrm{N}}^{\mathrm{T}}\boldsymbol{F}$，上式也可以写为：

$$\ddot{x}_{\mathrm{N}i}+2\zeta_i\omega_{\mathrm{n}i}\dot{x}_{\mathrm{N}i}+\omega_{\mathrm{n}i}^2x_{\mathrm{N}i}=\boldsymbol{F}_{\mathrm{N}i}\sin\omega t$$

稳态响应为

$$x_{\mathrm{N}i}=B_{\mathrm{N}i}\sin(\omega_{\mathrm{n}i}t-\varphi_i)$$

其中：$\tan\varphi_i=\dfrac{2\zeta_i\lambda_i}{1-\lambda_i^2}$，$B_{\mathrm{N}i}=\dfrac{\dfrac{\boldsymbol{F}_{\mathrm{N}i}}{\omega_{\mathrm{n}i}^2}}{\sqrt{(1-\lambda_i^2)^2+(2\zeta_i\lambda_i)^2}}$，$\lambda_i=\dfrac{\omega}{\omega_{\mathrm{n}i}}$

由正则坐标变换关系式 $\boldsymbol{X}=\boldsymbol{A}_{\mathrm{N}}\boldsymbol{X}_{\mathrm{N}}$，得到系统的稳态响应

$$\boldsymbol{X}=\boldsymbol{A}_{\mathrm{N}}^{(1)}\boldsymbol{X}_{\mathrm{N}1}+\boldsymbol{A}_{\mathrm{N}2}^{(2)}\boldsymbol{X}_{\mathrm{N}2}+\cdots+\boldsymbol{A}_{\mathrm{N}n}^{(1)}\boldsymbol{X}_{\mathrm{N}n}$$

这种方法称有阻尼系统的响应的振型叠加法。

4.5.2.2 振型阻尼

比例阻尼只是使正则阻尼矩阵 $\boldsymbol{C}_{\mathrm{N}}$ 对角线化的一种特殊情况。在工程中，多数情况下 C 都不是对角线矩阵，但一般来说系统阻尼比较小，而且由于各种阻尼产生机理复杂，要精确测定阻尼大小存在很多困难。因此，为使正则阻尼矩阵 $\boldsymbol{C}_{\mathrm{N}}$ 对角线化，最简单的办法就是将式(4-82) 中非对角线元素的值改为零，只保留对角线上各元素的原有数值，构造一个新的正则阻尼矩阵，将式(4-82) 改写成

$$C \approx C_N = \begin{bmatrix} c_{N11} & 0 & 0 & 0 \\ 0 & c_{N22} & \cdots & 0 \\ \vdots & \vdots & \vdots & \vdots \\ 0 & 0 & \cdots & c_{Nnn} \end{bmatrix}$$

只要系统中阻尼比较小，且系统的各固有频率值彼此不等又有一定的间隔，做上述处理可获得很好的近似解。因此，振型叠加法可以有效地推广到有阻尼的多自由度系统的振动分析。

对于实际系统，阻尼矩阵中各个元素往往有待于实验确定。更方便的办法是通过实验确定各个振型阻尼比。这样，在列写系统的运动微分方程式时，先不考虑阻尼，经过正则坐标变换后，再在以正则表示运动微分方程式中引入阻尼比，直接写出有阻尼存在时的正则坐标表示的运动微分方程式。实践证明，这一方法具有很大的实用价值，适用于小阻尼系统，即 $\zeta_i \leqslant 0.2$ 的情形。

4.5.3　有阻尼多自由度系统的自由振动

有阻尼多自由度系统自由振动的运动微分方程为

$$\boldsymbol{M\ddot{X}} + \boldsymbol{C\dot{X}} + \boldsymbol{KX} = \boldsymbol{0} \tag{4-83}$$

式中：$\boldsymbol{C}$ 为阻尼矩阵，在一般情况下，它是 $n \times n$ 阶正定或半正定的对称矩阵。

利用正则振型矩阵 $\boldsymbol{A}_N$ 作为坐标变换矩阵进行坐标变换，得到

$$\begin{cases} \boldsymbol{X} = \boldsymbol{X}_N \boldsymbol{A}_N \\ \dot{X} = \dot{\boldsymbol{X}}_N \boldsymbol{A}_N \\ \ddot{X} = \ddot{\boldsymbol{X}}_N \boldsymbol{A}_N \end{cases} \tag{4-84}$$

将式(4-84)代入式(4-83)，有

$$\boldsymbol{MA}_N \ddot{\boldsymbol{X}}_N + \boldsymbol{CA}_N \dot{\boldsymbol{X}}_N + K\boldsymbol{A}_N \boldsymbol{X}_N = \boldsymbol{0}$$

用 $\boldsymbol{A}_N^T$ 左乘上式两端，得

$$\boldsymbol{A}_N^T \boldsymbol{MA}_N \ddot{\boldsymbol{X}}_N + \boldsymbol{A}_N^T \boldsymbol{CA}_N \dot{\boldsymbol{X}}_N + \boldsymbol{A}_N^T K\boldsymbol{A}_N \boldsymbol{X}_N = \boldsymbol{0} \tag{4-85}$$

由正则矩阵的性质可得

$$A_N^T M A_N = I = \begin{bmatrix} 1 & 0 & \cdots & 0 \\ 0 & 1 & \cdots & 0 \\ \vdots & \vdots & \vdots & \vdots \\ 0 & 0 & \cdots & 1 \end{bmatrix} \tag{4-86}$$

$$A_N^T K A_N = \begin{bmatrix} \omega_{n1}^2 & 0 & 0 & 0 \\ 0 & \omega_{n2}^2 & 0 & 0 \\ 0 & 0 & \vdots & 0 \\ 0 & 0 & 0 & \omega_{ni}^2 \end{bmatrix} \tag{4-87}$$

又由于系统是比例阻尼或小阻尼，故有

$$A_N^T C A_N = C_N = \begin{bmatrix} 2\zeta_1\omega_{n1} & & & \\ & 2\zeta_2\omega_{n2} & & \\ & & \vdots & \\ & & & 2\zeta_n\omega_{nn} \end{bmatrix} \tag{4-88}$$

将式(4-86)、式(4-87)及式(4-88)代入式(4-85)，得

$$\ddot{X}_N + \begin{bmatrix} 2\zeta_1\omega_{n1} & & & \\ & 2\zeta_2\omega_{n2} & & \\ & & \vdots & \\ & & & 2\zeta_n\omega_{nn} \end{bmatrix} \dot{X}_N + \begin{bmatrix} \omega_{n1}^2 & 0 & 0 & 0 \\ 0 & \omega_{n2}^2 & 0 & 0 \\ 0 & 0 & \vdots & 0 \\ 0 & 0 & 0 & \omega_{ni}^2 \end{bmatrix} X_N = \mathbf{0} \tag{4-89}$$

式(4-89)可分开表示为

$$\ddot{x}_{Ni} + 2\zeta_i\omega_{ni}^2\dot{x}_{Ni} + \omega_{ni}^2 x_{Ni} = 0 \ (i = 1, 2, \cdots, n)$$

式中：x_{Ni} 为第 i 阶模态坐标。

这些方程都类似于单自由度系统的运动方程，其解可表示为

$$x_{Ni} = c_i e^{-\zeta_i\omega_{ni}t}\sin(\omega_{di}t + \varphi_i) \ (i = 1, 2, \cdots, n) \tag{4-90}$$

式中：$\omega_{di} = \omega_{ni}\sqrt{1-\zeta_i^2}$；$c_i$、$\varphi_i$ 是待定常数，由初始条件决定。如果已知系统的初始条件

$$X(0) = X_0, \dot{X}(0) = \dot{X}_0$$

根据式(4-84)，有

$$x_{\mathrm{N}i}(0)=(\boldsymbol{A}_{\mathrm{N}}^{(i)})^{\mathrm{T}}\boldsymbol{M}\boldsymbol{X}_0,\dot{x}_{\mathrm{N}i}(0)=(\boldsymbol{A}_{\mathrm{N}}^{(i)})^{\mathrm{T}}\boldsymbol{M}\dot{\boldsymbol{X}}_0(i=1,2,\cdots,n) \tag{4-91}$$

将式(4-91)代入式(4-90)，就可确定 $x_{\mathrm{N}i}$，即得 $\boldsymbol{X}_{\mathrm{N}}$，最后代回坐标变换式(4-84)，得物理坐标下的响应为

$$\boldsymbol{X}=\sum_{i=1}^{n}\boldsymbol{A}_{\mathrm{N}}^{(i)}\mathrm{e}^{-\zeta_i\omega_{\mathrm{n}i}t}\Big\{(\boldsymbol{A}_{\mathrm{N}}^{(i)})^{\mathrm{T}}\boldsymbol{M}\boldsymbol{X}_0\cos(\omega_{\mathrm{d}i}t)+\frac{1}{\omega_{\mathrm{d}i}}[(\boldsymbol{A}_{\mathrm{N}}^{(i)})^{\mathrm{T}}\boldsymbol{M}\dot{\boldsymbol{X}}_0+\zeta_i\omega_{\mathrm{n}i}(\boldsymbol{A}_{\mathrm{N}}^{(i)})^{\mathrm{T}}\boldsymbol{M}\dot{\boldsymbol{X}}_0]\sin(\omega_{\mathrm{d}i}t)\Big\} \tag{4-92}$$

式(4-92)是比例阻尼或小阻尼情况下多自由度系统的自由振动响应。由此式可见，系统每个坐标的运动都是 n 个模态振动的叠加，而每个模态的振动都是衰减的简谐振动。

4.6　多自由度系统的受迫振动

4.6.1　无阻尼多自由度系统的受迫振动

无阻尼多自由度系统的强迫振动响应包括：系统在简谐激振下的响应；系统在任意激振(非周期激振)下的响应。

4.6.1.1　简谐激振的响应

假定如图 4-18 所示的各位移坐标上作用的激振力为同频率同相位的简谐力，这时无阻尼受迫振动系统的作用力方程 $\boldsymbol{M}\ddot{\boldsymbol{X}}+\boldsymbol{K}\boldsymbol{X}=\boldsymbol{F}$ 变为

$$\boldsymbol{M}\ddot{\boldsymbol{X}}+\boldsymbol{K}\boldsymbol{X}=\boldsymbol{F}\sin\omega t \tag{4-93}$$

式中：Q 为激振力幅值列阵 $\boldsymbol{F}=[\boldsymbol{F}_1\quad \boldsymbol{F}_2\quad \cdots\quad \boldsymbol{F}_n]^{\mathrm{T}}$。

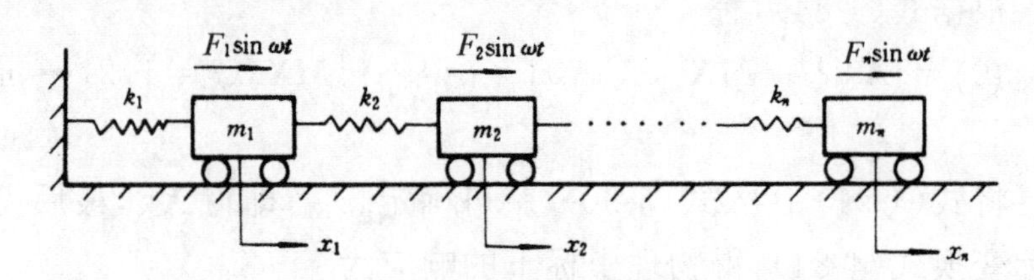

图 4-18　无阻尼多自由度受迫振动系统

式(4-93)为 n 个方程的方程组，而且是互相耦合的方程组。为了便于求解，解除方程组的耦合，需将方程(4-93)变换为主坐标。

用振型矩阵的转置矩阵 $\boldsymbol{A}_{\omega}^{\mathrm{T}}$ 左乘方程两边，并将 $\boldsymbol{X}=\boldsymbol{A}_{\omega}\boldsymbol{X}_P$ 及 $\ddot{X}=\boldsymbol{A}_{\omega}\ddot{\boldsymbol{X}}_P$ 代入，得

$$\boldsymbol{A}_{\omega}^{\mathrm{T}}M\boldsymbol{A}_{\omega}\ddot{\boldsymbol{X}}_P+\boldsymbol{A}_{\omega}^{\mathrm{T}}K\boldsymbol{A}_{\omega}\boldsymbol{X}_P=\boldsymbol{A}_{\omega}^{\mathrm{T}}F\sin\omega t$$

或写成

$$\boldsymbol{M}_{\omega}\ddot{\boldsymbol{X}}_P+\boldsymbol{K}_{\omega}\boldsymbol{X}_P=\boldsymbol{F}_{\omega}\sin\omega t \tag{4-94}$$

式中，$\boldsymbol{M}_{\omega}$ 与 $\boldsymbol{K}_{\omega}$ 分别为主质量矩阵和主刚度矩阵，而 $\boldsymbol{F}_{\omega}$ 是用主坐标表示的激振力幅值列阵，其值可由下式确定

$$\boldsymbol{F}_{\omega}=\boldsymbol{A}_{\omega}^{\mathrm{T}}\boldsymbol{F} \tag{4-95}$$

写成展开的形式

$$\begin{bmatrix}\boldsymbol{F}_{\omega1}\\ \boldsymbol{F}_{\omega2}\\ \vdots\\ \boldsymbol{F}_{\omega n}\end{bmatrix}=\begin{bmatrix}\boldsymbol{A}_1^{(1)} & \boldsymbol{A}_1^{(2)} & \cdots & \boldsymbol{A}_1^{(n)}\\ \boldsymbol{A}_2^{(1)} & \boldsymbol{A}_2^{(2)} & \cdots & \boldsymbol{A}_2^{(n)}\\ \vdots & \vdots & \vdots & \vdots\\ \boldsymbol{A}_n^{(1)} & \boldsymbol{A}_n^{(2)} & \cdots & \boldsymbol{A}_n^{(n)}\end{bmatrix}\begin{bmatrix}\boldsymbol{F}_1\\ \boldsymbol{F}_2\\ \vdots\\ \boldsymbol{F}_n\end{bmatrix}=\begin{bmatrix}\boldsymbol{A}_1^{(1)}\boldsymbol{F}_1+\boldsymbol{A}_2^{(1)}\boldsymbol{F}_2+\cdots\boldsymbol{A}_n^{(1)}\boldsymbol{F}_n\\ \boldsymbol{A}_1^{(2)}\boldsymbol{F}_1+\boldsymbol{A}_2^{(2)}\boldsymbol{F}_2+\cdots\boldsymbol{A}_n^{(2)}\boldsymbol{F}_n\\ \vdots\\ \boldsymbol{A}_1^{(n)}\boldsymbol{F}_1+\boldsymbol{A}_2^{(n)}\boldsymbol{F}_2+\cdots\boldsymbol{A}_n^{(n)}\boldsymbol{F}_n\end{bmatrix}$$

如果用正则振型矩阵 $\boldsymbol{A}_{\mathrm{N}}$ 代替 $\boldsymbol{A}_{\omega}$，则式(4-95)变为

$$\boldsymbol{F}_{\mathrm{N}}=\boldsymbol{A}_{\mathrm{N}}^{\mathrm{T}}\boldsymbol{F}$$

进而按正则坐标，方程(4-94)有下面形式

$$\boldsymbol{I}\ddot{\boldsymbol{X}}_{\mathrm{N}}+\omega_{\mathrm{n}}^2\boldsymbol{X}_{\mathrm{N}}=\boldsymbol{F}_{\mathrm{N}}\sin\omega t \tag{4-96}$$

式(4-82)还可以写成

$$\ddot{x}_{\mathrm{N}i}+\omega_{\mathrm{n}i}^2x_{\mathrm{N}i}=\boldsymbol{F}_{\mathrm{N}i}\sin\omega t\ (i=1,2,\cdots,n) \tag{4-97}$$

这里第 i 个激振力幅值为

$$\boldsymbol{F}_{\mathrm{N}i}=\boldsymbol{A}_{\mathrm{N}1}^{(i)}\boldsymbol{F}_1+\boldsymbol{A}_{\mathrm{N}2}^{(i)}\boldsymbol{F}_2+\cdots+\boldsymbol{A}_{\mathrm{N}n}^{(i)}\boldsymbol{F}_n$$

式(4-97)表示 n 个独立方程，具有与单自由度系统相同的形

式，因而可以用单自由度系统受迫振动的结果求出每个正则坐标的响应

$$x_{Ni}=\frac{F_{Ni}}{\omega_{ni}^2}\times\frac{1}{1-\left(\frac{\omega}{\omega_{ni}}\right)^2}\sin\omega t\ (i=1,2,\cdots,n) \tag{4-98}$$

或写成

$$\boldsymbol{X}_N=\begin{bmatrix}x_{N1}\\x_{N2}\\\vdots\\x_{Nn}\end{bmatrix}=\begin{bmatrix}\boldsymbol{F}_{N1}/(\omega_{n1}^2-\omega^2)\\\boldsymbol{F}_{N2}/(\omega_{n2}^2-\omega^2)\\\vdots\\\boldsymbol{F}_{Nn}/(\omega_{nn}^2-\omega^2)\end{bmatrix}\sin\omega t \tag{4-99}$$

求出 $\boldsymbol{X}_N$ 后，按关系式 $\boldsymbol{X}=\boldsymbol{A}_N\boldsymbol{X}_N$ 进行坐标变换，求出原坐标的响应。这是应用模态矩阵进行线性变换，使系统耦合的振动微分方程变为彼此独立的微分方程，然后求解，即振型叠加法。从式(4-98)或式(4-99)可以看出，当激振频率 ω 与系统第 i 阶固有频率 ω_{ni} 值比较接近时，即 $\omega/\omega_{ni}=1$，这时第 i 阶正则坐标 x_{Ni} 的稳态受迫振动的振幅值变得很大，与单自由度系统的共振现象类似，因此，对于 n 个自由度系统的 n 个不同的固有频率，可以出现 n 个频率不同的共振现象。

而对于任意激振(非简谐的周期激振)，可以先将激振力展开，分别按照简谐激振的情况进行计算，最后将结果叠加起来。

【例 4-9】　假定图 4-13 系统的中间质量上作用有简谐激振力 $F_2\sin\omega t$，试计算系统的响应。

解　为了简化计算，给出固有频率与正则振型矩阵

$$\omega_{n1}^2=0.3515\frac{k}{m},\omega_{n2}^2=1.6066\frac{k}{m},\omega_{n3}^2=3.5419\frac{k}{m}$$

$$\boldsymbol{A}_N=\frac{1}{\sqrt{m}}\begin{bmatrix}0.2242 & -0.4317 & -0.5132\\0.4816 & -0.3857 & 0.5348\\0.7427 & 0.6358 & -0.2104\end{bmatrix}$$

正则坐标表示的激振力幅值 $\boldsymbol{F}_N$ 为

$$\boldsymbol{F}_N=\boldsymbol{A}_N^T\boldsymbol{F}=\frac{1}{\sqrt{m}}\begin{bmatrix}0.2242 & 0.4816 & 0.7427\\-0.4317 & -0.3857 & 0.6358\\-0.5132 & 0.5348 & -0.2104\end{bmatrix}\begin{bmatrix}0\\\boldsymbol{F}_2\\0\end{bmatrix}$$

$$= \frac{F_2}{\sqrt{m}} \begin{bmatrix} 0.4816 \\ -0.3857 \\ 0.5348 \end{bmatrix}$$

由式(4-99)得正则坐标的响应

$$\boldsymbol{X}_{\mathrm{N}} = \begin{bmatrix} x_{\mathrm{N1}} \\ x_{\mathrm{N2}} \\ x_{\mathrm{N3}} \end{bmatrix} = \begin{bmatrix} F_{\mathrm{N1}}/(\omega_{\mathrm{n1}}^2 - \omega^2) \\ F_{\mathrm{N2}}/(\omega_{\mathrm{n2}}^2 - \omega^2) \\ F_{\mathrm{N3}}/(\omega_{\mathrm{n3}}^2 - \omega^2) \end{bmatrix} \sin\omega t$$

式中

$$F_{\mathrm{N1}} = 0.4816 \frac{F_2}{\sqrt{m}}, F_{\mathrm{N2}} = -0.3857 \frac{F_2}{\sqrt{m}}, F_{\mathrm{N3}} = 0.5348 \frac{F_2}{\sqrt{m}}$$

变换回到原坐标

$$\boldsymbol{X} = \boldsymbol{A}_{\mathrm{N}} \boldsymbol{X}_{\mathrm{N}} = \frac{1}{\sqrt{m}} \begin{bmatrix} 0.2242 & -0.4317 & -0.5132 \\ 0.4816 & -0.3857 & 0.5348 \\ 0.7427 & 0.6358 & -0.2104 \end{bmatrix}$$

$$\times \frac{F_2}{\sqrt{m}} \begin{bmatrix} 0.4816/(\omega_{\mathrm{n1}}^2 - \omega^2) \\ -0.3857/(\omega_{\mathrm{n2}}^2 - \omega^2) \\ 0.5348/(\omega_{\mathrm{n3}}^2 - \omega^2) \end{bmatrix} \sin\omega t$$

$$= \frac{F_2}{\sqrt{m}} \begin{bmatrix} 0.1080/(\omega_{\mathrm{n1}}^2 - \omega^2) + 0.1665/(\omega_{\mathrm{n2}}^2 - \omega^2) + 0.3577/(\omega_{\mathrm{n3}}^2 - \omega^2) \\ 0.2319/(\omega_{\mathrm{n1}}^2 - \omega^2) + 0.1488/(\omega_{\mathrm{n2}}^2 - \omega^2) + 0.2860/(\omega_{\mathrm{n3}}^2 - \omega^2) \\ 0.3577/(\omega_{\mathrm{n1}}^2 - \omega^2) - 0.2452/(\omega_{\mathrm{n2}}^2 - \omega^2) - 0.1125/(\omega_{\mathrm{n3}}^2 - \omega^2) \end{bmatrix} \sin\omega t$$

4.6.1.2 任意激振的响应

当无阻尼多自由度系统受到任意激振力作用时,系统的微分振动方程为

$$\boldsymbol{M}\ddot{\boldsymbol{X}} + \boldsymbol{K}\boldsymbol{X} = \boldsymbol{F}$$

用正则坐标表示时,上式变为

$$\ddot{\boldsymbol{X}}_{\mathrm{N}} + \omega_{\mathrm{n}}^2 \boldsymbol{X}_{\mathrm{N}} = \boldsymbol{F}_{\mathrm{N}} \tag{4-100}$$

式(4-100)还可以写成

$$\ddot{x}_{\mathrm{N}i} + \omega_{\mathrm{n}i}^2 x_{\mathrm{N}i} = F_{\mathrm{N}i} \, (i = 1, 2, \cdots, n) \tag{4-101}$$

式(4-100)中,$\boldsymbol{F}_{\mathrm{N}}$ 为对应于正则坐标的非周期激振力列阵

$$F_N=\begin{bmatrix}F_{N1}\\F_{N2}\\\vdots\\F_{Nn}\end{bmatrix}$$

方程(4-101) 表示 n 个独立方程，具有与单自由度系统相同的形式，因而可以用杜哈梅积分进行求解。对于第 i 个正则坐标的响应，则为

$$x_{Ni}=\frac{1}{\omega_{ni}}\int_0^t \mathrm{F}_{Ni}\sin\omega_{ni}(t-\tau)\,\mathrm{d}\tau\quad(i=1,2,\cdots,n)\quad(4\text{-}102)$$

式(4-102) 表示一个初始时处于静止的无阻尼单自由度系统的位移响应。重复应用该式，即可计算出按正则坐标的位移向量 $\boldsymbol{X}_N$，然后再根据 $\boldsymbol{X}=\boldsymbol{A}_N\boldsymbol{X}_N$ 变换回原坐标。

【例 4-10】　在图 4-13 所示的系统中，假定在第一个质量上作用有阶跃函数激振力，即 $\boldsymbol{F}_N=[F_1\quad 0\quad 0]^T$，系统初始时处于静止状态。求系统对该施力函数的响应。

解：为了简化计算，给出固有频率与正则振型矩阵

$$\omega_{n1}=0.5928\sqrt{\frac{k}{m}},\omega_{n2}=1.2675\sqrt{\frac{k}{m}},\omega_{n3}=1.8820\sqrt{\frac{k}{m}}$$

$$\boldsymbol{A}_N=\frac{1}{\sqrt{m}}\begin{bmatrix}0.2242 & -0.4317 & -0.5132\\0.4816 & -0.3857 & 0.5348\\0.7427 & 0.6358 & -0.2104\end{bmatrix}$$

正则坐标下的激振力幅值为

$$\boldsymbol{F}_N=\boldsymbol{A}_N^T\boldsymbol{F}=\frac{1}{\sqrt{m}}\begin{bmatrix}0.2242 & -0.4317 & -0.5132\\0.4816 & -0.3857 & 0.5348\\0.7427 & 0.6358 & -0.2104\end{bmatrix}\begin{bmatrix}F_1\\0\\0\end{bmatrix}$$

$$=\frac{F_1}{\sqrt{m}}\begin{bmatrix}0.2242\\-0.4317\\-0.5132\end{bmatrix}=\begin{bmatrix}F_{N1}\\F_{N2}\\F_{N3}\end{bmatrix}$$

由式(4-102) 杜哈梅积分求阶跃函数的响应为

$$x_{Ni}=\frac{F_{Ni}}{\omega_{ni}^2}(1-\cos\omega_{ni}t)$$

进而得正则坐标的响应列阵为

$$\boldsymbol{X}_{\mathrm{N}}=\begin{bmatrix}x_{\mathrm{N1}}\\x_{\mathrm{N2}}\\x_{\mathrm{N3}}\end{bmatrix}=\frac{F_1}{\sqrt{m}}\begin{bmatrix}0.2242(1-\cos\omega_{\mathrm{n1}}t)/\omega_{\mathrm{n1}}^2\\-0.4317(1-\cos\omega_{\mathrm{n2}}t)/\omega_{\mathrm{n2}}^2\\-0.5132(1-\cos\omega_{\mathrm{n3}}t)/\omega_{\mathrm{n3}}^2\end{bmatrix}$$

将 $\omega_{\mathrm{n1}}^2=0.3515\dfrac{k}{m},\omega_{\mathrm{n2}}^2=1.6066\dfrac{k}{m},\omega_{\mathrm{n3}}^2=3.5419\dfrac{k}{m}$ 代入上式，有

$$\boldsymbol{X}_{\mathrm{N}}=\begin{bmatrix}x_{\mathrm{N1}}\\x_{\mathrm{N2}}\\x_{\mathrm{N3}}\end{bmatrix}=\frac{F_1\sqrt{m}}{k}\begin{bmatrix}0.6378(1-\cos\omega_{\mathrm{n1}}t)\\-0.2687(1-\cos\omega_{\mathrm{n2}}t)\\-0.1449(1-\cos\omega_{\mathrm{n3}}t)\end{bmatrix}$$

将正则坐标变换回原坐标，得所求的响应

$$\boldsymbol{X}=\boldsymbol{A}_{\mathrm{N}}\boldsymbol{X}_{\mathrm{N}}=\frac{1}{\sqrt{m}}\begin{bmatrix}0.2242&-0.4317&-0.5132\\0.4816&-0.3857&0.5348\\0.7427&0.6358&-0.2104\end{bmatrix}$$

$$\times\frac{F_1\sqrt{m}}{k}\begin{bmatrix}0.6378(1-\cos\omega_{n1}t)\\-0.2687(1-\cos\omega_{n2}t)\\-0.1449(1-\cos\omega_{n3}t)\end{bmatrix}$$

$$=\frac{F_1}{k}\begin{bmatrix}0.3334-0.1430\cos\omega_{\mathrm{n1}}t-0.1160\cos\omega_{\mathrm{n2}}t-0.0744\cos\omega_{\mathrm{n3}}t\\0.3333-0.3072\cos\omega_{\mathrm{n1}}t-0.1036\cos\omega_{\mathrm{n2}}t+0.0775\cos\omega_{\mathrm{n3}}t\\0.3333-0.4737\cos\omega_{\mathrm{n1}}t+0.1708\cos\omega_{\mathrm{n2}}t-0.0305\cos\omega_{\mathrm{n3}}t\end{bmatrix}$$

由计算结果看，位移中高频分量所占的比例很小，低频分量的比重较大。

【例 4-11】 如图 4-19 所示，在第一个和第四个质量上作用有阶梯力 $\boldsymbol{F}$，零初始条件，求系统响应。

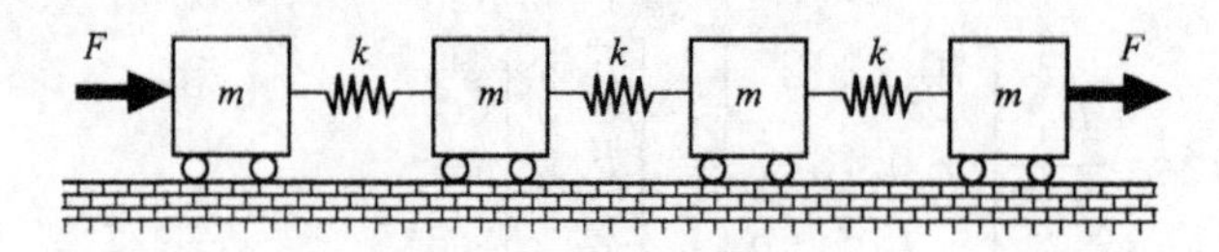

图 4-19 四自由度振动系统

解：振动微分方程为

$$\begin{bmatrix} m & 0 & 0 & 0 \\ 0 & m & 0 & 0 \\ 0 & 0 & 0 & 0 \\ 0 & 0 & 0 & m \end{bmatrix}\begin{bmatrix} \ddot{x}_1 \\ \ddot{x}_2 \\ \ddot{x}_3 \\ \ddot{x}_4 \end{bmatrix}+\begin{bmatrix} 1 & -1 & 0 & 0 \\ -1 & 2 & -1 & 0 \\ 0 & -1 & 2 & -1 \\ 0 & 0 & -1 & 1 \end{bmatrix}\begin{bmatrix} x_1 \\ x_2 \\ x_3 \\ x_4 \end{bmatrix}=\begin{bmatrix} F \\ 0 \\ 0 \\ F \end{bmatrix}=\boldsymbol{F}_0$$

解得

$$\omega_1^2=0,\omega_2^2=(2-\sqrt{2})\frac{k}{m},\omega_3^2-\frac{2k}{m},\omega_4^2-(2+\sqrt{2})\frac{k}{m}$$

正则模态矩阵

$$\boldsymbol{A}_{\mathrm{N}}=\frac{1}{2\sqrt{m}}\begin{bmatrix} 1 & -c_1 & 1 & -c_2 \\ 1 & (1-\sqrt{2})c_1 & -1 & (1+\sqrt{2})c_2 \\ 1 & -(1-\sqrt{2})c_1 & -1 & -(1+\sqrt{2})c_2 \\ 1 & c_1 & 1 & c_2 \end{bmatrix}$$

解得

$$c_1=\frac{1}{\sqrt{2-\sqrt{2}}}$$

$$c_2=\frac{1}{\sqrt{2+\sqrt{2}}}$$

利用 $\boldsymbol{X}=\boldsymbol{A}_{\mathrm{N}}\boldsymbol{X}_{\mathrm{N}}$ 得

$$\ddot{\boldsymbol{X}}_{\mathrm{N}}+\omega_{\mathrm{n}}^2\boldsymbol{X}_{\mathrm{N}}=\boldsymbol{F}_{\mathrm{N}}$$

$$\boldsymbol{F}_{\mathrm{N}}=\boldsymbol{A}_{\mathrm{N}}^{\mathrm{T}}\boldsymbol{F}_0=[F_{\mathrm{N1}}\quad F_{\mathrm{N2}}\quad F_{\mathrm{N3}}\quad F_{\mathrm{N4}}]^{\mathrm{T}}=\frac{F}{\sqrt{m}}[1\quad 0\quad 1\quad 0]^{\mathrm{T}}$$

模态力展开，得

$$\ddot{x}_{\mathrm{N}i}+\omega_{\mathrm{n}i}^2x_{\mathrm{N}i}=\boldsymbol{F}_{\mathrm{N}i}\,(i=1,2,\cdots,n)$$

解得

$$\omega_1^2=0,\omega_2^2=(2-\sqrt{2})\frac{k}{m},\omega_3^2=\frac{2k}{m},\omega_4^2=(2+\sqrt{2})\frac{k}{m}$$

可以看出，当 $i=1,\omega_1^2=0$，则 $\ddot{x}_{\mathrm{N1}}=F_{\mathrm{N1}}$，推出

$$x_{\mathrm{N}i}=\frac{1}{2}F_{\mathrm{N1}}t^2$$

当 $i\neq 1$，解得

$$x_{\mathrm{N}i}=\frac{1}{\omega_1}\int_0^t F_{\mathrm{N}i}\sin\omega_{\mathrm{n}i}(t-\tau)\,\mathrm{d}\tau=\frac{F_{\mathrm{N}i}}{\omega_{\mathrm{n}i}^2}(1-\cos\omega_{\mathrm{n}i}t)$$

矩阵形式为

$$\boldsymbol{X}_{\mathrm{N}}=\begin{bmatrix}x_{\mathrm{N1}}\\x_{\mathrm{N2}}\\x_{\mathrm{N3}}\\x_{\mathrm{N4}}\end{bmatrix}=\frac{F}{\sqrt{m}}\begin{bmatrix}0.5t^2\\0\\m(1-\cos\omega_3 t)/2k\\0\end{bmatrix}$$

原系统响应为

$$\boldsymbol{X}=\boldsymbol{A}_{\mathrm{N}}\boldsymbol{X}_{\mathrm{N}}=\frac{F}{4m}\begin{bmatrix}t^2+(1-\cos\omega_3 t)m/k\\t^2-(1-\cos\omega_3 t)m/k\\t^2-(1-\cos\omega_3 t)m/k\\t^2+(1-\cos\omega_3 t)m/k\end{bmatrix}$$

4.6.2 有阻尼多自由度系统的受迫振动

4.6.2.1 简谐激振的响应

对于一个小阻尼系统，当各坐标上作用的激振力均与谐函数 $\sin\omega t$ 成比例时，则系统的受迫振动方程式为

$$\boldsymbol{M}\ddot{\boldsymbol{X}}+\boldsymbol{C}\dot{\boldsymbol{X}}+\boldsymbol{K}\boldsymbol{X}=\boldsymbol{F}\sin\omega t$$

根据正则坐标，上式可变换为下列形式

$$\ddot{x}_{\mathrm{N}i}+2n_i\dot{x}_{\mathrm{N}i}+\omega_{\mathrm{n}i}^2x_{\mathrm{N}i}=F_{\mathrm{N}i}\sin\omega t\ (i=1,2,\cdots,n) \tag{4-103}$$

式中，$F_{\mathrm{N}i}$ 为广义激振力幅值，n_i 由下式确定：

比例阻尼

$$n_i=(a+b\omega_{\mathrm{n}i}^2)/2$$

振型阻尼

$$n_i=\zeta_i\omega_{\mathrm{n}i}$$

从而可按单自由度系统的计算方法，求出每个正则坐标的稳态响应

$$x_{Ni}=\frac{F_{Ni}}{\omega_{ni}^{2}}\beta_i\sin(\omega t-\varphi_i)$$

其中，β_i 为放大因子，其值为

$$\beta_i=\frac{1}{\sqrt{\left(1-\dfrac{\omega^2}{\omega_{ni}^2}\right)^2+\left(\dfrac{2\zeta_i\omega}{\omega_{ni}}\right)^2}} \tag{4-104}$$

φ_i 为相位角

$$\varphi_i=\arctan\frac{2\zeta_i\omega/\omega_{ni}}{1-(\omega/\omega_{ni})^2} \tag{4-105}$$

再利用关系式 $\boldsymbol{X}=\boldsymbol{A}_N\boldsymbol{X}_N$，得系统原坐标的稳态响应为

$$\boldsymbol{X}=\boldsymbol{A}_N^{(1)}x_{N1}+\boldsymbol{A}_{N2}^{(2)}x_{N2}+\cdots+\boldsymbol{A}_{Nn}^{(1)}x_{Nn}$$

或写成

$$\begin{bmatrix}x_1\\x_2\\x_3\\x_4\end{bmatrix}=x_{N1}\begin{bmatrix}A_{N1}^{(1)}\\A_{N2}^{(1)}\\\vdots\\A_{Nn}^{(1)}\end{bmatrix}+x_{N2}\begin{bmatrix}A_{N1}^{(2)}\\A_{N2}^{(2)}\\\vdots\\A_{Nn}^{(2)}\end{bmatrix}+\cdots+x_{Nn}\begin{bmatrix}A_{N1}^{(n)}\\A_{N2}^{(n)}\\\vdots\\A_{Nn}^{(n)}\end{bmatrix}$$

【例 4-12】　在图 4-20 所示的系统中，在质量 m_1、m_2、m_3 上作用的激振力分别为 $F_1=F_2=F_3=F\sin\omega t$。假定振型阻尼比 $\zeta_i=0.02(i=1,2,3)$，取 $m_1=m_2=m_3=m$ 及 $k_1=k_2=k_3=k$，试求当激振频率 $\omega=1.25\sqrt{k/m}$ 时各质量的稳态响应。

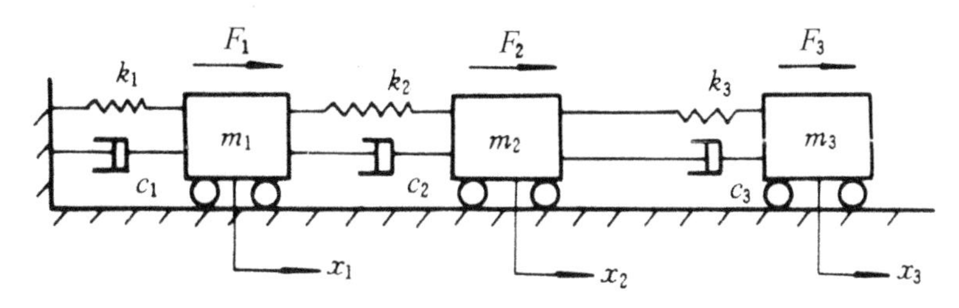

图 4-20　例 4-12 图

解：首先求解系统的固有频率和主振型。该系统无阻尼自由振动微分方程为

$$\boldsymbol{M}\ddot{\boldsymbol{X}}+\boldsymbol{K}\boldsymbol{X}=\boldsymbol{0}$$

其中

$$\boldsymbol{M}=\begin{bmatrix} m & 0 & 0 \\ 0 & m & 0 \\ 0 & 0 & m \end{bmatrix},\boldsymbol{K}=\begin{bmatrix} 2k & -k & 0 \\ -k & 2k & -k \\ 0 & -k & k \end{bmatrix}$$

则系统的特征方程式为

$$\left|\boldsymbol{H}^{(i)}\right|=\begin{bmatrix} 2k-m\omega_{ni}^{2} & -k & 0 \\ -k & 2k-m\omega_{ni}^{2} & -k \\ 0 & -k & k-m\omega_{ni}^{2} \end{bmatrix}=0$$

展开化简后得

$$(\omega_{ni}^{2})^{3}-5\frac{k}{m}(\omega_{ni}^{2})^{2}+6\left(\frac{k}{m}\right)^{2}\omega_{ni}^{2}-\left(\frac{k}{m}\right)^{3}=0$$

此三次方程不可能分解因式,可用数值法求得三个根为

$$\omega_{n1}^{2}=0.198\frac{k}{m},\omega_{n2}^{2}=1.555\frac{k}{m},\omega_{n3}^{2}=3.247\frac{k}{m}$$

将 $\omega_{n1}^{2}=0.198\frac{k}{m}$ 代入方程(4-38)得一阶固有频率的特征向量为

$$\boldsymbol{A}^{(1)}=\begin{bmatrix} 1.000 \\ 1.802 \\ 2.247 \end{bmatrix}$$

同理,将 $\omega_{n2}^{2}=1.555\frac{k}{m}$、$\omega_{n3}^{2}=3.247\frac{k}{m}$ 代入方程(4-38),解得二阶固有频率的特征向量、三阶固有频率的特征向量分别为

$$A^{(2)}=\begin{bmatrix} 1.000 \\ 0.445 \\ -0.802 \end{bmatrix},A^{(3)}=\begin{bmatrix} 1.000 \\ -1.247 \\ 0.555 \end{bmatrix}$$

则振型矩阵为

$$\boldsymbol{A}_{\omega}=[\boldsymbol{A}^{(1)}\ \boldsymbol{A}^{(2)}\ \boldsymbol{A}^{(3)}]=\begin{bmatrix} 1.000 & 1.000 & 1.000 \\ 1.802 & 0.445 & -1.247 \\ 2.247 & -0.802 & 0.555 \end{bmatrix}$$

用正则化因子除各相应列之后,得正则振型矩阵

$$\boldsymbol{A}_{\mathrm{N}}=\frac{1}{\sqrt{m}}\begin{bmatrix}0.328 & 0.737 & 0.591\\0.591 & 0.328 & -0.737\\0.737 & -0.591 & 0.328\end{bmatrix}$$

正则坐标下的激振力向量为

$$\boldsymbol{F}_{\mathrm{N}}=\boldsymbol{A}_{\mathrm{N}}^{\mathrm{T}}\boldsymbol{F}=\frac{1}{\sqrt{m}}\begin{bmatrix}0.328 & 0.591 & 0.737\\0.737 & 0.328 & -0.591\\0.591 & -0.737 & 0.328\end{bmatrix}\begin{bmatrix}F_1\\F_2\\F_3\end{bmatrix}$$

$$=\frac{1}{\sqrt{m}}\begin{bmatrix}1.656\\0.474\\0.182\end{bmatrix}F\sin\omega t$$

由式(4-104) 计算放大因子

$$\beta_1=\frac{1}{\sqrt{\left(1-\dfrac{1.5625}{0.198}\right)^2+\left(\dfrac{2\times0.02\times1.25}{0.445}\right)^2}}=0.145$$

$$\beta_2=\frac{1}{\sqrt{\left(1-\dfrac{1.5625}{1.555}\right)^2+\left(\dfrac{2\times0.02\times1.25}{1.247}\right)^2}}=24.761$$

$$\beta_3=\frac{1}{\sqrt{\left(1-\dfrac{1.5625}{3.247}\right)^2+\left(\dfrac{2\times0.02\times1.25}{1.802}\right)^2}}=1.925$$

由式(4-105) 计算相位角

$$\varphi_1=\arctan\frac{2\times0.02\times1.25/0.445}{1-(1.25/0.445)^2}=179^\circ4'$$

$$\varphi_2=\arctan\frac{2\times0.02\times1.25/1.247}{1-(1.25/1.247)^2}=96^\circ52'$$

$$\varphi_3=\arctan\frac{2\times0.02\times1.25/1.802}{1-(1.25/1.802)^2}=3^\circ4'$$

进而求出正则坐标下的稳态响应为

$$x_{\mathrm{N1}}=\frac{1.656F}{0.198\sqrt{m}}\frac{m}{k}\times0.145\sin(\omega t-179^\circ4')$$

$$=1.213\frac{F\sqrt{m}}{k}\sin(\omega t-179^\circ4')$$

$$x_{N2}=\frac{0.474F}{1.555\sqrt{m}}\frac{m}{k}\times 24.76\sin(\omega t-96°52')$$

$$=7.548\frac{F\sqrt{m}}{k}\sin(\omega t-96°52')$$

$$x_{N3}=\frac{0.182F}{3.247\sqrt{m}}\frac{m}{k}\times 1.925\sin(\omega t-3°4')$$

$$=7.548\frac{F\sqrt{m}}{k}\sin(\omega t-3°4')$$

转化为原坐标下的稳态响应为

$$\boldsymbol{X}=\begin{bmatrix}x_1\\x_2\\x_3\end{bmatrix}=x_{N1}\begin{bmatrix}A_{N1}^{(1)}\\A_{N2}^{(1)}\\A_{N3}^{(1)}\end{bmatrix}+x_{N2}\begin{bmatrix}A_{N1}^{(2)}\\A_{N2}^{(2)}\\A_{N3}^{(2)}\end{bmatrix}+x_{N3}\begin{bmatrix}A_{N1}^{(3)}\\A_{N2}^{(3)}\\A_{N3}^{(3)}\end{bmatrix}$$

$$=\frac{1.213F}{k}\begin{bmatrix}0.328\\0.591\\0.737\end{bmatrix}\sin(\omega t-179°4')+\frac{7.548F}{k}\begin{bmatrix}0.737\\0.328\\-0.591\end{bmatrix}$$

$$\sin(\omega t-96°52')+\frac{0.108F}{k}\begin{bmatrix}0.591\\-0.737\\0.328\end{bmatrix}\sin(\omega t-3°4')$$

整理后得

$$\boldsymbol{X}=\begin{bmatrix}x_1\\x_2\\x_3\end{bmatrix}$$

$$=\frac{F}{k}\begin{bmatrix}0.398\sin(\omega t-179°4')+5.563\sin(\omega t-96°52')+0.064\sin(\omega t-3°4')\\0.717\sin(\omega t-179°4')+2.476\sin(\omega t-96°52')-0.080\sin(\omega t-3°4')\\0.894\sin(\omega t-179°4')-4.461\sin(\omega t-96°52')+0.035\sin(\omega t-3°4')\end{bmatrix}$$

4.6.2.2 一般周期激振的响应

当小阻尼系统各坐标上作用有与周期函数 $f(t)$ 成比例的激振时，激振力向量可写成

$$\boldsymbol{F}(t)=\begin{bmatrix}F_1\\F_2\\\vdots\\F_n\end{bmatrix}f(t)$$

周期函数 $f(t)$ 可展成傅里叶级数

$$f(t)=a_0+\sum_{j=1}^{m}(a_j\cos j\omega t+b_j\sin j\omega t)\quad(j=1,2,\cdots,m)$$

式中，a_0、a_j、b_j 为傅氏系数，分别按下列公式进行计算

$$a_0=\frac{\omega}{2\pi}\int_0^{2\pi/\omega}F(t)\,\mathrm{d}t$$

$$a_j=\frac{\omega}{\pi}\int_0^{2\pi/\omega}F(t)\cos j\omega t\,\mathrm{d}t$$

$$b_j=\frac{\omega}{\pi}\int_0^{2\pi/\omega}F(t)\sin j\omega t\,\mathrm{d}t$$

在一般周期激振力作用下的振动方程，变换为正则坐标后，可得出与(4-103)类似的 n 个独立方程

$$\ddot{x}_{Ni}+2n_i\dot{x}_{Ni}+\omega_{ni}^2x_{Ni}=F_{Ni}f(t)\quad(i=1,2,\cdots,n)$$

按正则坐标，其第 i 阶的有阻尼稳态响应为

$$x_{Ni}=\frac{F_{Ni}}{\omega_{ni}^2}\left\{a_0+\sum_{j=1}^{m}\beta_{ij}\left[a_j\cos(j\omega t-\varphi_{ij})+b_j\sin(j\omega t-\varphi_{ij})\right]\right\}\tag{4-106}$$

$$(i=1,2,\cdots,n;j=1,2,\cdots,m)$$

式中：放大因子 β_{ij} 为

$$\beta_{ij}=\frac{1}{\sqrt{\left(1-\dfrac{j^2\omega^2}{\omega_{ni}^2}\right)^2+\left(\dfrac{2\zeta_ij\omega}{\omega_{ni}}\right)^2}}\tag{4-107}$$

相位角 φ_{ij} 为

$$\varphi_{ij}=\arctan\frac{2\zeta_ij\omega/\omega_{ni}}{1-(j\omega/\omega_{ni})^2}\tag{4-108}$$

从式(4-106)可以看出，对于任意阶(如第 i 阶)正则坐标的响应，是多个具有不同频率的激振力引起的响应的叠加，因而就一般周期性激振函数，产生共振的可能性要比简谐函数大得多。所

以很难预料各振型中哪一振型将受到激振力的强烈影响。但是，当激振力函数展成傅立叶级数之后，每个 $j\omega$ 激振频率可以和每个固有频率 ω_{ni} 相比较，从而可以预测出强烈振动的所在。

【例 4-13】 图 4-21 所示一矩形波的周期性激振力函数，如果该施力函数作用于例 4-12 中的第一个质量上，并已知振型阻尼比 $\zeta_i=\zeta_1=\zeta_2=\zeta_3=\zeta$，求系统的稳态响应。

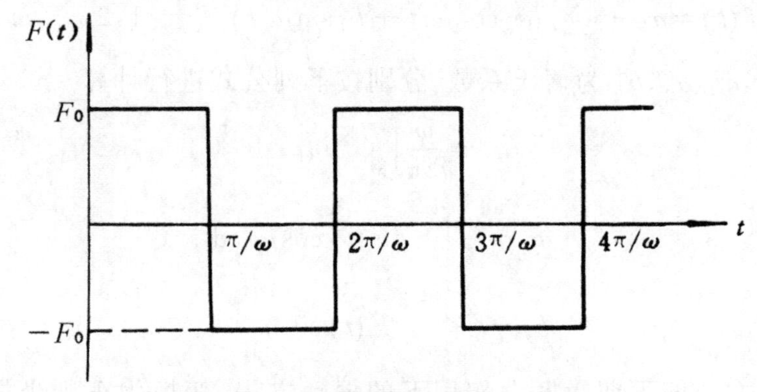

图 4-21 矩形波周期性激振力函数

解：将该矩形波函数展开为傅里叶级数

$$F(t)=a_0+\sum_{j=1}^{m}(a_j\cos j\omega t+b_j\sin j\omega t)$$

$$a_0=0$$

$$a_j=0$$

$$b_j=\frac{2F_0}{\pi j}[1-(-1)^j]\ (j=1,2,\cdots,m)$$

得

$$F_1(t)=\frac{4F_0}{\pi}\left(\sin\omega t+\frac{1}{3}\sin 3\omega t+\frac{1}{5}\sin 5\omega t+\cdots\right)=\frac{4F_0}{\pi}f(t)$$

则激振力列阵为

$$\boldsymbol{F}(t)=\begin{bmatrix}4F_0/\pi\\0\\0\end{bmatrix}f(t)$$

按正则坐标的激振力向量为

$$\boldsymbol{F}_{\mathrm{N}}=\boldsymbol{A}_{\mathrm{N}}^{\mathrm{T}}\boldsymbol{F}(t)=\frac{1}{\sqrt{m}}\begin{bmatrix}0.328 & 0.591 & 0.737\\0.737 & 0.328 & -0.591\\0.591 & -0.737 & 0.328\end{bmatrix}\begin{bmatrix}4F_0/\pi\\0\\0\end{bmatrix}f(t)$$

$$=\frac{4F_0}{\pi\sqrt{m}}\begin{bmatrix}0.328\\0.737\\0.591\end{bmatrix}f(t)$$

由式(4-107)计算放大因子

$$\beta_{11}=\frac{1}{\sqrt{\left(1-\frac{\omega^2}{\omega_{\mathrm{n1}}^2}\right)^2+\left(\frac{2\zeta\omega}{\omega_{\mathrm{n1}}}\right)^2}}$$

$$\beta_{13}=\frac{1}{\sqrt{\left(1-\frac{9\omega^2}{\omega_{\mathrm{n1}}^2}\right)^2+(2\zeta)^2\left(\frac{3\omega}{\omega_{\mathrm{n1}}}\right)^2}}$$

……

由式(4-108)计算相位角

$$\varphi_{11}=\arctan\frac{2\zeta\omega/\omega_{\mathrm{n1}}}{1-(\omega/\omega_{\mathrm{n1}})^2}$$

$$\varphi_{13}=\arctan\frac{2\zeta\times3\omega/\omega_{\mathrm{n1}}}{1-(3\omega/\omega_{\mathrm{n1}})^2}$$

……

进而求出正则坐标下的稳态响应为

$$x_{\mathrm{N1}}=\frac{0.328}{\omega_{\mathrm{n1}}^2\sqrt{m}}\times\frac{4F_0}{\pi}\left[\beta_{11}\sin(\omega t-\varphi_{11})+\frac{\beta_{13}}{3}\sin(3\omega t-\varphi_{13})+\cdots\right]$$

$$=\frac{0.328}{\omega_{\mathrm{n1}}^2\sqrt{m}}\times\frac{4F_0}{\pi}\varphi_1(t)=\frac{1.657\sqrt{m}}{k}\frac{4F_0}{\pi}\varphi_1(t)$$

$$x_{\mathrm{N2}}=\frac{0.737}{\omega_{\mathrm{n2}}^2\sqrt{m}}\times\frac{4F_0}{\pi}\left[\beta_{21}\sin(\omega t-\varphi_{21})+\frac{\beta_{23}}{3}\sin(3\omega t-\varphi_{23})+\cdots\right]$$

$$=\frac{0.737}{\omega_{\mathrm{n2}}^2\sqrt{m}}\times\frac{4F_0}{\pi}\varphi_2(t)=\frac{0.474\sqrt{m}}{k}\frac{4F_0}{\pi}\varphi_2(t)$$

$$x_{N3}=\frac{0.328}{\omega_{n3}^{2}\sqrt{m}}\times\frac{4F_0}{\pi}\left[\beta_{31}\sin(\omega t-\varphi_{31})+\frac{\beta_{33}}{3}\sin(3\omega t-\varphi_{33})+\cdots\right]$$

$$=\frac{0.328}{\omega_{n3}^{2}\sqrt{m}}\times\frac{4F_0}{\pi}\varphi_3(t)=\frac{0.182\sqrt{m}}{k}\frac{4F_0}{\pi}\varphi_3(t)$$

转化为原坐标下的稳态响应为

$$\boldsymbol{X}=\boldsymbol{A}_N\boldsymbol{X}_N=\frac{1}{\sqrt{m}}\begin{bmatrix}0.328 & 0.591 & 0.737\\0.737 & 0.328 & -0.591\\0.591 & -0.737 & 0.328\end{bmatrix}\times\frac{4F_0}{\pi k}\begin{bmatrix}1.657\varphi_1(t)\\0.474\varphi_2(t)\\0.182\varphi_3(t)\end{bmatrix}$$

$$=\begin{bmatrix}0.543\\0.979\\1.221\end{bmatrix}\frac{4F_0}{\pi\sqrt{m}}\varphi_1(t)+\begin{bmatrix}0.349\\0.155\\-0.280\end{bmatrix}\frac{4F_0}{\pi\sqrt{m}}\varphi_2(t)$$

$$+\begin{bmatrix}0.108\\-0.0134\\0.060\end{bmatrix}\frac{4F_0}{\pi\sqrt{m}}\varphi_3(t)$$

当激振力是非周期函数时，可用杜哈梅积分求出正则坐标下的响应，然后进行坐标逆变换，从而求出原坐标下的响应。

第5章　弹性体振动

从本质上来看，任何机器零件和结构元件都是由质量和刚度连续分布的弹性体所组成的，需要无限多个坐标来描述其运动，因此，它们属于无穷自由度的连续系统。研究这一问题是要更深刻地揭示振动现象和振动特性，而不仅仅是为了追求数学上的完美。对有些问题，为了便于分析和计算，将它们简化并离散成有限个自由度的系统。但在某些情况下，工程设计要求一些零部件按弹性体做振动分析，不能做离散化处理。这就需要研究工程上常用的弹性体，如杆、轴、梁、板壳等，求出它们在一定边界条件下的固有特性及它们受迫振动的响应。

5.1　弹性体振动概述

实际上，任何石油机械的零部件都具有分布的质量和连续分布的刚度以及阻尼等物理参数。也就是说，这些零部件都是弹性体（连续系统）。在石油机械工程实践中，有时要求对弹性体振动做严密的分析，例如对石油机械工程上常用的连续弹性体（如杆、轴、梁、弦、板、壳，以及它们的组合系统）进行振动力学分析，需要求出它们系统的固有频率和主振型，计算它们系统的动力响应，这在理论研究和实际应用上都有非常重要的实际意义。不特别指明，这里所谓机械振动是特指石油机械振动。

从石油机械振动特性来看，多自由度系统振动特性［图5-1(a)］的推广即为弹性体的振动特性［图5-1(b)］；而弹性体振动特性的近似即为多自由度系统的振动特性。可见，多自由度系统和弹性体连续系统是近似的。

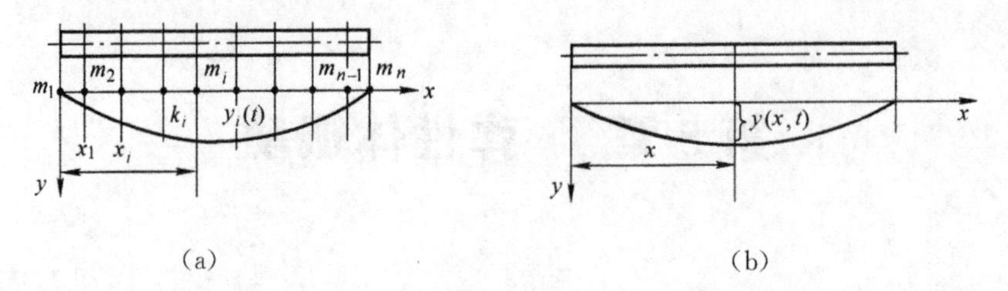

图 5-1　多自由度系统和弹性体的动力学模型

在研究简单弹性体连续系统即等截面的杆、轴、梁、弦和板的振动中，假设弹性体材料的质量和刚度分布均匀、连续和各向同性。在振动中弹性体不产生裂纹。在线弹性范围内，即认为弹性体应力 — 应变关系服从胡克定律。这些都是建立弹性体振动理论的前提。

弹性体如弦、杆、轴和梁等不复杂的振动有解析解。但实际问题往往是复杂的，常常离散成有限自由度系统进行计算。

5.2　波动方程的一般解法

本节介绍如何求解波动方程、计算振动的固有频率与振型。求解采用分离变量法，假定波动方程的解由 x 的函数和 t 的函数的乘积组成

$$u(x,t)=U(x)q(t)$$

将其代入一维波动方程，可得

$$\frac{1}{q(t)}\frac{\mathrm{d}^2 q(t)}{\mathrm{d}t^2}=c^2\frac{1}{U(x)}\frac{\mathrm{d}^2 U(x)}{\mathrm{d}x^2}=-\omega^2$$

或写成

$$U(x)\frac{\mathrm{d}^2 q(t)}{\mathrm{d}t^2}=c^2\frac{\mathrm{d}^2 U(x)}{\mathrm{d}x^2}q(t)$$

式中一边是 x 的函数，另一边是 t 的函数，只有等于常数，等式才可能成立。由此得到两个独立的常微分方程：

$$\frac{\mathrm{d}^2 U(x)}{\mathrm{d}x^2}+\left(\frac{\omega}{c}\right)^2 U(x)=0$$

和

$$\frac{d^2 q(t)}{dt^2}+\omega^2 q(t)=0$$

它们的解分别为

$$U(x)=a_1\cos\frac{\omega}{c}x+a_2\sin\frac{\omega}{c}x$$

$$q(t)=b_1\cos\omega t+b_2\sin\omega t$$

式中：a_1、a_2、b_1、b_2 均为常数。a_1 和 a_2 则由边界条件确定；b_1 和 b_2 由初始条件，即初始位移和初始速度确定。在根据边界条件确定任意常数 a_1 和 a_2 的过程中，可以得到振动的固有频率 ω_n 和振型函数 $U(x)$。以杆的轴向振动为例，常见边界条件为

$$固定端：U=0，位移为 0$$

$$自由端：\frac{dU}{dx}=0，应变为 0$$

按照波动的观点，连续体振动的振型其实就是驻波。振动波在连续体中传播遇到边界产生反射，反射波与入射波相互作用可以形成驻波。在振动频率、波长、连续体尺寸、入射波和反射波的相位差(由边界条件决定)等因素的综合作用下，某些频率(波长)的振动波在一些位置得到加强，而在另一些位置被抵消，从而形成驻波。无限长连续体因为没有边界，振动波不会被反射，所以不存在驻波，也就没有固有频率和振型。

5.3　杆的纵向振动

5.3.1　杆的纵向振动微分方程

分析杆的纵向振动时，直杆是指横截面的尺寸远小于杆长且仅承受纵向载荷的细长平直弹性体。认为杆的横截面在振动中仍保持平面且和原截面保持平行，在这些截面上的点只做沿轴线方向的运动，略去杆纵向振动引起的横向变形。

以最简单的等截面匀质细直杆为例，材料为理想弹性。直杆的长度为 l，横截面积为 A，质量密度为 ρ。设其横截面在纵向振动时仍保持平面。取杆的纵向(轴向)为 x 轴，振动时各横截面的纵向位移是位置 x 和时间 t 的二元函数，记为 $u(x,t)$。f 是单位长度上均匀分布的轴向外力。取一个长为 $\mathrm{d}x$ 的微段进行受力分析，如图 5-2 所示。由材料力学知，该微段的应变和轴向力分别为

$$\varepsilon=\frac{\partial u}{\partial x},N=EA\varepsilon=EA\frac{\partial u}{\partial x} \tag{5-1}$$

式中：E 为材料的弹性模量。

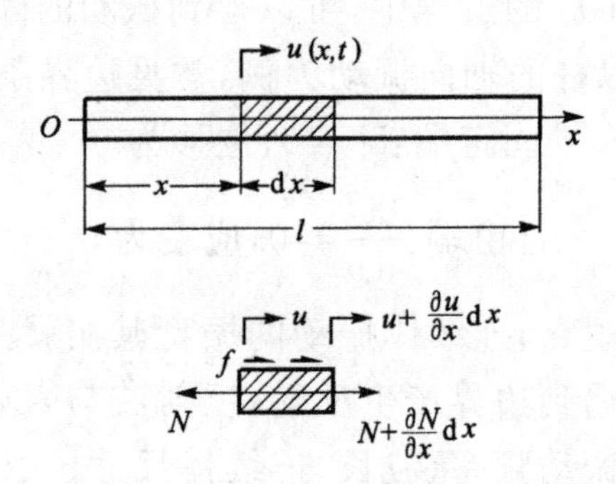

图 5-2　直杆及其微单元体受力分析

下面建立杆的动力方程。杆的微段质量为 $\rho A\mathrm{d}x$，受到的合力为左右两侧内力之和，根据牛顿第二运动定律可得微段的运动方程为

$$\rho A\mathrm{d}x\frac{\partial^2 u}{\partial t^2}=\left(N+\frac{\partial N}{\partial x}\mathrm{d}x\right)-N+f\mathrm{d}x \tag{5-2}$$

将式(5-1)代入上式，得

$$\rho A\frac{\partial^2 u}{\partial t^2}=\frac{\partial}{\partial x}\left(EA\frac{\partial u}{\partial x}\right)+f \tag{5-3}$$

这就是直杆纵向受迫振动的微分方程。对于均匀材料的等截面直杆，EA 为常数，方程(5-3)可简化为

$$\frac{\partial^2 u}{\partial t^2}=c^2\frac{\partial^2 u}{\partial x^2}+\frac{1}{\rho A}f \tag{5-4}$$

式中

$$c \overset{\text{def}}{=} \sqrt{\frac{E}{\rho}} \tag{5-5}$$

是纵向振动波的传播速度，取决于介质的弹性和惯性，与其他因素无关。首先考虑自由振动。令方程(5-4)中 $f\equiv 0$，得到等截面直杆做纵向自由振动的偏微分方程。求解这种偏微分方程可用分离变量法，即将时间和空间的变量分离。从物理意义上看，就是先求杆的固有振动，再根据初始条件确定具体的自由振动。

此系统为无阻尼的，依据多自由度系统无阻尼自由振动特性来分析。假设一个主振动模态，即当系统按某一个固有频率振动时，系统中各质点同时经过系统的静平衡位置，也同时到达偏离平衡位置的最大值，即系统上各质点的振幅有一定的比例，它与时间无关，固有振型不再像有限自由度那样是折线，而是一条曲线。称该曲线为固有振型函数，记为 $U(x)$。因此可设直杆的自由振动具有如下形式

$$u(x,t)=U(x)\sin(\omega t+\theta) \tag{5-6}$$

将式(5-6)代入由式(5-4)表示的自由振动方程中，得

$$-U(x)\omega^2\sin(\omega t+\theta)=c^2\frac{\mathrm{d}^2U(x)}{\mathrm{d}x^2}\sin(\omega t+\theta) \tag{5-7}$$

消去 $\sin(\omega t+\theta)$ 得到

$$\frac{\mathrm{d}^2U(x)}{\mathrm{d}x^2}+\left(\frac{\omega}{c}\right)^2U(x)=0 \tag{5-8}$$

因而固有振型函数为

$$U(x)=a_1\cos\frac{\omega}{c}x+a_2\sin\frac{\omega}{c}x \tag{5-9}$$

上述结果是在假设直杆做简谐振动条件下得到的。一般地，可以假设直杆的位移函数为空间函数和时间函数的积，即

$$u(x,t)=U(x)q(t) \tag{5-10}$$

将上式代入直杆的自由振动方程，有

$$\frac{\ddot{q}(t)}{q(t)}=c^2\frac{U''(x)}{U(x)} \tag{5-11}$$

式中：撇号表示对 x 求导数。上式中左端的值依赖于时间变量，

右端的值依赖于空间变量，且 x 和 t 彼此独立，因此，只有当方程的左边和方程的右边等于同一个常数，上式才能成立。为了使解在时域内是有限的，并且可得到满足边界条件的非零解，设常数为 $-\omega^2$，则

$$\begin{cases} U''(x)+\left(\dfrac{\omega}{c}\right)^2 U(x)=0 \\ \ddot{q}(t)+\omega^2 q(t)=0 \end{cases} \tag{5-12}$$

得到两个二阶线性常微分方程，第一个方程即为式(5-8)。而由第二个方程可解出

$$q(t)=b_1\cos\omega t+b_2\sin\omega t \tag{5-13}$$

这里 ω 即为直杆纵向自由振动的固有频率。固有振型的系数和固有频率由直杆的各种边界条件确定；而时间函数 $q(t)$ 中的系数 b_1 和 b_2 由直杆运动的初始条件确定。将式(5-9)和式(5-13)代回式(5-10)，则得直杆的固有振动位移函数

$$u(x,t)=\left(a_1\cos\frac{\omega}{c}x+a_2\sin\frac{\omega}{c}x\right)(b_1\cos\omega t+b_2\sin\omega t) \tag{5-14}$$

杆的边界条件是杆两端对变形和轴向力的约束条件，又称作几何边界条件和动力边界条件。如果杆的端部固定或自由，则称其为简单边界条件，如表 5-1 所列。

表 5-1　直杆常见边界条件

类别	左端	右端
固支—固支	$u(0,t)=0$	$u(l,t)=0$
自由—自由	$u'(0,t)=0$	$u'(l,t)=0$
弹性载荷	$ku(0,t)=EAu'(0,t)$	$ku(l,t)=-EAu'(l,t)$
惯性载荷	$m\ddot{u}(0,t)=EAu'(0,t)$	$m\ddot{u}(l,t)=-EAu'(l,t)$

【例 5-1】　均匀材料等截面直杆，$x=0$ 端固定，$x=l$ 端具有集中质量 m，求其固有频率。

解：该杆的边界条件为

$$U(0)=0,m\omega^2U(l)=EAU'(l) \tag{a}$$

将式(5-9) 及其导数在杆端点的值代入上式，得到

$$a_1=0,m\omega^2\sin\frac{\omega l}{c}=EA\ \frac{\omega}{c}\cos\frac{\omega l}{c} \tag{b}$$

其中第二式就是杆的固有频率方程。

为了求解这一超越代数方程，引入量纲为 1 的参数

$$\alpha \overset{\text{def}}{=} \frac{\rho Al}{m},\beta \overset{\text{def}}{=} \frac{\omega l}{c} \tag{c}$$

式中：α 是杆的质量与杆端集中质量的比值。从而将固有频率方程改写为

$$\beta\tan\beta=\alpha \tag{d}$$

参照图 5-3，对于给定的 α，在(β,r) 平面上做出曲线 $\gamma=\tan\beta$ 和 $\gamma=\alpha/\beta$，两曲线交点的横坐标 β_r 即为方程(d) 的解，代回式(c) 得固有频率 $\omega_r=c\beta_r/l$。如果感到图解法的精度不够，可将其结果作为初值，用 MATLAB 中的一元方程求根命令得到高精度的解。图 5-3 显示了质量比 $\alpha=1$ 时方程(d) 最小的几个根，由此得出 $\omega_1\approx0.860c/l$，$\omega_2\approx3.426c/l$ 和 $\omega_3\approx6.437c/l$。现对该系统做进一步分析。

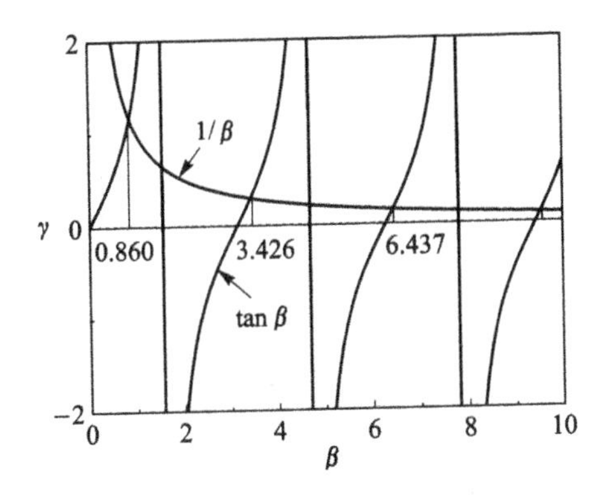

图 5-3　用图解法确定杆的固有频率($\alpha=1$)

① 如果杆的质量相对于集中质量很小，即 $\alpha\ll1$，则方程(d) 的最小根因满足式(d) 亦很小，故 $\beta\tan\beta\approx\beta^2=\alpha$。由此解出第一阶固有频率

$$\omega_1 = \frac{c}{l}\sqrt{\frac{\rho A l}{m}} = \sqrt{\frac{EA}{ml}} = \sqrt{\frac{k}{m}} \tag{e}$$

式中 $k = EA/l$ 是整根杆的静拉压刚度。这一结果与将弹性杆简化为无质量弹簧得到的单自由度系统固有频率一致。

② 若杆质量小于集中质量，但比值 $\alpha < 1$ 不是非常小，可取 Taylor 展开 $\tan\beta \approx \beta + \beta^3/3$，将频率方程(d)写作

$$\beta^2\left(1 + \frac{\beta^2}{3}\right) = \alpha \tag{f}$$

解出 β_1^2 并按 Taylor 展开至二次项

$$\beta_1^2 = \frac{3}{2}\left(\sqrt{1 + \frac{4\alpha}{3}} - 1\right) \approx \alpha - \frac{\alpha^2}{3} \approx \frac{\alpha}{1 + \alpha/3} \tag{g}$$

由此得到第一阶固有频率

$$\omega_1 = \frac{c\beta_1}{l} = \sqrt{\frac{EA/l}{m + \rho A l/3}} = \sqrt{\frac{k}{m + \rho A l/3}} \tag{h}$$

这一结果相当于将杆质量的1/3加到集中质量上后得到的单自由度振动频率。

【例 5-2】 求两端固定杆的纵向振动固有频率和固有振型。

解：直杆上点的位移函数为

$$u(x,t) = \left(a_1\cos\frac{\omega}{c}x + a_2\sin\frac{\omega}{c}x\right)(b_1\cos\omega t + b_2\sin\omega t) \tag{a}$$

代入边界条件 $u(0,t) = 0, u(l,t) = 0$ 可得

$$a_1 = 0 \tag{b}$$

和

$$\sin\frac{\omega}{c}l = 0 \tag{c}$$

上式即为纵向振动的频率方程，其解为

$$\frac{\omega}{c}l = n\pi \ (n = 1,2,3,\cdots) \tag{d}$$

所以固有频率为

$$\omega_n = \frac{n\pi c}{l} = \frac{n\pi}{l}\sqrt{\frac{E}{\rho}} \ (n = 1,2,3,\cdots) \tag{e}$$

相应的第 n 阶固有振型函数是

$$U_n(x)=\sin\frac{\omega_{\mathrm{n}}}{c}x=\sin\frac{n\pi}{l}x\quad(n=1,2,3,\cdots)\tag{f}$$

因振型函数仅表示各点振幅的相对比值，故上述振型函数是取常数 $a_2=1$ 得到的。

【例 5-3】 $x=0$ 端固定，$x=l$ 端自由的均质直杆，在其自由端作用一轴向力 F_0，现突然撤去作用力 F_0，求杆的运动。

解：该系统边界条件为 $u(0,t)=0,u'(l,t)=0$。即

$$U(0)=0,U'(l)=0\tag{a}$$

将边界条件式(a) 代入式(5-9)，得到

$$a_1=0,a_2\frac{\omega}{c}\cos\frac{\omega}{c}l=0\tag{b}$$

为得到 $U(x)$ 的非零解，a_1 和 a_2 不能同时为零，从而有固有频率方程

$$\cos\frac{\omega}{c}l=0\tag{c}$$

由此求出无限多个固有频率

$$\omega_{\mathrm{n}}=\frac{n\pi}{2l}c=\frac{n\pi}{2l}\sqrt{\frac{E}{\rho}}\quad(n=1,3,5,\cdots)\tag{d}$$

将固有频率 ω_{n} 代入式(5-9) 并注意到 $a_1=0$，得

$$U_n(x)=a_2\sin\frac{n\pi x}{2l}\quad(n=1,3,5,\cdots)\tag{e}$$

像多自由度系统的固有振型一样，固有振型函数的值是相对的，即 a_2 可以是任意常数。不妨取式(e) 中 $a_2=1$，则有

$$U_n(x)=\sin\frac{n\pi x}{2l}\quad(n=1,3,5,\cdots)\tag{f}$$

根据振型叠加方法，直杆的运动为

$$u(x,t)=\sum_{n=1,3,5,\cdots}^{+\infty}\sin\frac{n\pi x}{2l}(b_{1n}\cos\omega_{\mathrm{n}}t+b_{2n}\sin\omega_{\mathrm{n}}t)\tag{g}$$

式中常数 b_{1n} 和 b_{2n} 由初始条件确定。杆在静力 F_0 作用下的均匀初始应变和初速度为

$$u(x,0)=\frac{F_0x}{EA},\dot{u}(x,0)=0\tag{h}$$

根据式(g)，有

$$\begin{cases} u(x,0)=\sum\limits_{n=1,3,5,\cdots}^{+\infty} b_{1n}\sin\dfrac{n\pi x}{2l}=\dfrac{F_0 x}{EA} \\ \dot{u}(x,0)=\sum\limits_{n=1,3,5,\cdots}^{+\infty} b_{2n}\dfrac{n\pi c}{2l}\sin\dfrac{n\pi x}{2l}=0 \end{cases} \tag{i}$$

由第二式得 $b_{2n}=0$,再利用三角函数的正交性,得

$$b_{1n}\int_0^l \sin^2\left(\frac{n\pi x}{2l}\right)\mathrm{d}x=\int_0^l \frac{F_0 x}{EA}\sin\left(\frac{n\pi x}{2l}\right)\mathrm{d}x \tag{j}$$

对于奇数 n,上式结果是

$$b_{1n}=\frac{8F_0 l}{n^2\pi^2 EA}(-1)^{(n-1)/2}(n=1,3,5,\cdots) \tag{k}$$

设 $n=2m-1$,则杆的纵向运动为

$$u(x,t)=\frac{8F_0 l}{\pi^2 EA}\sum_{m=1}^{+\infty}\left[\frac{(-1)^m}{(2m-1)^2}\sin\frac{(2m-1)\pi x}{2l}\right]\cos\frac{(2m-1)\pi c}{2l}t \tag{l}$$

由此可见,杆的自由振动由无限多个固有振动线性组合而成。但由于因子 $1/(2m-1)^2$ 随着 m 增加迅速衰减,因而高阶固有振动的贡献并不大。这种情况具有一定的普遍性,所以工程上一般仅关心无限自由度系统的低阶模态贡献。

通过例5-2和本例的分析,可绘出三种边界条件下杆的前三阶固有振型,如图 5-4 所示。类似于对多自由度系统固有振型的分析,称图中固有振型曲线与坐标轴的交点为节点,系统固有振动幅值在节点处为零。对于简单边界条件的杆,第 n 阶固有振型有 $n-1$ 个节点。

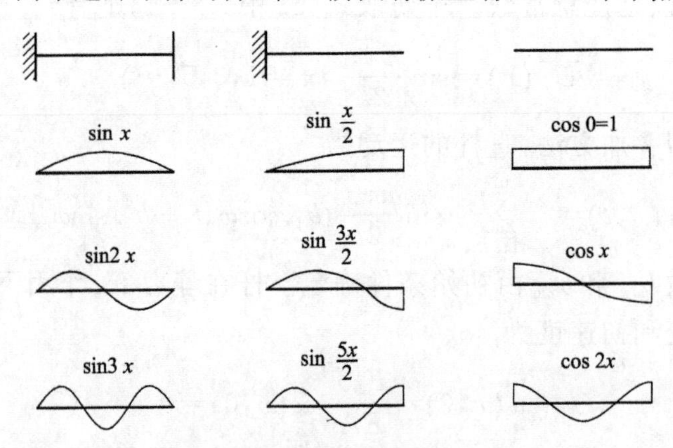

图 5-4 几种等截面直杆的低阶固有振型($0\leqslant x\leqslant l, l=\pi$)

5.3.2　杆的振型函数正交性

杆的第 n 阶固有频率 ω_{n} 和固有振型函数 $U_n(x)$ 满足方程(5-12)，即

$$U_n''(x)+\left(\frac{\omega_{\mathrm{n}}}{c}\right)^2 U_n(x)=0 \tag{5-15}$$

将其乘以 $U_m(x)$，并沿杆长对 x 积分，得

$$\left(\frac{\omega_{\mathrm{n}}}{c}\right)^2\int_0^l U_m(x)U_n(x)\,\mathrm{d}x=-\int_0^l U_m(x)U_n''(x)\,\mathrm{d}x=$$

$$-\int_0^l U_m(x)\,\mathrm{d}U'_n(x)=-U_m(x)U'_n(x)\Big|_0^l+\int_0^l U'_n(x)U'_m(x)\,\mathrm{d}x \tag{5-16}$$

若杆具有固定或自由边界，则有

$$\left(\frac{\omega_{\mathrm{n}}}{c}\right)^2\int_0^l U_n(x)U_m(x)\,\mathrm{d}x=\int_0^l U'_n(x)U'_m(x)\,\mathrm{d}x \tag{5-17}$$

同理得

$$\left(\frac{\omega_m}{c}\right)^2\int_0^l U_m(x)U_n(x)\,\mathrm{d}x=\int_0^l U'_m(x)U'_n(x)\,\mathrm{d}x \tag{5-18}$$

将所得方程相减，并在杆长范围内积分，可得

$$\frac{\omega_n^2-\omega_m^2}{c^2}\int_0^l U_n(x)U_m(x)\,\mathrm{d}x=0 \tag{5-19}$$

当 $n\neq m$ 时，杆的固有频率互异，从而有

$$\int_0^l U_n(x)U_m(x)\,\mathrm{d}x=0\ (n\neq m) \tag{5-20}$$

代回式(5-17) 得

$$\int_0^l U'_n(x)U'_m(x)\,\mathrm{d}x=0\ (n\neq m) \tag{5-21}$$

式(5-20) 和式(5-21) 即是杆的固有振型函数正交关系。振型函数正交性的物理意义表示各主振型之间能量不能传递，即对于主振型 U_n 振动时的惯性力不会激起主振型 U_m 的振动。同样，弹性变形之间也不会引起耦合。当 $n=m$ 时，可以定义杆的第 n 阶主质量和主刚度

$$M_n \overset{\text{def}}{=} \int_0^l \rho A U_n^2(x)\,\mathrm{d}x, K_n \overset{\text{def}}{=} \int_0^l EA\,[U'_n(x)]^2\mathrm{d}x \quad (n=1,2,3,\cdots) \tag{5-22}$$

它们的大小取决于对固有振型函数的归一化形式，但其比值总满足

$$\omega_{\mathrm{n}}^2 = \frac{K_n}{M_n} \quad (n=1,2,3,\cdots) \tag{5-23}$$

对于端点固定或自由的非均匀材料变截面直杆，其固有振型函数的加权正交关系式变为

$$\begin{cases} \int_0^l \rho(x)A(x)U_n(x)U_m(x)\,\mathrm{d}x = M_n\delta_{nm} \\ \int_0^l E(x)A(x)U'_n(x)U'_m(x)\,\mathrm{d}x = K_n\delta_{nm} \end{cases} \tag{5-24}$$

更一般的情况下，若杆在 $x=0$ 端有弹簧是 k_0 和集中质量 m_0，在 $x=l$ 端有弹簧 k_l 和集中质量 m_l，按能量互不交换原则可写出固有振型函数的正交关系

$$\begin{cases} \int_0^l \rho(x)A(x)U_n(x)U_m(x)\,\mathrm{d}x + m_0U_n(0)U_m(0) \\ \quad + m_lU_n(l)U_m(l) = M_n\delta_{nm} \\ \int_0^l E(x)A(x)U'_n(x)U'_m(x)\,\mathrm{d}x + k_0U_n(0)U_m(0) \\ \quad + k_lU_n(l)U_m(l) = K_n\delta_{nm} \end{cases} \tag{5-25}$$

式中：δ_{nm} 为 Kronecker 符号。

5.4 均质等截面圆轴的扭转振动

研究弹性圆轴扭转振动时，依照材料力学中的纯扭转假设，认为轴的横截面在扭转振动中仍保持平面。我们仅研究理想的均质等截面圆轴，如图 5-5(a) 所示。轴的密度为 ρ，材料的剪切弹性模量为 G，圆截面对其中心的极惯性矩为 I_{p}。假定在扭转振动中，轴的横截面仍保持平面。取轴心线为 x 轴。坐标为 x 的截面

在时刻 t 的角位移记为 $\theta(x,t)$。

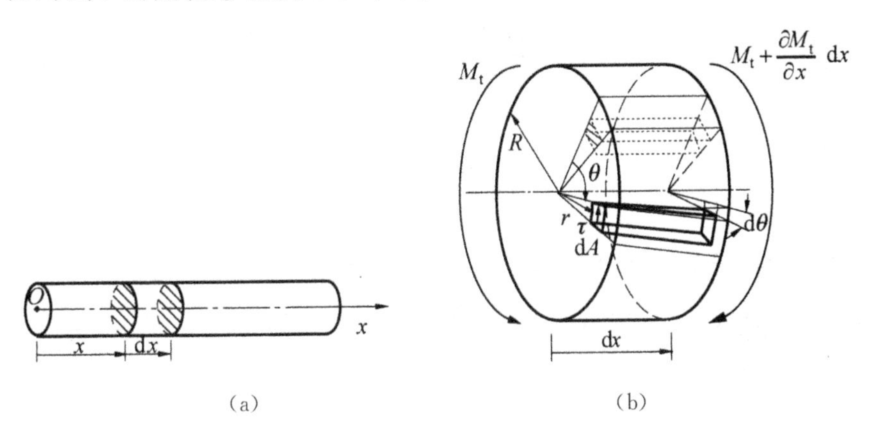

图 5-5　轴的扭转振动分析

从轴上取一微段 dx 作为分离体进行受力分析，如图 5-5(b) 所示。

由材料力学可得扭矩

$$M_t=\int \tau dA\times r$$

式中：τ 是横截面上面积微元 dA 处的切应力；r 为 dA 到轴心的距离。

由图中的几何关系可知体积微元 $dA\times dx$ 切应变为

$$\frac{R d\theta}{dx}\times r/R=r\frac{\partial\theta}{\partial x}$$

即切应力

$$\tau=Gr\frac{\partial\theta}{\partial x}$$

故有

$$M_t=\int Gr\frac{\partial\theta}{\partial x}dA\times r=GI_p\frac{\partial\theta}{\partial x} \tag{5-26}$$

由理论力学知，圆轴微段的转动惯量为 $\rho I_p dx$。微段轴 dx 的受力如图 5-5(b) 所示。根据动量矩定理有

$$\rho I_p dx\frac{\partial^2\theta}{\partial t^2}=\frac{\partial M_t}{\partial x}dx$$

将式(5-26) 代入上式，对于均匀材料的等截面圆轴，I_p 是一常

数，得

$$\frac{\partial^2\theta}{\partial t^2}=c^2\ \frac{\partial^2\theta}{\partial x^2} \tag{5-27}$$

式中

$$c \overset{\text{def}}{=} \sqrt{\frac{G}{\rho}}$$

为圆轴内剪切弹性波沿轴纵向传播的速度。

方程(5-27)和直杆的纵向振动得到的方程相同，故它们的解在形式上完全一样，即

$$\theta(x,t)=\Theta(x)q(t)=\left(a_1\cos\frac{\omega}{c}x+a_2\sin\frac{\omega}{c}x\right)(b_1\cos\omega t+b_2\sin\omega t) \tag{5-28}$$

式中固有频率 ω 和固有振型函数由边界条件确定，系数 b_1 和 b_2 由运动的初始条件确定。

【例 5-4】 求一端固定、一端有扭转弹簧作用(见图 5-6)的圆轴固有频率及其振型函数。

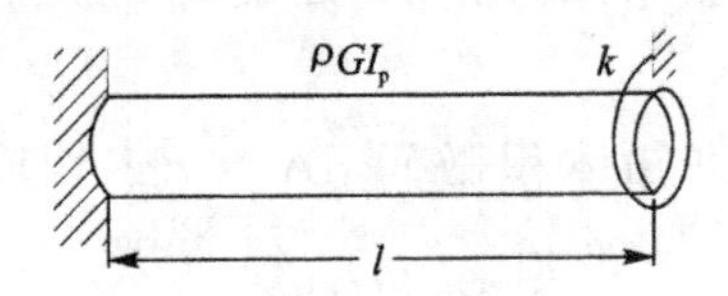

图 5-6 圆轴扭转振动

解：系统的固有振动为

$$\theta(x,t)=\left(a_1\cos\frac{\omega}{c}x+a_2\sin\frac{\omega}{c}x\right)(b_1\cos\omega t+b_2\sin\omega t) \tag{a}$$

边界条件是

$$\theta(0,t)=0, GI_{\mathrm{p}}\theta'(l,t)=-k\theta(l,t) \tag{b}$$

代入边界条件可得

$$a_1=0, GI_{\mathrm{p}}\frac{\omega}{c}\cos\frac{\omega}{c}l=-k\sin\frac{\omega}{c}l \tag{c}$$

式(c)中第二式即为频率方程。该频率方程进一步简化为

$$\frac{\tan \frac{\omega}{c} l}{\frac{\omega}{c} l} = -\frac{GI_{\rm p}}{kl} = \alpha \tag{d}$$

给定 α 值即可确定各阶固有频率。相应的振型函数为

$$\Theta_n(x) = \sin \frac{\omega_{\rm n}}{c} x \tag{e}$$

下面考虑两个极值的情况：

①$k \to \infty$，此时右端相当于固定端，$\alpha = 0$，频率方程为

$$\tan \frac{\omega}{c} l = 0 \tag{f}$$

解得

$$\omega_{\rm n} = \frac{n\pi c}{l} = \frac{n\pi}{l}\sqrt{\frac{G}{\rho}} \quad (n = 1, 2, 3, \cdots) \tag{g}$$

相应的固有振型为

$$\Theta_n(x) = \sin \frac{n\pi}{l} x \quad (n = 1, 2, 3, \cdots) \tag{h}$$

②$k = 0$，右端相当于自由端，$\alpha = \infty$，此时

$$\cos \frac{\omega}{c} l = 0$$

解得固有频率和固有振型分别为

$$\omega_{\rm n} = \frac{n\pi}{2l}\sqrt{\frac{G}{\rho}}, \Theta_n(x) = \sin \frac{n\pi}{2l} x \quad (n = 1, 3, 5, \cdots)$$

【例 5-5】　设轴一端固定、一端含有转动惯量为 J 的圆盘，如图 5-7 所示，试求该系统扭振的固有频率及振型。

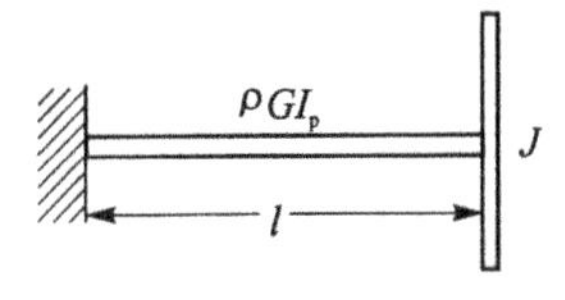

图 5-7　含圆盘的轴系扭振

解：系统右端相当于附加有惯性载荷，边界条件为

$$\theta(0, t) = 0, GI_{\rm p}\theta'(l, t) = -J\ddot{\theta}(l, t)$$

由第一个边界条件可得 $a_1=0$，由第二个边界条件得到

$$GI_p\frac{\omega}{c}\cos\frac{\omega}{c}l=J\omega^2\sin\frac{\omega}{c}l$$

令轴的转动惯量与圆盘转动惯量比为 $\alpha=\frac{\rho I_p l}{J}$，$\beta=\frac{\omega}{c}l$，则频率方程为

$$\beta\tan\beta=\alpha$$

上述结果与例 5-4 在形式上完全相同。若轴的转动惯量远小于圆盘的转动惯量，即 $\alpha\ll 1$，则根据例 5-4 的讨论，此时轴系扭振的第一阶固有频率为

$$\omega_1=\sqrt{\frac{GI_p}{Jl}}$$

若轴的转动质量小于盘的转动惯量，但比值 $\alpha<1$ 不是非常小，则根据例 5-4 的讨论，此时轴系扭振的第一阶固有频率为

$$\omega_1=\sqrt{\frac{GI_p}{l(J+\rho I_p l/3)}}$$

上式即为将轴转动惯量的 1/3 加到圆盘上后单自由度系统的扭振频率。

5.5 梁的横向振动

以弯曲为主要变形的杆件称为梁，它是工程中广泛采用的一种基本构件。在一定条件下，飞机机翼、直升机旋翼、发动机叶片、火箭箭体和长枪炮的发射筒均可以简化为梁模型来研究。大到土木工程结构，如悬索桥；小到原子力显微镜、硅微传感器等都要涉及弹性梁的振动问题，如图 5-8 所示。

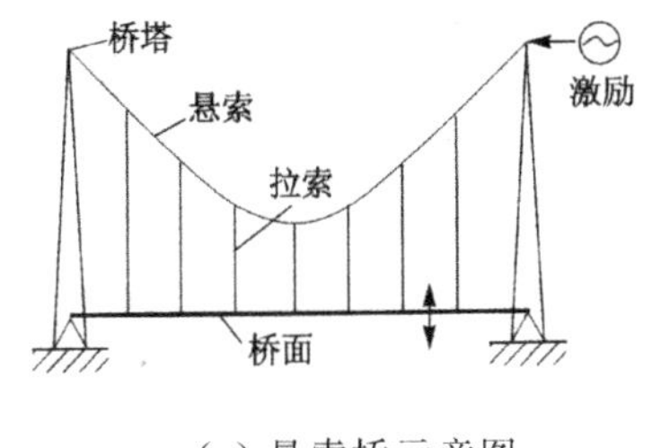

(a) 悬索桥示意图

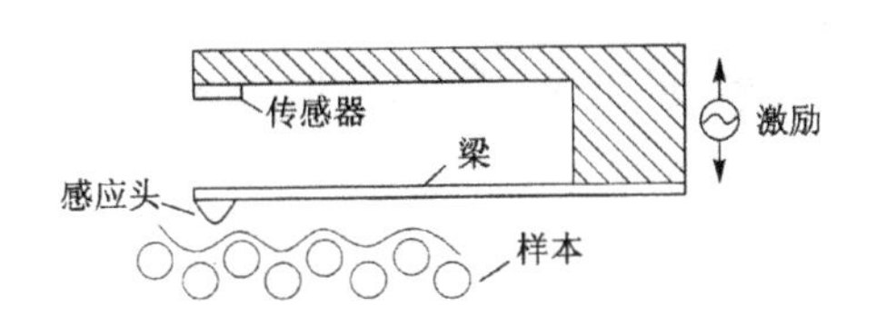

(b) 原子力显微镜原理图

图 5-8 悬索桥及原子力显微镜原理图

如果梁各截面的中心主轴在同一平面内,外载荷也作用于该平面内,则梁的主要变形是弯曲变形,梁在该平面内的横向振动称作弯曲振动。梁的弯曲振动频率通常低于它作为杆的纵向振动或作为轴的扭转振动的频率,更容易被激发。因而,梁的弯曲振动在工程上具有重要意义。

在分析横向弯曲振动时,先做以下几点假设:

① 梁各截面的中心主轴在同一平面内,且在此平面内做横向弯曲振动,平面假设还适用。

② 梁的横截面尺寸与其长度之比较小,可忽略不计转动惯量和剪切变形的影响。

③ 梁的横向弯曲振动符合小挠度平面弯曲的假设,即横向弯曲振动的振幅很小,在线性范围以内。

梁的弯曲变形在材料力学中用挠曲线表示。对于细长梁的低频振动,可以忽略梁的剪切变形以及截面绕中性轴转动惯量的影响。对于跨度远大于截面高度的细长梁,梁弯曲的基本理论认为挠曲线曲率仅与弯矩有关,这种梁模型称为欧拉梁(Bernoulli-Euler 梁)。在梁振动模型中若考虑剪切变形和转动惯量的影响,这样的梁称为铁摩辛柯梁(Timoshenko 梁)。

5.5.1 梁振动的运动方程

在图 5-9 所示梁的力学模型中,截取长度为 $\mathrm{d}x$ 的微段进行分析,微段两侧截面分别受剪力与弯矩 Q、M 和 $Q+\dfrac{\partial Q}{\partial x}\mathrm{d}x$、$M+$

$\dfrac{\partial M}{\partial x}\mathrm{d}x$ 作用。微段的质量为 $\rho A\mathrm{d}x$，ρ 为材料密度、A 为梁截面积。根据牛顿第二运动定律建立微段 $\mathrm{d}x$ 的运动方程

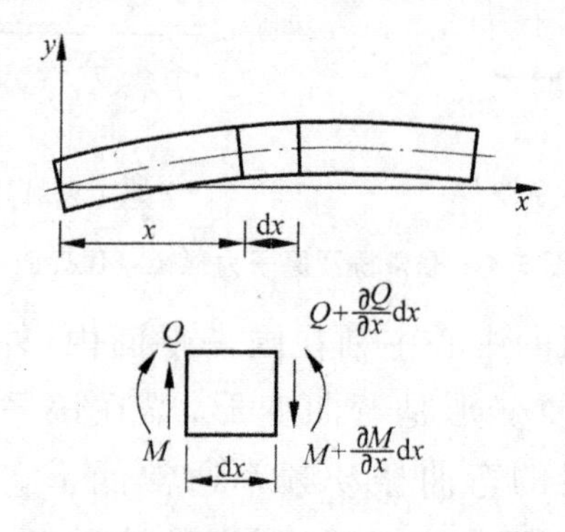

图 5-9　梁的横向振动力学模型

$$\rho A\mathrm{d}x\ \frac{\partial^2 y}{\partial t^2}=Q-\left(Q+\frac{\partial Q}{\partial x}\mathrm{d}x\right)=-\frac{\partial Q}{\partial x}\mathrm{d}x$$

式中：$\dfrac{\partial^2 y}{\partial t^2}$ 代表微段的加速度。对上式化简得

$$\rho A\ \frac{\partial^2 y}{\partial t^2}=-\frac{\partial Q}{\partial x} \tag{5-29}$$

忽略截面绕中性轴的转动惯量的影响，由微段力矩平衡得

$$M+Q\mathrm{d}x-\left(M+\frac{\partial M}{\partial x}\mathrm{d}x\right)=0$$

即

$$\frac{\partial M}{\partial x}=Q \tag{5-30}$$

由材料力学中梁的基本理论知，梁的挠曲线曲率与弯矩的关系为

$$M=EI\ \frac{\partial^2 y}{\partial x^2} \tag{5-31}$$

式中：E 为材料的弹性模量；I 为梁截面的惯性矩。

综合式(5-29)、(5-30) 和(5-31)，可得梁的弯曲振动方程为

$$\rho A\ \frac{\partial^2 y}{\partial t^2}+EI\ \frac{\partial^4 y}{\partial x^4}=0 \tag{5-32}$$

方程(5-32)代表梁的自由振动。若梁受分布力 $f(x,t)$ 作用,只需将 $f(x,t)$ 放入方程右边即可。梁振动方程是四阶偏微分方程,也可用分离变量法求解。设解为

$$y = Y(x)\mathrm{e}^{i\omega t} = C\mathrm{e}^{i(\omega t+\beta x)} \tag{5-33}$$

式中:C 为任意常数。将上式代入方程(5-32),分别对 t 和 x 求二阶和四阶偏导数,并约去公因子 $\mathrm{e}^{i(\omega t+\beta x)}$,得到

$$-\rho A\omega^2 + EI\beta^4 = 0$$

解出 β 的 4 个根:

$$\beta = \pm\left(\frac{\rho A}{EI}\omega^2\right)^{1/4} \text{ 和 } \beta = \pm i\left(\frac{\rho A}{EI}\omega^2\right)^{1/4} \tag{5-34}$$

将这 4 个根分别代入式(5-33),它们的线性组合构成梁振动的通解:

$$\begin{aligned} y(x,t) &= C_1\mathrm{e}^{i\omega t-\beta x} + C_2\mathrm{e}^{i\omega t+\beta x} + C_3\mathrm{e}^{i(\omega t+\beta x)} + C_4\mathrm{e}^{i(\omega t-\beta x)} \\ &= (C_1\mathrm{e}^{-\beta x} + C_2\mathrm{e}^{\beta x} + C_3\mathrm{e}^{i\beta x} + C_4\mathrm{e}^{-i\beta x})\mathrm{e}^{i\omega t} \end{aligned} \tag{5-35}$$

式中:$C_1 \sim C_4$ 为任意常数,由梁的边界条件确定;$\beta = \left(\frac{\rho A}{EI}\omega^2\right)^{1/4}$ 为波数;$i=\sqrt{-1}$。式(5-35)中 β 前面的符号有 4 种组合,$\pm$ 和 $\pm$i,它们分别代表不同类型的振动波:"$-$"号代表振动沿 x 轴正向传播,"$+$"代表振动沿 x 轴负向传播;前面带有 i 的振动波为行波,不带 i 的振动波称为近场波。后者随着距离的增加很快衰减,因此在离开激励点稍远处只有行波存在。图 5-10 表示了这 4 种弯曲振动波。

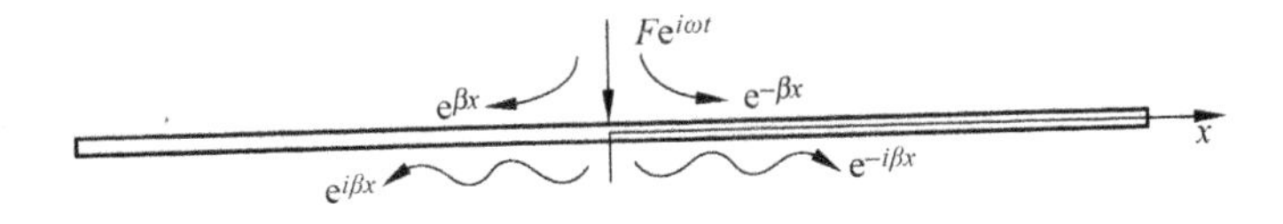

图 5-10　弯曲振动波在梁中的传播

5.5.2 梁振动的固有频率和振型

本节介绍如何根据梁的边界条件计算梁振动的固有频率与振型函数。采用分离变量法，设梁振动方程的解为

$$y(x,t)=Y(x)\varphi(t) \tag{5-36}$$

代入梁振动方程(5-32)，求导后得

$$\rho AY(x)\frac{\mathrm{d}^2\varphi(t)}{\mathrm{d}t^2}+EI\frac{\mathrm{d}^4Y(x)}{\mathrm{d}x^4}\varphi(t)=0$$

分离变量后得

$$\frac{\mathrm{d}^2\varphi(t)}{\mathrm{d}t^2}\frac{1}{\varphi(t)}=-\frac{EI}{\rho A}\frac{\mathrm{d}^4Y(x)}{\mathrm{d}x^4}\frac{1}{Y(x)}=-\omega^2$$

将上式写成关于时间 t 和空间 x 的两个独立的微分方程

$$\frac{\mathrm{d}^2\varphi(t)}{\mathrm{d}t^2}+\omega^2\varphi(t)=0 \tag{5-37}$$

和

$$\frac{\mathrm{d}^4Y(x)}{\mathrm{d}x^4}-\beta^4Y(x)=0 \tag{5-38}$$

式中

$$\beta^4=\frac{\rho A}{EI}\omega^2$$

方程(5-37)与单自由度无阻尼自由振动方程相同，其解为

$$\varphi(t)=C_1\cos\omega t+C_2\sin\omega t \tag{5-39}$$

式中：C_1 和 C_2 为任意常数，由初始条件确定。方程(5-38)为四阶常微分方程，其解为

$$Y(x)=A\cosh\beta x+B\sinh\beta x+C\cos\beta x+D\sin\beta x \tag{5-40}$$

式中：A、B、C、D 为任意常数，由梁的边界条件确定。事实上，式(5-40)与式(5-35)中 x 的函数部分

$$C_1\mathrm{e}^{-\beta x}+C_2\mathrm{e}^{\beta x}+C_3\mathrm{e}^{\mathrm{j}\beta x}+C_4\mathrm{e}^{-\mathrm{j}\beta x}$$

完全相同，二者只是表达不同。

$Y(x)$ 即梁振动的振型函数。根据梁的边界条件确定 $Y(x)$ 的任意常数，便可求出梁振动的固有频率，或得到关于固有频率

的超越方程。梁的常见边界条件有

固定端 $Y=0,\frac{dY}{dx}=0$；

简支端 $Y=0,\frac{d^2Y}{dx^2}=0(M=0)$；

自由端 $\frac{d^2Y}{dx^2}=0(M=0),\frac{d^3Y}{dx^3}=0(Q=0)$。

【例 5-6】　求解简支梁的固有频率和振型。

解：简支梁可以用解析方法求出其固有频率。对振型函数

$$Y(x)=A\cosh\beta x+B\sinh\beta x+C\cos\beta x+D\sin\beta x$$

求二阶导数，得

$$\frac{d^2Y}{dx^2}=\beta^2(A\cosh\beta x+B\sinh\beta x-C\cos\beta x-D\sin\beta x)$$

根据简支梁的边界条件，可得

$$Y\big|_{x=0}=0\Rightarrow A+C=0,\left.\frac{d^2Y}{dx^2}\right|_{x=0}=0\Rightarrow A-C=0,\text{故 } A=C=0$$

$$Y\big|_{x=l}=0\Rightarrow B\sinh\beta l+D\sin\beta l=0,\left.\frac{d^2Y}{dx^2}\right|_{x=l}=0$$

$$\Rightarrow B\sinh\beta l-D\sin\beta l=0$$

因为 A、B、C、D 四个任意常数不能全等于 0，所以有

$$B=0 \text{ 和 } \sin\beta l=0\Rightarrow\beta l=n\pi,n \text{ 为正整数}$$

从而得到简支梁的固有频率：

$$\omega_{\mathrm{n}}=\beta_n^2\sqrt{\frac{EI}{\rho A}}=\frac{n^2\pi^2}{l^2}\sqrt{\frac{EI}{\rho A}}$$

和振型函数：

$$Y_n(x)=D_n\sin\beta_n x=D_n\sin\frac{n\pi}{l}x$$

除了简支梁，其他边界条件的梁只能根据边界条件得到一个求解固有频率的超越方程，无法得到固有频率的解析解。表 5-2 给出了梁在常见边界条件下的频率方程和振型函数，图 5-11 则给出了不同边界条件下梁的前几阶振型。

表 5-2　梁的常见边界条件和振型函数

梁的端点条件	频率方程	振型函数	$\beta_n l$ 的值
铰支　铰支	$\sin\beta_n l = 0$	$W_n(x) = C_n[\sin\beta_n x]$	$\beta_1 l = \pi$ $\beta_2 l = 2\pi$ $\beta_3 l = 3\pi$ $\beta_4 l = 4\pi$
自由　自由	$\cos\beta_n l\cosh\beta_n l = 1$	$W_n(x) = C_n[\sin\beta_n x + \sinh\beta_n x + \alpha_n(\cos\beta_n x + \cosh\beta_n x)]$，其中 $\alpha_n = \dfrac{\sin\beta_n l - \sinh\beta_n l}{\cosh\beta_n l - \cos\beta_n l}$	$\beta_1 l = 4.730041$ $\beta_2 l = 7.853205$ $\beta_3 l = 10.995608$ $\beta_4 l = 14.137165$ (对刚体振型，$\beta l = 0$)
固定　固定	$\cos\beta_n l\cosh\beta_n l = 1$	$W_n(x) = C_n[\sinh\beta_n x - \sin\beta_n x + \alpha_n(\cosh\beta_n x - \cos\beta_n x)]$，其中 $\alpha_n = \dfrac{\sin\beta_n l - \sinh\beta_n l}{\cosh\beta_n l - \cos\beta_n l}$	$\beta_1 l = 4.730041$ $\beta_2 l = 7.853205$ $\beta_3 l = 10.995608$ $\beta_4 l = 14.137165$
固定　自由	$\cos\beta_n l\cosh\beta_n l = -1$	$W_n(x) = C_n[\sin\beta_n x - \sinh\beta_n x - \alpha_n(\cos\beta_n x - \cosh\beta_n x)]$，其中 $\alpha_n = \dfrac{\sin\beta_n l + \sinh\beta_n l}{\cosh\beta_n l + \cos\beta_n l}$	$\beta_1 l = 1.875104$ $\beta_2 l = 4.694091$ $\beta_3 l = 7.854757$ $\beta_4 l = 10.995541$
固定　铰支	$\tan\beta_n l - \tanh\beta_n l = 0$	$W_n(x) = C_n[\sin\beta_n x - \sinh\beta_n x + \alpha_n(\cosh\beta_n x - \cos\beta_n x)]$，其中 $\alpha_n = \dfrac{\sin\beta_n l - \sinh\beta_n l}{\cos\beta_n l - \cosh\beta_n l}$	$\beta_1 l = 3.926602$ $\beta_2 l = 7.068583$ $\beta_3 l = 10.210176$ $\beta_4 l = 13.351768$
铰支　自由	$\tan\beta_n l - \tanh\beta_n l = 0$	$W_n(x) = C_n(\sin\beta_n x + \alpha_n \sinh\beta_n x)$，其中 $\alpha_n = \dfrac{\sin\beta_n l}{\sinh\beta_n l}$	$\beta_1 l = 3.926602$ $\beta_2 l = 7.068583$ $\beta_3 l = 10.210176$ $\beta_4 l = 13.351768$ (对刚体振型，$\beta l = 0$)

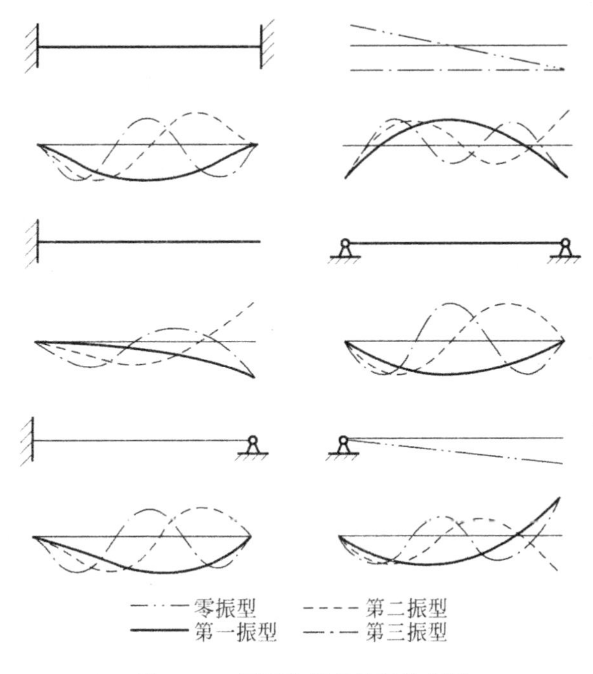

图 5-11　不同边界条件梁的振型

5.5.3　剪切变形与转动惯量的影响

在欧拉梁中不考虑剪切变形和转动惯量的影响。一般情况下梁的横向位移不仅由弯曲引起，还有剪力，所以梁的挠曲线斜率也受剪切变形的影响。另外挠曲线斜率表明梁振动时截面发生了转动，因此还应考虑转动惯量的影响。对于梁高远小于跨度的细长梁，在振动频率比较低时剪切变形和转动惯量的影响很小，可以忽略。但是在振动频率比较高时，若忽略剪切变形和转动惯量的影响同样会产生较大的误差。考虑剪切变形和转动惯量影响的梁振动模型称为铁摩辛柯梁。当振动频率比较高，即使是细长梁，也应该采用铁摩辛柯梁进行计算。

图 5-12 中，y 代表梁中心线的挠度，ψ 为梁截面法线的斜率，$\partial y/\partial x$ 为梁中心线的斜率，二者的差值即为剪切角。该图表示梁微段的变形，当剪切变形为零时梁微段的中心线将与截面的法线重合。保持截面不转动，由于剪力的作用使梁微段歪斜，梁中心

线的斜率因剪切变形而减小。

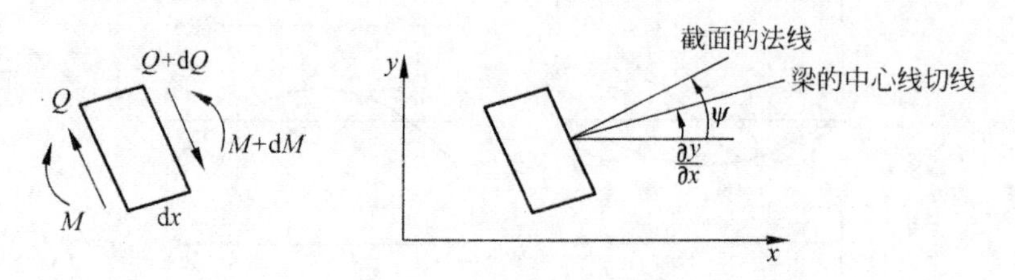

图 5-12 铁摩辛柯梁模型

根据梁弯曲的基本理论,弯曲变形引起的斜率 ψ 与弯矩 M 的关系为

$$\frac{\partial \psi}{\partial x}=\frac{M}{EI} \tag{5-41}$$

式中:EI 为梁的弯曲刚度。此外,剪切角与剪力 Q 的关系为

$$\psi-\frac{\partial y}{\partial x}=\frac{Q}{\kappa AG} \tag{5-42}$$

式中:A 为截面积;G 为剪切弹性模量;κ 为考虑剪应力在截面上分布不均匀的系数,与截面形状有关。

铁摩辛柯梁有两个动力方程:一个代表平动,另一个代表转动。参考图 5-12,它们分别为

$$\rho A\,\frac{\partial^2 y}{\partial t^2}=-\frac{\partial Q}{\partial x} \tag{5-43}$$

$$\rho I\,\frac{\partial^2 \psi}{\partial t^2}=\frac{\partial M}{\partial x}-Q \tag{5-44}$$

在欧拉梁模型中不考虑转动惯量的影响,故式(5-44) 蜕变为静力平衡方程。

考虑力与变形关系式(5-41) 与式(5-42) 后。动力方程式(5-43) 和式(5-44) 变为

$$\rho\,\frac{\partial^2 y}{\partial t^2}-\kappa G\left(\frac{\partial^2 y}{\partial x^2}-\frac{\partial \psi}{\partial x}\right)=0 \tag{5-45}$$

$$\rho I\,\frac{\partial^2 \psi}{\partial t^2}-EI\,\frac{\partial^2 \psi}{\partial x^2}-\kappa AG\left(\frac{\partial y}{\partial x}-\psi\right)=0 \tag{5-46}$$

从式(5-45) 和式(5-46) 中消去 ψ,可以将这两个方程合并成一个方程

$$\rho A \frac{\partial^2 y}{\partial t^2} + EI \frac{\partial^4 y}{\partial x^4} - \rho I \left(1 + \frac{E}{\kappa G}\right) \frac{\partial^4 y}{\partial x^2 \partial t^2} + \frac{\rho^2 I}{\kappa G} \frac{\partial^4 y}{\partial t^4} = 0 \tag{5-47}$$

这就是铁摩辛柯梁的运动方程。式(5-32) 中后面两项是考虑剪切变形和转动惯量影响的附加项。

为了分析剪切变形和转动惯量的效应，研究长度为 l 的简支梁振动。假设第 n 阶振动可用简谐函数表示为

$$y = \sin \frac{n\pi x}{l} \cos\omega_n t$$

代入式(5-47) 后可以得到频率方程

$$EI\left(\frac{n\pi}{l}\right)^4 - \rho A\omega_n^2 - \rho I\left(1 + \frac{E}{\kappa G}\right)\left(\frac{n\pi}{l}\right)^2 \omega_n^2 + \frac{\rho^2 I}{\kappa G}\omega_n^4 = 0 \tag{5-48}$$

式中：最后一项与其他几项相比一般很小，可略去不计，于是求得 ω_n^2 的近似值为

$$\omega_n^2 \approx \frac{EI}{\rho A}\left(\frac{n\pi}{l}\right)^4 \left[1 - \frac{I}{A}\left(1 + \frac{E}{\kappa G}\right)\left(\frac{n\pi}{l}\right)^2\right] \tag{5-49}$$

式中：第一项为欧拉梁的固有频率，第二项是剪切变形和转动惯量效应。对式(5-49) 进行简单的分析可以看出

① 用铁摩辛柯梁计算的固有频率低于欧拉梁。

② 若梁高比较大，I/A 也比较大，用欧拉梁计算的固有频率误差增加。

③ 用欧拉梁计算的固有频率误差随着振动频率(阶数 n) 增高而变大。

5.6　梁的响应

5.6.1　梁的振型函数的正交性

已知梁振动的第 i 阶与第 j 阶振型函数 $Y_i(x)$ 和 $Y_j(x)$ 分别

满足

$$EI\frac{\mathrm{d}^4Y_i(x)}{\mathrm{d}x^4}-\rho A\omega_i^2Y_i(x)=0 \tag{5-50}$$

$$EI\frac{\mathrm{d}^4Y_j(x)}{\mathrm{d}x^4}-\rho A\omega_j^2Y_j(x)=0 \tag{5-51}$$

把式(5-50)乘以$Y_j(x)$,式(5-51)乘以$Y_i(x)$,然后将所得方程相减,并在梁长度区间内积分,得到

$$\rho A(\omega_i^2-\omega_j^2)\int_0^l Y_iY_j\,\mathrm{d}x=EI\int_0^l(Y_i''''Y_j-Y_iY_j'''')\,\mathrm{d}x \tag{5-52}$$

式(5-52)右边的积分结果为

$$EI\int_0^l(Y_i''''Y_j-Y_iY_j'''')\,\mathrm{d}x=(Y_i'''Y_j-Y_iY_j'''+Y'_iY_j''-Y_i''Y'_j)\Big|_0^l \tag{5-53}$$

根据梁的边界条件

固定端:$Y=0,\frac{\mathrm{d}Y}{\mathrm{d}x}=0$;简支端:$Y=0,\frac{\mathrm{d}^2Y}{\mathrm{d}x^2}=0$;自由端:$\frac{\mathrm{d}^2Y}{\mathrm{d}x^2}=0(M=0),\frac{\mathrm{d}^3Y}{\mathrm{d}x^3}=0$。

可知以上任一边界条件都能使式(5-53)等于0。但是$\omega_i^2\neq\omega_j^2$,故有

$$\int_0^l Y_iY_j\,\mathrm{d}x=0 \tag{5-54}$$

这便是梁的振型函数的正交性。

定义Y_i为正则振型,若

$$\rho A\int_0^l Y_iY_j\,\mathrm{d}x=\begin{cases}1,i=j\\0,i\neq j\end{cases} \tag{5-55}$$

此时,因为

$$EI\frac{\mathrm{d}^4Y_i}{\mathrm{d}x^4}=\rho A\omega_i^2Y_i$$

所以

$$EI\int_0^l\frac{\mathrm{d}^4Y_i}{\mathrm{d}x^4}Y_j\,\mathrm{d}x=\begin{cases}\omega_i^2,i=j\\0,i\neq j\end{cases} \tag{5-56}$$

5.6.2　振型叠加法计算梁的振动响应

根据连续系统振型函数的正交性，可以用振型叠加法计算连续系统的振动响应。本节只介绍梁振动的振型叠加法，杆振动、弦振动和轴扭转振动的振型叠加法与梁振动相似，可以类推，不再赘述。

设梁振动响应由各阶振型叠加而成

$$y(x,t)=\sum_{i=1}^{n}Y_i(x)\varphi_i(t) \tag{5-57}$$

式中：$Y_i(x)$ 为正则振型。将上式代入梁振动微分方程

$$\rho A\frac{\partial^2 y}{\partial t^2}+EI\frac{\partial^4 y}{\partial x^4}=f(x,t) \tag{5-58}$$

可得

$$\rho A\sum_{i=1}^{n}Y_i(x)\frac{\mathrm{d}^2\varphi_i(t)}{\mathrm{d}t^2}+EI\sum_{i=1}^{n}\frac{\mathrm{d}^4Y_i(x)}{\mathrm{d}x^4}\varphi_i(t)=f(x,t) \tag{5-59}$$

两边同乘 $Y_j(x)$，并在梁长度区间内对 x 积分，根据梁振型函数的正交性可得

$$\frac{\mathrm{d}^2\varphi_i(t)}{\mathrm{d}t^2}+\omega_i^2\varphi_i(t)=\int_0^l f(x,t)Y_i(x)\,\mathrm{d}x=q_i(t)\quad(i=1,2,\cdots,n) \tag{5-60}$$

式中：$q_i(t)$ 为第 i 阶振型主坐标下的激励力；时间函数 $\varphi_i(t)$ 相当于单自由度振动系统的响应。

将梁的初始速度和位移 $\dot{y}_0(x,0)$ 和 $y_0(x,0)$ 用振型函数表示为

$$y_0(x,0)=\sum_{i=1}^{n}Y_i(x)\varphi_{i0} \tag{5-61}$$

$$\dot{y}_0(x,0)=\sum_{i=1}^{n}Y_i(x)\dot{\varphi}_{i0} \tag{5-62}$$

并将它们乘以 $\rho AY_j(x)\,\mathrm{d}x$ 后在梁长度区间内积分，根据振型函数的正交性可得

$$\varphi_{i0}=\rho A\int_0^l Y_i(x)y(x,0)\,\mathrm{d}x \tag{5-63}$$

$$\dot{\varphi}_{i0}=\rho A\int_0^l Y_i(x)\dot{y}(x,0)\,\mathrm{d}x \tag{5-64}$$

于是主坐标下的响应可以写成

$$\varphi_i(t)=\varphi_{i0}\cos\omega_i t+\frac{\dot{\varphi}_{i0}}{\omega_i}\sin\omega_i t+\frac{1}{\omega_i}\int_0^t q_i(\tau)\sin\omega_i(t-\tau)\,\mathrm{d}\tau$$

这相当于单自由度系统的响应计算，最后将 $\varphi_i(t)$ 代入式(5-57)便得到梁振动的响应。

【例 5-7】 长度为 l 的均质简支梁在 $x=x_1$ 处受一简谐力 $P\sin\omega t$ 作用(见图 5-13)，假定 $t=0$ 时梁处于静止状态，求梁的振动响应。

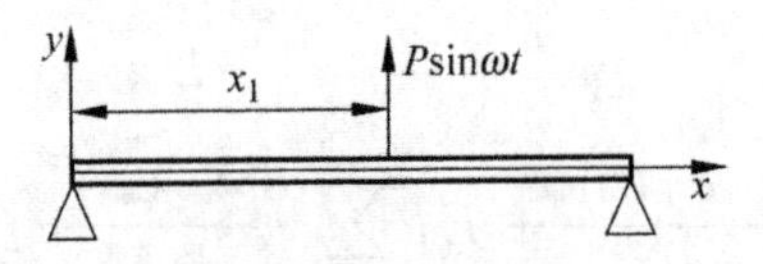

图 5-13 例 5-7 图

解：梁的运动方程为

$$\rho A\frac{\partial^2 y}{\partial t^2}+EI\frac{\partial^4 y}{\partial x^4}=\delta(x-x_1)P\sin\omega t$$

简支梁的第 i 阶固有频率和振型函数分别为

$$\omega_i=\frac{i^2\pi^2}{l^2}\sqrt{\frac{EI}{\rho A}},Y_i(x)=D_i\sin\frac{i\pi}{l}x$$

根据正则振型函数的正交性有

$$\rho A\int_0^l Y_i^2\,\mathrm{d}x=1,\text{故 }D_i=\sqrt{\frac{2}{\rho Al}}$$

确定振型函数为

$$Y_i(x)=\sqrt{\frac{2}{\rho Al}}\sin\frac{i\pi x}{l}$$

根据振型函数计算主坐标的模态力为

$$q_i(t)=\int_0^l Y_i(x)\delta(x-x_1)P\sin\omega t\,\mathrm{d}x=\sqrt{\frac{2}{\rho Al}}P\sin\frac{i\pi x_1}{l}\sin\omega t$$

并得到主坐标的响应为

$$\varphi_i(t)=\sqrt{\frac{2}{\rho Al}}P\sin\frac{i\pi x_1}{l}\frac{1}{\omega_i^2-\omega^2}\left(\sin\omega t-\frac{\omega}{\omega_i}\sin\omega_i t\right)$$

最后得到梁振动响应为

$$\begin{aligned}y(x,t)&=\sum_{i=1}^{n}Y_i(x)\varphi_i(t)\\&=\frac{2P}{\rho Al}\sum_{i=1}^{n}\frac{1}{\omega_i^2-\omega^2}\sin\frac{i\pi x_1}{l}\sin\frac{i\pi x}{l}\left(\sin\omega t-\frac{\omega}{\omega_i}\sin\omega_i t\right)\end{aligned}$$

第 6 章　随机振动简介

前面的章节主要介绍了单自由度系统振动、二自由度系统振动及多自由度系统振动的分析方法，它们都属于确定性振动或称规则振动，这些振动的规律均能用明确的数学关系式进行描述。然而工程实际中还广泛存在着另一种振动即随机振动，对它的研究将采用不同于确定振动的方法。本章要解决的问题是如何计算或估计振动系统在随机激励作用下的响应，并从随机振动的角度分析系统的响应与激励之间的关系，也就是输出与输入之间的关系。

6.1　随机振动概述

如图 6-1 所示分别为简谐（谐波）激励、周期激励与非周期激励。这三种类型的激励有一个共同的特点，即任何时刻 t 的激励的数值 $f(t)$ 是完全知道的，这种激励称为确定激励（定则激励）。对于线性系统来说，已经有了十分完善的办法来处理其在确定激励下的响应问题。

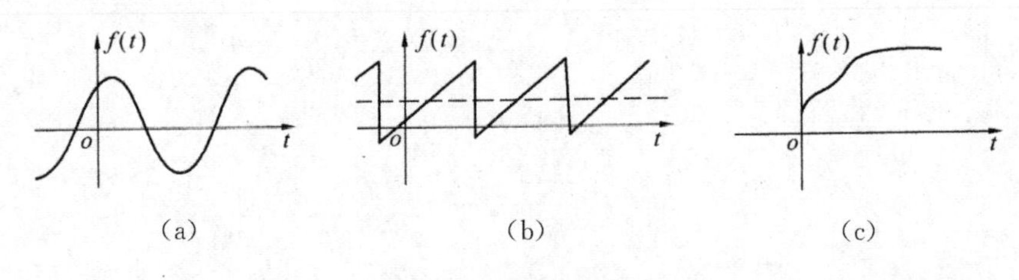

图 6-1　确定激励

自然界和工程中还存在另外一种类型的激励，如风对桥梁、电视塔或高层建筑的激励，海浪对船舶或海上石油平台的激励以及路面对汽车车轮悬挂系统的激励等。它们也有一个共同的特点：其变化规律是不确定的，即每次测量的结果都不相同，无法用确定的数学公式描述，如图 6-2 所示，这类激励称为不确定激励或随机激励。对于这类激励，并不能以一种确定的函数关系 $f(t)$ 来预测其在各个时刻的数值，其原因在于影响激励的因素太多、太复杂，在测试中难以确切地加以控制或预测。

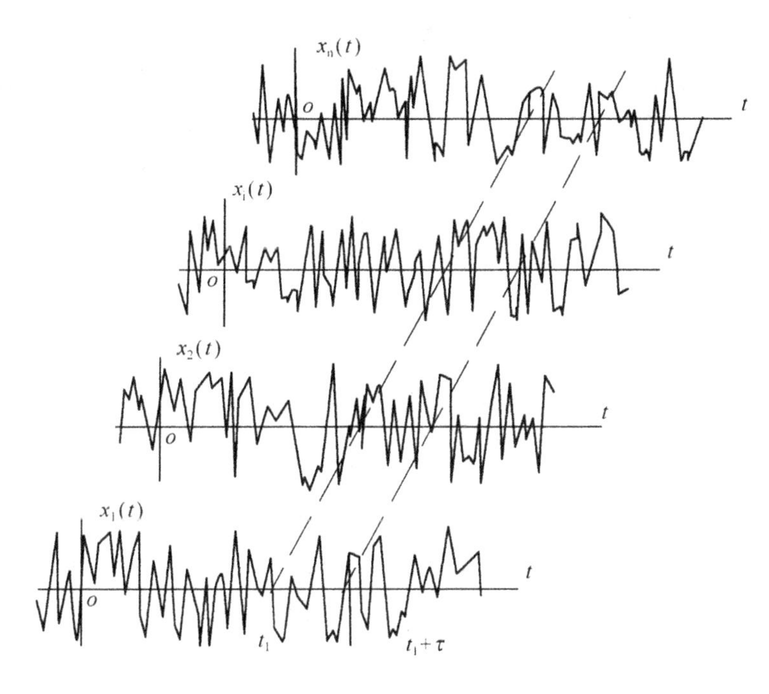

图 6-2　随机激励

由随机激励引起的振动就是随机振动，随机振动是一种非确定性振动。当系统做随机振动时，事先不可能确定系统中观测点在某时刻的位置以及振动的有关振幅、频率或相位等参数的瞬时值，即不能用确定的函数来描述这种振动。例如，在研究结构抗震问题时，就不能用一个确定函数来描述可能要发生的地震的振动，也就是对振动系统的激励事先不能用确定函数描述。因此，系统的振动响应也是随机的，也就不能用确定函数描述。

随机振动的基本特征是振动量的不确定性、不可预估性和不可重复性，这是针对单个现象而言的，而从大量观察角度考虑，随机振动系统有一定统计规律性。所谓统计规律性，就是在一定条件下，多次重复某项实验或观察某种现象所得到结果呈现的规律性。但应注意，随机振动不等于复杂振动。例如，初相角随机变化的简谐振动，波形十分简单，但它却是一种随机振动。“随机”不是复杂的意思，而是不确定性的意思。一个确定性振动波形无论怎样复杂，也不是随机振动。

研究随机振动的数学方法是概率论和数理统计。这里所谓的“统计规律性”是指激励或响应的某些“平均数”；这些平均数可以排除各种不确定的偶然因素的干扰，而揭示出内在的规律性。发现线性系统受到的激励与其响应的统计规律性之间的联系，正是现代“统计动力学”的重大突破，也是分析系统在随机激励下的响应与行为的基础。

6.2 随机过程

一个随机变量 X 与时间参数联系起来就成为随机过程 $X(t)$。有些随机试验的结果可以用一个数字来表示，如测试某种产品的寿命，测量某种零件上的某个尺寸等。若将各次试验的结果记为 $x_1, x_2, \cdots, x_k, \cdots$，则其总体记为 $X=\{x_k\}$，称为随机变量。另一些随机试验，如路面高低不平是个随机变量，如果车辆驶过高低不平的路面，这个随机变量就和时间联系起来，成为随机过程，其总体记为 $X(t)=\{x_k(t)\}$。随机过程 $X(t)$ 的一个记录称为一次实现，相当于随机变量的一个取值。当下标 k 取定值时，得到 $x_1(t), x_2(t), \cdots$，称为“样本函数”，而当 t 取定值时，如 $t=t_1, t=t_2$ 等，则得到不同的随机变量 $X_1=\{x_k(t_1)\}, X_2=\{x_k(t_2)\}$ 等。例如对风速进行 N 次记录，每次记录的时间长度相同，那么这 N 次记录就是风速这个随机过程的 N 次实现，记为 $X_1(t), \cdots, X_N(t)$。

由于在实践中只能得到有限长的样本记录，而不可能得到无限长的样本函数，所以在随机振动研究工作中并不严格区分样本记录和样本函数，有时也称样本记录为样本函数。一个随机过程的每一个样本记录的时间区间一般是相同的。这个时间区间可以是很长的时间，也可以是相对很短的时间，这要根据所研究问题及数据处理的特点和需要而定。例如，河水流量随机过程的样本长度为一年，高大建筑物脉动随机过程的样本记录长度也许需要数小时，而在发射阶段火箭振动随机过程的样本记录可能只有几秒钟。

一般讲，要完整地描述一个随机过程，需要大量的样本函数。也就是需要进行大量的试验。然而，实际中重复进行大量的试验有时是不可能的，也就是说，随机过程的特征参数由无限多个样本函数来确定。对于某一时刻，$X_i(t)$ 到底等于多大是不确定的，它是随次数 i 而变化的。因此，一个随机过程是随机现象可能产生的全部样本函数的集合，而一个样本函数是随机过程的一个物理现实。例如，导弹的发射就不能大量重复试验。幸好在实践中有一类随机过程，其统计特性可以根据少数的，甚至是一个振动时间历程就能确定的。

6.2.1　总体平均与平稳随机过程

6.2.1.1　总体平均

总体平均是各样本函数在某时刻的取值 $x_k(t_1)(k=1,2,\cdots)$ 的平均值，或者是这些取值的某种函数的平均值。例如，随机过程 t_1 时刻的平均值（一次矩）就是沿总集的每个样本取出 t_1 时刻的幅值相加，然后除以样本函数（记录）的总数 N 而得到的。总体平均是在各样本函数之间进行的，以“E”表示总体平均。

（1）均值

如图 6-3 所示，时刻 t_1 的总体平均的均值

$$\mu_x(t_1)=E\{x_k(t_1)\}=\lim_{n\to\infty}\frac{1}{n}\sum_{k=1}^{n}x_k(t_1) \tag{6-1}$$

总体平均的均值一般是时间 t_1 的函数。时刻 $t_2,t_3,\cdots$ 的总

值平均值也可类似地计算。如果这些不同时刻的总集平均值都相同，即

$$\mu_x(t_1)=\mu_x(t_2)=\cdots=\mu_x(t_n)=\text{常数}$$

这就是说统计特性之一的总集平均值与时间无关。

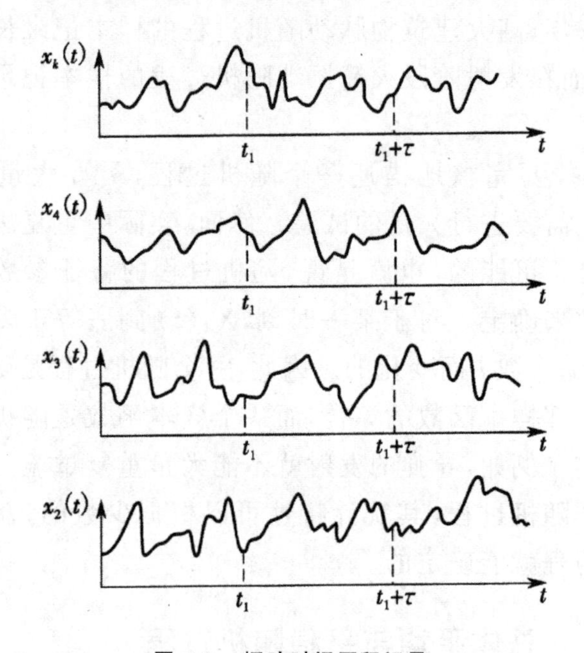

图 6-3　振动时间历程记录

(2) 自相关函数

如果沿总集的各样本函数，在 $t=t_1$ 与 $t=t_1+\tau$ 时刻取值相乘后加起来，并除以样本函数的总数，就得到另一类总集平均，称为自相关函数。其数学表达式为

$$R_x(t_1,t_1+\tau)=E[x_k(t_1)x_k(t_1+\tau)]=\lim_{n\to\infty}\frac{1}{n}\sum_{k=1}^{n}x_k(t_1)x_k(t_1+\tau) \tag{6-2}$$

一般而言，总体平均的自相关函数依赖所选定的起始时刻 t_1 与时移 τ，它反映 t_1 与 $t_2=t_1+\tau$ 这两个时刻的随机变量 $X_1=\{x_k(t_1)$ 和 $X_2=\{x_k(t_2)\}$ 之间的统计联系。

均值又称为随机过程的一阶平均，而自相关函数称为二阶平均，还可定义更高阶的平均数，但用得很少。

6.2.1.2　平稳随机过程

一随机过程 $X(t)=\{x_k(t)\}$ 的均值 $\mu_x(t_1)$ 和自相关函数 $R_x(t_1,t_1+\tau)$ 一般与 t_1 有关，这表明此过程的统计特性是随时间变化的，这种过程称为“非平稳的”。如果以上两个参数均与 t_1 无关，则此随机过程称为“弱平稳随机过程”，此时均值成为常数，记为 μ_x，而自相关函数仅与 τ 有关，记为 $R_x(\tau)$。

如果随机过程所有各种统计特性都与时间无关，就称随机过程为强平稳随机过程。一般讲到平稳随机过程时，除非特别说明，都指弱平稳随机过程。显然，强平稳随机过程一定是弱平稳随机过程，反之则不一定。

这里“弱”字是指平稳仅对一阶与二阶平均值成立。如果 $X(t)=\{x_k(t)\}$ 的各阶平均数均与 t_1 无关，则过程称为“强平稳”的。强平稳的过程当然也是弱平稳的，反之则不一定成立。由于高于二阶的平均数很少用到，这里不再严格区分“弱平稳”与“强平稳”，而统称为“平稳随机过程”。

6.2.2　时间平均与各态历经随机过程

6.2.2.1　时间平均

时间平均是就某一个样本函数 $x_k(t)$，在时间上进行的平均。以字母上面的横线“—”表示时间平均。于是有

(1) 时间均值

$$\mu_x(k)=\overline{x_k(t)}=\lim_{T\to\infty}\frac{1}{T}\int_0^T x_k(t)\,\mathrm{d}t \tag{6-3}$$

(2) 时间自相关函数

$$R_x(k,\tau)=\overline{x_k(t)x_k(t+\tau)}=\lim_{T\to\infty}\frac{1}{T}\int_0^T x_k(t)x_k(t+\tau)\,\mathrm{d}t \tag{6-4}$$

时间均值与时间自相关函数一般会随样本函数而异，即是样

本标号后的函数。由于某一个样本函数并不足以反映一个随机过程的全貌,因此,基于某一个样本函数的时间平均一般也不能代表整个随机过程的统计特性。可是在下述的所谓"各态历经"的假设下,却可以用一个样本函数来有效地代表整个随机过程的特性。

6.2.2.2 各态历经随机过程

由于随机过程集合概率密度函数的计算或估计需要大量的样本,这在现实中很难实现,甚至是不可能的。如果随机过程所有的集合平均,如均值、方差等,与随机过程的任何一个记录或样本的时间平均值相同,那么这种随机过程称为各态历经随机过程。从性质上不难理解,各态历经随机过程必然是平稳随机过程。对于这类过程来说,可以认为总体平均与时间平均相等

$$\mu_x(t_1)=\mu_x(k) \tag{6-5}$$

$$R_x(t_1,t_1+\tau)=R_x(k,\tau) \tag{6-6}$$

满足此条件的过程 $X(t)=\{x_k(t)\}$ 称为"各态历经"随机过程。"各态历经"亦有"弱"、"强"之分,如果只是平均值和相关的总集平均等于单个样本记录的时间平均,就称为弱各态历经随机过程;如果所有的统计特性的总集平均都等于单个样本记录的时间平均,就称为强各态历经随机过程。

由以上定义可知,各态历经随机过程的所有统计特性都可以用单个函数样本上的时间平均来描述。这个特点在工程上有很大的实用意义。

应该注意,各态历经性和平稳性是两个不同的概念。平稳性说的是总集平均统计特性与时间无关,而各态历经性说的是总集平均的统计特性等于任何一个样本记录的时间平均。因此,任何各态历经的随机过程必须是平稳的随机过程,但是,一个平稳的随机过程则不一定是各态历经的。

对各态历经随机过程,只要对其中一个时间样本函数进行分析,研究其统计特性,就可掌握其全部样本的统计特性,而免除采集大量样本、计算总体平均的麻烦,从而使对随机过程的记录、分

析工作大为简化，因而这一假定是富有吸引力的。事实上，与许多物理现象相关联的随机过程都可以认为是各态历经的，但是要想严格判断一个过程是不是各态历经的，是非常困难的，通常是凭直观做出这一假定，然后看分析计算的结果是否符合实际，反过来判断这一假定是否可以接受。

式(6-5)、式(6-6) 的左端是 t_1 的函数，而右端是 k 的函数，为使等式能够成立，必须有：总体平均与 t_1 无关(即过程是平稳的)，且时间平均与 k 无关(各样本函数的时间平均相同)。由此可知各态历经过程一定是平稳的，但反之则不然，即一个平稳过程未必是各态历经的。

综上可知：第一，随机过程是平稳的，即总体平均与 t_1 无关；第二，时间平均与 k 无关，这两点构成过程是各态历经的必要条件。事实上这两点也是随机过程为各态历经的充分条件。

6.2.3　随机振动的统计特性

随机过程的平均运算分为总体平均与时间平均两种，而且也只有在随机过程为各态历经的情况下，才可以用时间平均取代总体平均。因此下面讨论的随机过程都是各态历经的，这样可以只针对一个样本函数，研究其统计特性，就可以掌握其全部样本的统计特性，而避免采集大量样本、计算总体平均。

在处理随机振动的过程中，一般习惯上常用统计函数来描述随机数据的基本特性，例如，用“均方值”提供振动过程强度方面的统计特性，用“概率密度函数”提供振动过程幅值域的统计特性，用“自相关函数”提供振动过程时间域的统计特性，用“功率谱密度函数”提供振动过程频率域的统计特性等。

6.2.3.1　幅值域特性

(1) 均值

通常的随机信号总是存在最大值(峰值) 和最小值(谷值) 的。最大值和最小值给出了随机过程变化的上、下极限，但是并没有、也无法说明信号的中心位置和变化波动的程度。因为信号的极限值相同，但其平均值可能并不相同。因此，说明随机过程信号的平均位置的平均值，简称为均值 μ_x，或者直流分量（静态分量）对于确切描述随机过程非常重要。

对于连续的随机过程

$$\mu_x = \lim_{T\to\infty} \frac{1}{T}\int_0^T x(t)\,\mathrm{d}t \tag{6-7}$$

对于随机过程的离散数据系列

$$\mu_x = \lim_{N\to\infty} \frac{1}{N}\sum_{i=1}^{N} x_i \tag{6-8}$$

通过随机变量 X 的均值 μ_x 与方差 σ_x^2，可以对随机变量的特性作进一步了解，它们的定义如下

$$\mu_x = E[X] = \int_{-\infty}^{\infty} xp(x)\,\mathrm{d}x \tag{6-9}$$

$$\sigma_x^2 = E[(X-\mu_x)^2] \tag{6-10}$$

（2）方差和标准差

为了描述信号对其均值的离散程度，引入方差的概念来反映信号的动态部分。方差的计算公式为

对于连续的随机过程

$$\sigma_x^2 = \lim_{T\to\infty} \frac{1}{T}\int_0^T (x(t)-\mu_x)^2\,\mathrm{d}t \tag{6-11}$$

对于随机过程的离散数据系列

$$\sigma_x^2 = \lim_{N\to\infty} \frac{1}{N}\sum_{i=1}^{N} (x_i-\mu_x)^2 \tag{6-12}$$

均值和方差是随机变量最常用也是最重要的统计量。方差的正的开方值称为标准差，根据式（6-11）和式（6-12）易知标准差的计算公式为

对于连续的随机过程

$$\sigma_x = \sqrt{\sigma_x^2} = \sqrt{\lim_{T\to\infty} \frac{1}{T}\int_0^T (x(t)-\mu_x)^2\,\mathrm{d}t} \tag{6-13}$$

对于随机过程的离散数据系列

$$\sigma_x = \sqrt{\sigma_x^2} = \sqrt{\lim_{N\to\infty}\frac{1}{N}\sum_{i=1}^{N}(x_i - \mu_x)^2} \tag{6-14}$$

(3) 均方值和有效值

均方值可以描述随机信号的强度，反映信号动态和静态的总的平均能量水平，当然这里的能量不一定是真正能量的量纲，而是实际测量信号的物理量量纲的平方，即为广义的能量。其计算公式为

对于连续的随机过程

$$\psi_x^2 = \lim_{T\to\infty}\frac{1}{T}\int_0^T x^2(t)\,\mathrm{d}t \tag{6-15}$$

对于随机过程的离散数据系列

$$\psi_x^2 = \lim_{N\to\infty}\frac{1}{N}\sum_{i=1}^{N}x_i^2 \tag{6-16}$$

在工程应用中，经常希望利用一个当量幅值来表示信号的大小，即称为有效值，它是均方值的正的平方根值，也称为均方根值。计算公式为

对于连续的随机过程

$$\psi_x = \psi_x^2 = \sqrt{\lim_{T\to\infty}\frac{1}{T}\int_0^T x^2(t)\,\mathrm{d}t} \tag{6-17}$$

对于随机过程的离散数据系列

$$\psi_x = \psi_x^2 = \sqrt{\lim_{N\to\infty}\frac{1}{N}\sum_{i=1}^{N}x_i^2} \tag{6-18}$$

(4) 均值、方差和均方值之间的关系

均方值等于方差与均值的平方之和，即

$$\psi_x^2 = \sigma_x^2 + \mu_x^2 \tag{6-19}$$

下面对此进行简单的证明。对于连续的随机过程

$$\begin{aligned}\sigma_x^2 &= \lim_{T\to\infty}\frac{1}{T}\int_0^T (x(t) - \mu_x)^2\,\mathrm{d}t \\ &= \lim_{T\to\infty}\frac{1}{T}\int_0^T (x^2(t) - 2\mu_x x(t) + \mu_x^2)\,\mathrm{d}t\end{aligned}$$

$$=\lim_{T\to\infty}\frac{1}{T}\int_0^T x^2(t)\,\mathrm{d}t-2\mu_x\lim_{T\to\infty}\frac{1}{T}\int_0^T x(t)\,\mathrm{d}t+\mu_x^2$$

$$=\psi_x^2-2\mu_x^2+\mu_x^2$$

$$=\psi_x^2-\mu_x^2$$

所以式(6-19)成立。

6.2.3.2 相关域特性

系统的随机振动若不考虑其物理量就表现为随机信号，相关函数表征随机过程在一个时刻和另外一个时刻采样值之间的相互依赖程度，即表征信号随机变化的程度。

$x(t)$ 是各态历经随机信号，$x(t+\tau)$ 是 $x(t)$ 时移 τ 后的样本(图 6-4)，两个样本的相关程度可以用相关系数来表示。那么有

$$\rho_x(\tau)=\frac{\lim\limits_{T\to\infty}\frac{1}{T}\int_0^T[x(t)-\mu_x][x(t+\tau)-\mu_x]\,\mathrm{d}t}{\sigma_x^2}$$

$$=\frac{\lim\limits_{T\to\infty}\frac{1}{T}\int_0^T x(t)x(t+\tau)\,\mathrm{d}t-\mu_x^2}{\sigma_x^2} \tag{6-20}$$

随机信号 $x(t)$ 的自相关函数定义为

$$R_x(\tau)=\lim_{T\to\infty}\frac{1}{T}\int_0^T x(t)x(t+\tau)\,\mathrm{d}t \tag{6-21}$$

式中，变量 τ 表示时间的延迟。从 $R_x(\tau)$ 的表达式可以看到，它是 t 时刻的信号 $x(t)$ 与相隔时间 τ 以后的信号 $x(t+\tau)$ 的乘积的时间平均。自相关函数反映信号自身相隔一段时间后的相关程度。如果 $R_x(\tau)=0$，则表示随机信号在相隔了一段时间 τ 以后是不相关的，或者说 τ 前后的随机信号是互相独立的。

则相关系数变为

$$\rho_x(\tau)=\frac{R_x(\tau)-\mu_x^2}{\sigma_x^2}$$

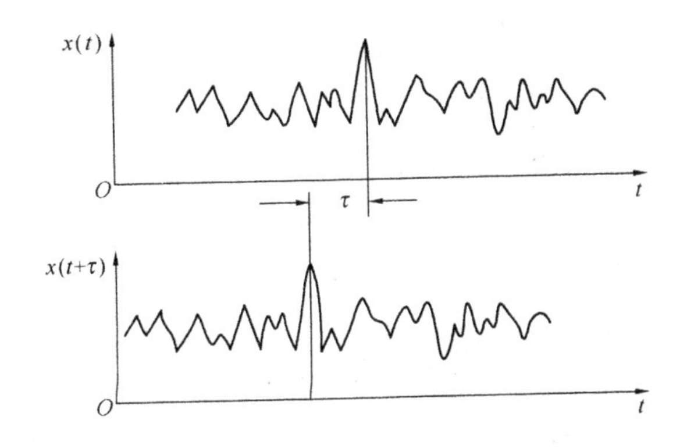

图 6-4　自相关函数

经简单推导可以得到自相关函数的下列重要性质：

①$R_x(\tau)=R_x(-\tau)$，即自相关函数为偶函数。

简单证明如下：

$$\begin{aligned}R_x(-\tau)&=\lim_{T\to\infty}\frac{1}{T}\int_0^T x(t)x(t-\tau)\,\mathrm{d}t\\&=\lim_{T\to\infty}\frac{1}{T}\int_0^T x(t+\tau)x(t+\tau-\tau)\,\mathrm{d}(t+\tau)\\&=\lim_{T\to\infty}\frac{1}{T}\int_0^T x(t+\tau)x(t)\,\mathrm{d}t\\&=R_x(\tau)\end{aligned}$$

又因为 $x(t)$ 是实函数，所以自相关函数是 τ 的实偶函数。

②$R_x(0)\geqslant R_x(\tau)$，且等于均方值，即

$$\begin{aligned}R_x(0)&=\lim_{T\to\infty}\frac{1}{T}\int_0^T x(t)x(t+0)\,\mathrm{d}t\\&=\lim_{T\to\infty}\frac{1}{T}\int_0^T x^2(t)\,\mathrm{d}t=\psi_x^2\end{aligned}$$

一般而言，τ 越大，两时刻的随机变量 $x(t_1)$ 和 $x(t_1+\tau)$ 的相关性越差，自相关函数 $R_x(\tau)$ 越小。

③ 对于周期信号 $x(t+nT)=x(t)$，有 $R_x(\tau+nT)=R_x(\tau)$，即周期信号的自相关也是周期函数，且周期相同。

如果周期信号 $x(t+nT)=x(t)$，则其自相关函数为

$$R_x(\tau+nT)=\frac{1}{T}\int_0^T x(t+nT)x(t+nT+\tau)\,\mathrm{d}(t+nT)$$
$$=\frac{1}{T}\int_0^T x(t)x(t+\tau)\,\mathrm{d}t$$
$$=R_x(\tau)$$

表明当时移 τ 加减周期的整数倍时，自相关函数不发生变化。

几种典型信号的自相关函数和功率谱如表 6-1 所示。由图可知，只要信号中含有周期成分，其自相关函数在 τ 很大时都不衰减，并具有明显的周期性。不包含周期成分的随机信号，当 τ 稍大时自相关函数就将趋近于零；宽带随机噪声的自相关函数很快衰减到零（宽带信号只要经过很短的时间间隔，前后信号就没有关联了，是互相独立的）；窄带信号具有一定的相关性，只要时间间隔不是很长，后面的信号与前面的信号总有一定的关联，且时间间隔越短，相关性越大；白噪声自相关函数收敛最快，为 δ 函数，所含频率为无限多，频带无限宽。

表 6-1　几种典型信号的 $p(x)$、$R(\tau)$ 和 $G(f)$ 图

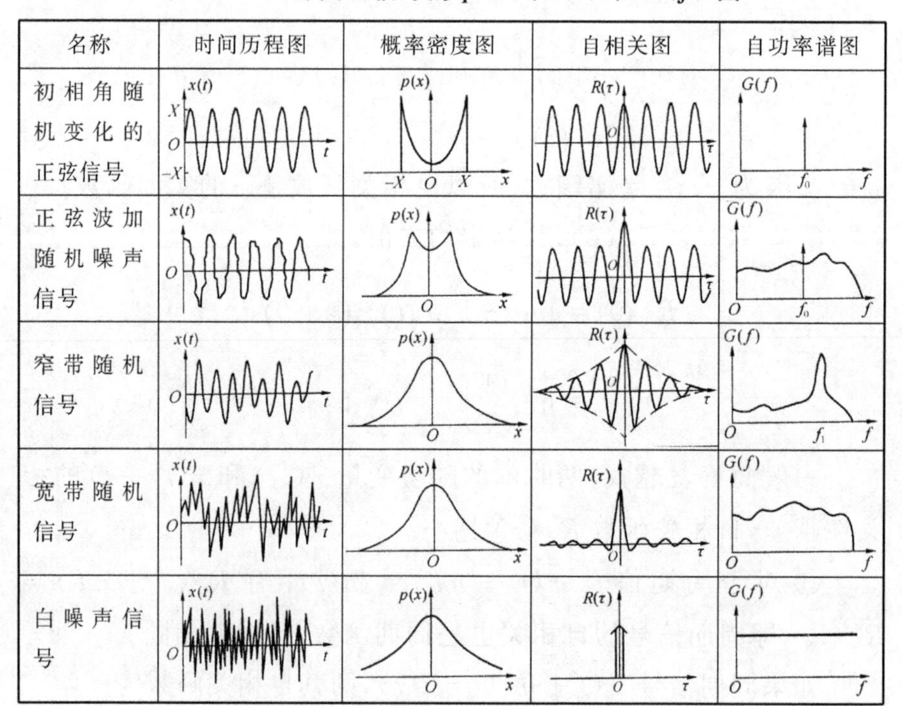

名称	时间历程图	概率密度图	自相关图	自功率谱图
初相角随机变化的正弦信号				
正弦波加随机噪声信号				
窄带随机信号				
宽带随机信号				
白噪声信号				

图 6-5 给出一个频率为 50Hz 的确定性信号与宽带随机信号叠加在一起的信号。因为 50Hz 的信号比随机信号还要小，所以从时域的信号图上很难分辨出来。但是从信号的自相关函数很容易看出合成信号中含有周期信号。因为自相关函数呈现出周期性，并且可以知道所包含的周期信号的周期为 0.02s，即频率为 50Hz。

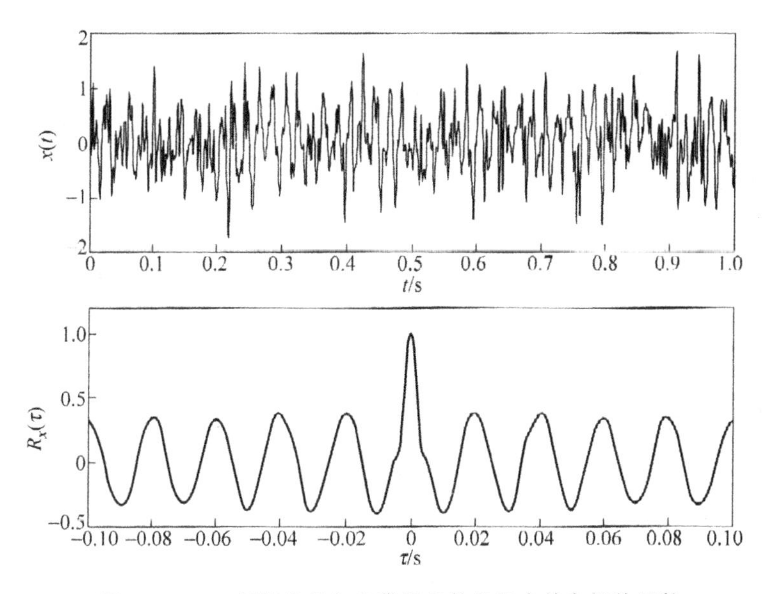

图 6-5　50Hz 周期信号与宽带随机信号组合的自相关函数

自相关函数可用来检测淹没在随机信号中的周期分量。这是因为随机分量的自相关函数总是随 $\tau\to\infty$ 而趋于零或某一常值 ψ_x^2，而周期分量的自相关函数则可保持原有的周期性质。例如，设周期分量为一简谐信号

$$x(t)=A\sin(\omega t+\varphi)$$

其自相关函数

$$\begin{aligned}R_x(\tau)&=\frac{1}{T}\int_0^T x(t)x(t+\tau)\,\mathrm{d}t\\&=\frac{\omega}{2\pi}\int_0^{2\pi/\omega}A^2\sin(\omega t+\varphi)sin\,[\omega(t+\tau)+\varphi]\,\mathrm{d}t\\&=\frac{1}{2}A^2\cos\omega\tau\end{aligned}$$

可见，它保持了原信号的频率和幅值信息，不过只是失去了相位信息而已。图 6-6(a)、(b) 分别表示一混合有随机噪声的简谐信号波形及其自相关函数曲线。由时间波形(a) 显然难以准确测定简谐分量的频率和振幅，而从它的自相关函数图形(b) 中却可以精确识别出来。

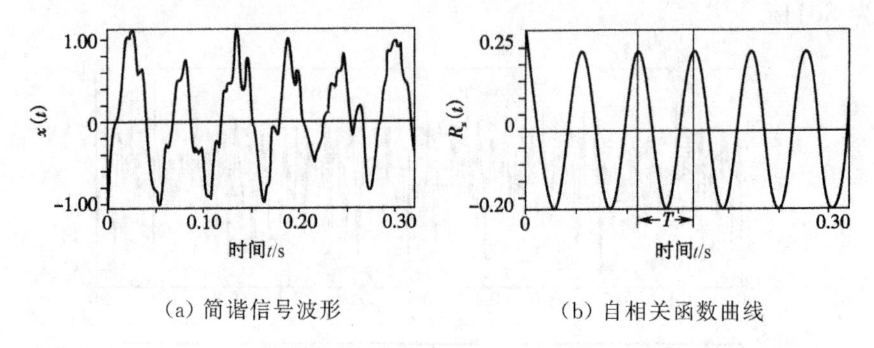

(a) 简谐信号波形　　(b) 自相关函数曲线

图 6-6　混合有随机噪声的简谐信号波形及其自相关函数

6.2.3.3　频域特性

在工程中，频率是反映信号变化快慢的一个重要物理量。一个信号如果有高频成分就表示它有快的变化，反之，一个信号如果有低频成分就意味着它有慢的变化。通过频域分析不仅可以了解随机信号的频谱，而且频率域中输入、输出与系统之间的关系比较简单，可以用代数式表示。周期信号可采用傅里叶级数分解频率成分，非周期信号用傅里叶积分进行分解。而对随机过程，通过其自相关函数的傅里叶变换引入频率，从而获得频域信息。对于随机过程在频域内的描述，主要是应用功率谱密度函数(功率谱或自谱) 来表征随机振动过程在各频率成分上的统计特性。

对于随机激励 $X(t)$，假设它是平稳随机过程激励。利用平稳随机过程 $X(t)$ 的自相关函数 $R_x(\tau)$，通过傅里叶变换，可定义功率谱密度函数 $S_x(\omega)$

$$S_x(\omega)=\int_{-\infty}^{\infty} R_x(\tau)\,\mathrm{e}^{-\mathrm{j}\omega\tau}\,\mathrm{d}\tau \tag{6-22}$$

式中：$S_x(\omega)$ 称为随机信号的功率谱密度函数(PSD)，简称为功率谱密度，一般简称为自谱密度或谱密度。

根据傅里叶变换定义，对式(6-22)进行逆变换，可以得到其自相关函数

$$R_x(\tau)=\frac{1}{2\pi}\int_{-\infty}^{\infty}S_x(\omega)\,\mathrm{e}^{\mathrm{j}\omega\tau}\,\mathrm{d}\omega \tag{6-23}$$

随机信号的功率谱密度与自相关函数构成傅里叶变换对，式(6-22)和式(6-23)称为维纳—辛钦(Wiener-Khinchin)关系。它是从频率的角度描述 $X(t)$ 统计规律的最主要的数字特征，其物理意义是 $X(t)$ 的平均功率关于频率的分布。

在式(6-23)中，如果 $\tau=0$，并根据自相关函数的定义，可得

$$\psi_x^2=R_x(0)=\lim_{T\to\infty}\frac{1}{T}\int_{-T/2}^{T/2}x^2(t)\,\mathrm{d}t=\frac{1}{2\pi}\int_{-\infty}^{\infty}S_x(\omega)\,\mathrm{d}\omega \tag{6-24}$$

式中 $R_x(0)$ 为随机信号的均方值，是在时间域里计算得到的平均功率，而等式右边的积分则是在频率域里计算得到的平均功率。根据积分的意义(不考虑因子 $1/2\pi$)，$S_x(\omega)\mathrm{d}\omega$ 代表信号在微小频率区间 $[\omega,\omega+\mathrm{d}\omega]$ 的功率，因此 $S_x(\omega)$ 称为功率谱密度。在随机振动中，$S_x(\omega)$ 表示能量在各圆频率上的分布程度，根据其物理意义可知，$S_x(\omega)\geqslant 0$。

式(6-24)还有另外一个重要的物理意义，即随机信号的平均功率既可以从时域计算(方程的左边部分)，也可以从频域计算(方程的右边部分)，两者是相等的。

将傅里叶变换式(6-22)展开，并利用自相关函数 $R_x(\tau)$ 是偶函数的性质，可得

$$\begin{aligned}S_x(\omega)&=\int_{-\infty}^{\infty}R_x(\tau)\,\mathrm{e}^{-\mathrm{j}\omega\tau}\,\mathrm{d}\tau\\&=\int_{-\infty}^{\infty}R_x(\tau)\,(\cos\omega\tau-\mathrm{j}\sin\omega\tau)\,\mathrm{d}\tau\\&=2\int_{0}^{\infty}R_x(\tau)\cos\omega\tau\,\mathrm{d}\tau\end{aligned} \tag{6-25}$$

由此可知，$S_x(\omega)$ 为 ω 的偶函数。

计算随机信号的功率谱密度函数不一定非要先计算自相关函数，再对自相关函数进行傅里叶变换。式(6-22)只是一个理论上的定义。利用随机信号$X(t)$的傅里叶变换$X(\omega)$，通过下式可以直接得到功率谱密度：

$$S_x(\omega)=\frac{1}{T}|X(\omega)|^2 \tag{6-26}$$

以上计算式可以通过表示能量积分关系的帕塞伐等式(Parseval's Theorem)

$$\int_{-\infty}^{\infty}x^2(t)\,\mathrm{d}t=\frac{1}{2\pi}\int_{-\infty}^{\infty}|X(\omega)|^2\mathrm{d}\omega \tag{6-27}$$

并综合式(6-24)得到。式(6-24)实际上是式(6-27)的另一种表达，只不过一个是平均功率，另一个是能量而已，两者只差一个系数1/T。

功率谱是偶函数，公式(6-22)中允许有负频率存在，在整个频域内定义的$S_x(\omega)$为双边功率谱。在工程应用中，只有正值的频率才是有意义的，为此，将只在非负频率范围内定义的功率谱称为单边功率谱，记作$G_x(\omega)$，如图6-7所示。

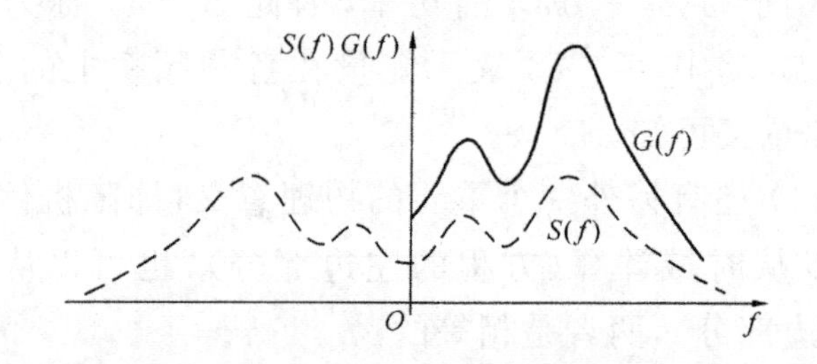

图6-7 单边谱与双边谱

实际计算时常把$S_x(\omega)$在$-\omega$的对称部分折叠到$+\omega$这边来，得到单边功率谱密度$G_x(\omega)$。根据功率谱$S_x(\omega)$是偶函数的性质，则单边谱和双边谱的关系为

$$G_x(\omega)=\begin{cases}2S_x(\omega) & \omega\geqslant 0\\ 0 & \omega<0\end{cases} \tag{6-28}$$

功率谱的量纲是均方值量纲与频率量纲之比。例如若$X(t)$为位移量纲mm，频率量纲为Hz，则功率谱量纲为$\mathrm{mm^2/Hz}$。

采用功率谱密度可以对随机振动过程进行定量描述。在工程实际中，可借助于某种测量记录仪器对随机振动过程进行记录，然后用带通滤波器和运算器，或通过 A/D 变换器和数字计算机获得自相关函数和功率谱密度。

实际计算功率谱时，通常利用频率 f(Hz) 代替圆频率 ω(rad/s)，则维纳 — 辛钦关系式变化为

$$S_x(f)=\int_{-\infty}^{\infty}R_x(\tau)\,e^{-j2\pi f\tau}\,d\tau \tag{6-29}$$

$$R_x(\tau)=\int_{-\infty}^{\infty}S_x(f)\,e^{j2\pi f\tau}\,df \tag{6-30}$$

那么，式(6-28) 转化为

$$G_x(f)=2S_x(f) \tag{6-31}$$

图 6-8(a) 和图 6-8(b) 分别给出窄带随机过程和宽带随机过程的两种典型随机过程的时间历程波形和功率谱图。由此可见，窄带过程是由突然形成孤立峰的功率谱密度 $S_x(\omega)$ 所描述，即谱密度仅集中于某个频率附近的窄频带内，并且在此频带内的 $S_x(\omega)$ 相对较大。而宽带过程是在一个频带宽度与中心频率同量级的频带内，由一个相对较大 $S_x(\omega)$ 值的功率谱图所描述。

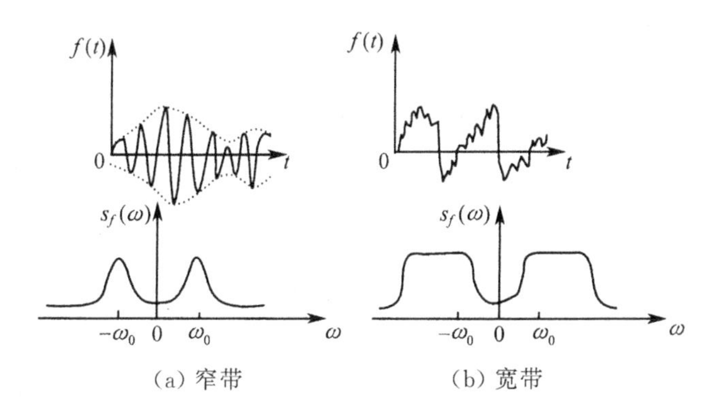

图 6-8　窄带随机过程和宽带随机过程的时间历程波形和功率谱图

如果宽带的频率范围扩展为无穷大且谱密度在整个频率范围等于常数值，这种理想的随机过程叫作白噪声谱。虽然白噪声在实际中不可能存在，但适当地使用这一概念，往往能够简化激励，为统计计算带来方便。如在振动试验中，将信号发生器产生

的白噪声经滤波器滤波，就可以得到所需的宽带或窄带随机信号。

对两个随机信号 $x(t)$ 和 $y(t)$ 的互相关函数做傅里叶变换便得到互谱密度函数

$$S_{xy}(\omega)=\int_{-\infty}^{\infty} R_{xy}(\tau)\,\mathrm{e}^{-\mathrm{i}\omega\tau}\mathrm{d}\tau \tag{6-32}$$

对互谱密度函数 $S_{xy}(\omega)$ 做傅里叶逆变换就得到互相关函数：

$$R_{xy}(\tau)=\frac{1}{2\pi}\int_{-\infty}^{\infty} S_{xy}(\omega)\,\mathrm{e}^{\mathrm{j}\omega\tau}\mathrm{d}\omega \tag{6-33}$$

即互相关函数和互谱密度函数构成傅里叶变换对。

根据互相关函数的性质 $R_{xy}(\tau)=R_{yx}(-\tau)$，从式(6-32)可以得到

$$S_{xy}(\omega)=S_{yx}^{*}(\omega) \tag{6-34}$$

式中的 * 号表示复数取共轭。与功率谱密度函数不同，互谱密度函数是复数。

与功率谱密度相似，互谱密度可以用下式直接计算

$$S_{xy}(\omega)=\frac{1}{T}[X^{*}(\omega)Y(\omega)] \tag{6-35}$$

式中：$X(\omega)$ 和 $Y(\omega)$ 分别为 $x(t)$ 和 $y(t)$ 的傅里叶变换。

6.2.3.4 随机振动的概率描述

(1) 总体概率

总体概率是对随机过程的样本的总体定义。一个随机变量 x 的取值是不确定的，但是其取值的概率分布是服从统计规律的，这个统计规律就是随机变量 x 的概率分布函数。某随机过程的一组样本函数如图 6-9 所示。设定某 x_1 值，如图中各水平虚线所示，在全部 N 个样本函数中，在 t_1 时刻的取值 $x_k(t_1)(k=1,2,\cdots,N)$ 小于 x_1 的如有 N_{x_1} 个，则概率分布函数定义为

$$P(x_1,t_1)=P_{\mathrm{rob}}[x_k(t_1)<x_1]=\lim_{N\to\infty}\frac{N_{x_1}}{N} \tag{6-36}$$

更常用地，可以定义随机变量 X 的概率密度函数 $P(x_1,t_1)$ 为

$$p(x_1,t_1)=\lim_{\Delta x_1\to 0}\frac{P_{\text{rob}}[x_1<x_k(t_1)<x_1+\Delta x_1]}{\Delta x_1} \tag{6-37}$$

即随机变量 X 取值落在区间$[x_1,x_1+\Delta x_1]$的概率密度。

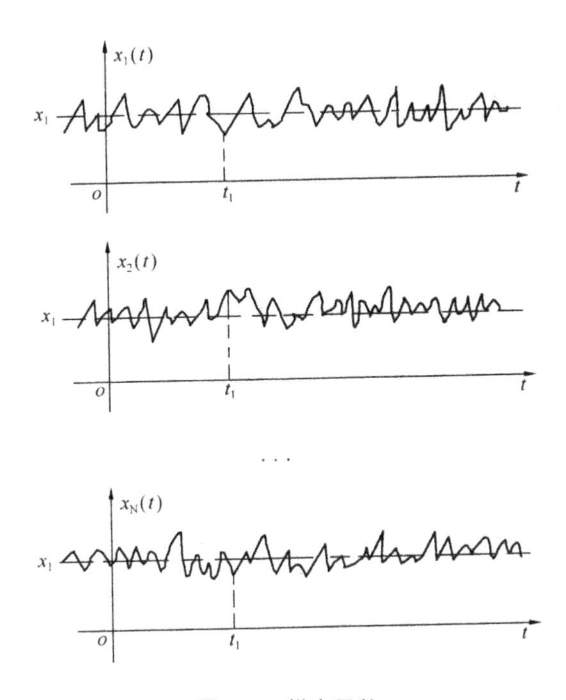

图 6-9　样本函数

随机过程 $X(t)$ 的概率密度函数用下式进行定义：

$$p(x,t)=\mathrm{P}_{\text{rob}}(x\leqslant X(t)\leqslant x+\mathrm{d}x)/\mathrm{d}x \tag{6-38}$$

由式(6-38) 可以看到，随机过程的概率密度函数 $p(x,t)$ 是时间的函数。因为 $p(x,t)$ 可以随时间变化，还可定义随机过程 $X(t)$ 的联合分布概率密度函数如下：

$$p(x_1,t_1;x_2,t_2)=P_{\text{rob}}(x_1\leqslant X(t_1)\leqslant x_1+\mathrm{d}x_1\,\&\,x_2\leqslant X(t_2)\leqslant x_2+\mathrm{d}x_2)/\mathrm{d}x_1x_2 \tag{6-39}$$

上式表示的是二维联合分布概率密度函数，更一般地还可以写出 n 维的联合分布概率密度函数。很明显，随机过程的概率密度函数比随机变量的概率密度函数复杂得多。

概率密度函数是概率分布函数的导函数，二者具有如下性质

①$P(x_1,t_1)$ 为 x_1 的非减函数，且满足

$$P(-\infty,t_1)=0,0\leqslant P(x_1,t_1)\leqslant 1,P(\infty,t_1)=1 \tag{6-40}$$

②$p(x_1,t_1)$ 非负,且满足归一化条件

$$\int_{-\infty}^{\infty} p(x_1,t_1)\,\mathrm{d}x_1 = P(\infty,t_1)=1 \tag{6-41}$$

若过程是平稳的,则 $P(x_1,t_1)$、$p(x_1,t_1)$ 均与时刻 t_1 无关,又由于 x_1 是可以改变的,因此可分别写作 $P(x)$、$p(x)$。

其概率密度函数为

$$p(x)=\frac{1}{\sqrt{2\pi}\sigma_x}\exp\left[-\frac{(x-\mu_x)^2}{2\sigma_x^2}\right] \tag{6-42}$$

式中,μ_x 和 σ_x 分别是均值和标准差。

正态分布函数的图形呈钟形,如图 6-10 所示。自然界和社会生活中的很多随机现象的概率服从或近似服从正态分布,也称为高斯分布(Gauss 分布)。

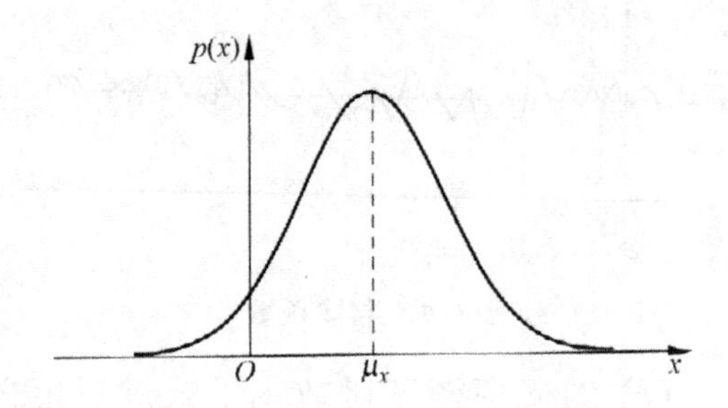

图 6-10 正态分布概率密度函数

此种随机过程的一个样本如图 6-11(a) 所示,而其概率分布函数与概率密度函数分别如图 6-11(b)、(c) 所示。

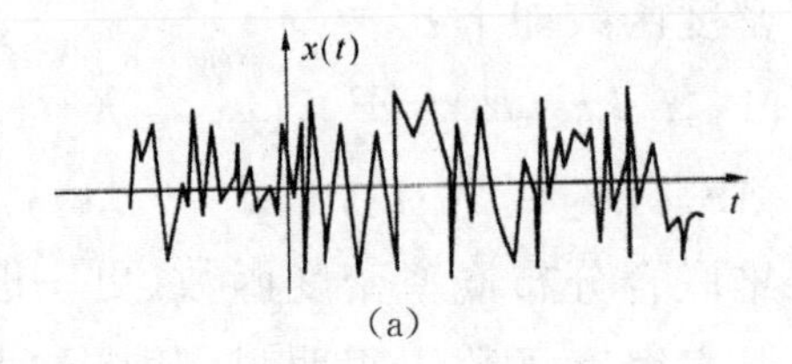

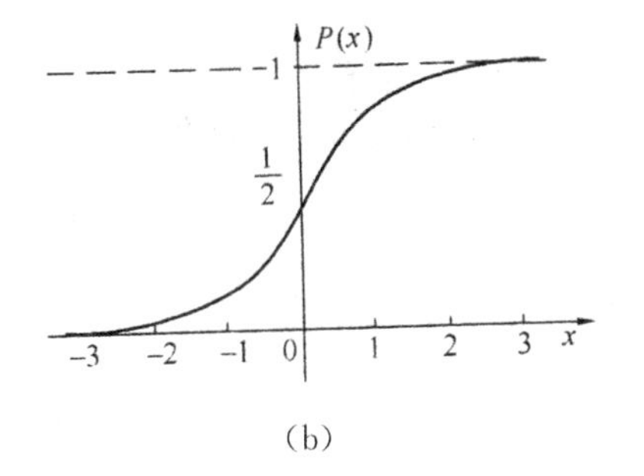

(b)

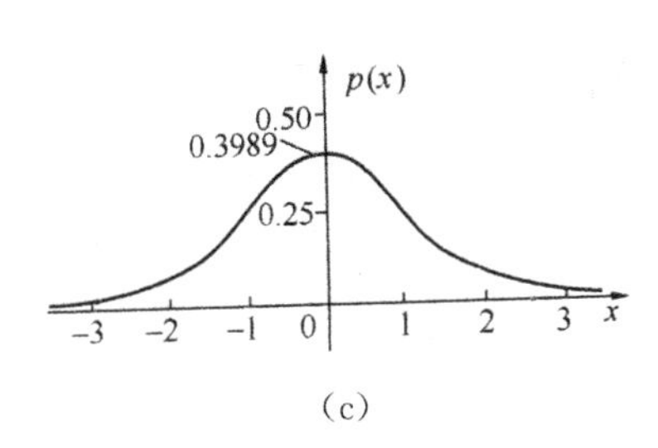

(c)

图 6-11　随机过程的一个样本

其表达式为

$$P(x)=\frac{1}{\sqrt{2\pi}}\int_{-\infty}^{x}\mathrm{e}^{-\xi^2/2}\mathrm{d}\xi \tag{6-43}$$

$$p(x)=\frac{1}{\sqrt{2\pi}}\mathrm{e}^{-x^2/2} \tag{6-44}$$

图 6-11(b)、(c) 与上面两个表达式均表示标准的正态分布，其均值 μ_x 是 0，而标准差 σ_x 是 1。如果 $\mu_x \neq 0$，$\sigma_x \neq 1$，则概率密度函数为

$$p(x)=\frac{1}{\sigma_x\sqrt{2\pi}}\exp\left[-\frac{(x-\mu_x)^2}{2\sigma_x^2}\right] \tag{6-47}$$

在工程实际中，许多问题都符合它的条件：如果有大量互不相关的随机因素在影响着一个过程，而其中并无一个因素起主导作用，则此过程就可视为一个正态随机过程，能够以正态随机过程为其模型。从正态分布图形可以了解到，随机变量在均值附近取值的概率较大，在远离均值的地方取值的概率很小。这与实际生活中的很多现象吻合，例如学生考试成绩的分布、机械加工零件尺寸的分布等。正态分布图形是对称的，$x=\mu_x$ 为其对称轴。当 σ_x 比较小，正态分布图形比较尖，随机变量取值大部分位于均值 μ_x 附近，离散程度比较小；当 σ_x 比较大，正态分布图形比较扁，随机变量取值离散程度比较大。因此 μ_x 和 σ_x 决定了分布的位置和形状。

(2) 时间概率

设某随机过程的一个样本函数 $x_k(t)$ 如图 6-12(a) 所示，其概率分布函数定义为

$$P_k(x_1)=P_{\text{rob}}[x_k(t)<x_1]=\lim_{T\to\infty}\frac{\sum_i \Delta t_i}{T} \tag{6-46}$$

式中 Δt_i 是样本函数 $x_k(t)$ 满足 $x_k(t)<x_1$ 条件的时间长度。图 6-12(b) 给出了 $P_k(x)$ 的图形。

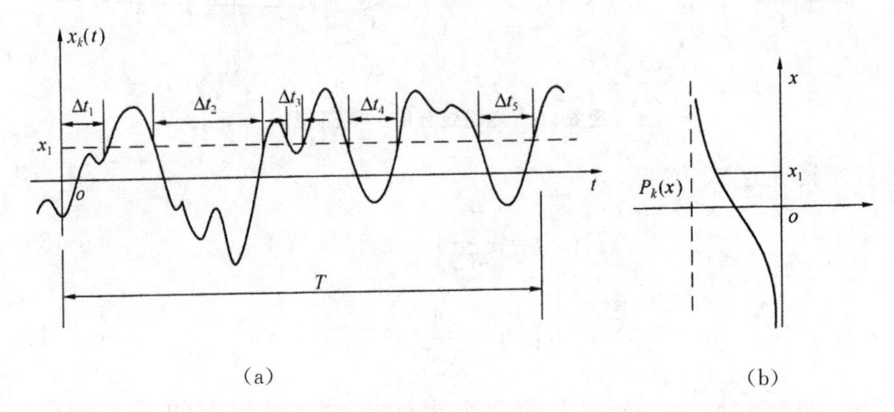

图 6-12　随机信号的概率分布函数

概率密度函数为

$$p_k(x_1)=\frac{\mathrm{d}P_k(x_1)}{\mathrm{d}x_1} \tag{6-47}$$

如果过程是各态历经的，那么其总体概率应该与时间概率相同，结合式(6-36) 和式(6-46)，得

$$P(x_1,t_1)=\lim_{N\to\infty}\frac{N_{x_1}}{N}=\lim_{T\to\infty}\frac{\sum_i \Delta t_i}{T}=p_k(x_1) \tag{6-48}$$

6.3　单自由度系统对随机激励响应

一个线性系统在随机激励下的响应也将是随机的，响应包括位移、速度和加速度。与确定性振动问题相似，随机振动研究的主要内容之一就是要建立激励、响应的各种谱密度与系统本身动态特性三者之间的关系。

对于单输入 — 单输出系统，在随机激励力 $f(t)$ 作用下，系统

的响应写成卷积积分的形式

$$x(t)=f(t)*h(t)=\int_{-\infty}^{\infty}f(\tau)h(t-\tau)\,\mathrm{d}\tau \tag{6-49}$$

对上式做傅里叶变换，由傅里叶变换的性质可得

$$X(\omega)=H(\omega)F(\omega) \tag{6-50}$$

式(6-50)表示输入与输出的傅里叶变换与系统的频率响应函数三者之间的关系。对式(6-50)两边取共轭，得

$$X^*(\omega)=H^*(\omega)F^*(\omega) \tag{6-51}$$

再将式(6-50)与式(6-51)的两边各自相乘，并应用式(6-26)得到

$$S_x(\omega)=|H(\omega)|^2S_{\mathrm{f}}(\omega) \tag{6-52}$$

式(6-52)表明了单输入—单输出系统随机激励与响应之间的重要关系，式中$|H(\omega)|$为系统频率响应函数的模。如果随机激励为白噪声，其功率谱密度$S_{\mathrm{f}}(\omega)$等于常数，那么系统响应的谱密度$S_x(\omega)$与$|H(\omega)|^2$只差一个常数。

图6-13给出了固有频率为50Hz、阻尼比为0.05的单自由度系统对白噪声激励的响应。从图中可见，虽然激励是白噪声，但响应是窄带随机振动。由于系统的阻尼比较小，相当于中心频率为50Hz、带宽为5Hz的滤波器。

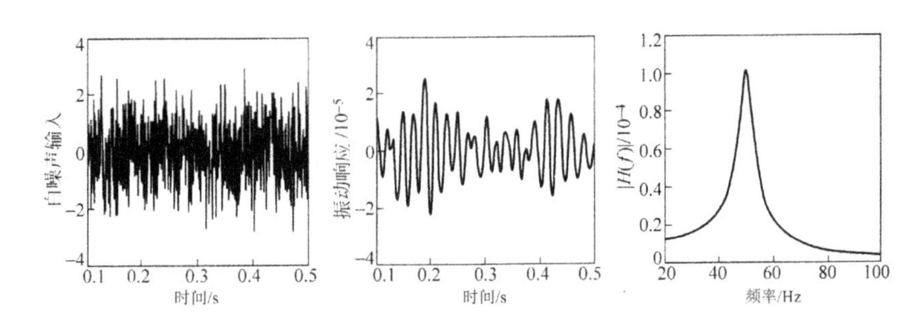

图6-13　固有频率50Hz，阻尼比0.05的系统对白噪声输入的响应

根据互相关、自相关函数的定义以及输入与输出的卷积关系，可以求得系统的激励与响应之间的互相关函数为

$$\begin{aligned}R_{\mathrm{f}x}(\tau)&=E[f(t)x(t+\tau)]=E\left[f(t)\int_{-\infty}^{\infty}f(t+\tau-\theta)h(\theta)\,\mathrm{d}\theta\right]\\&=\int_{-\infty}^{\infty}h(\theta)E[f(t)f(t+\tau-\theta)]\,\mathrm{d}\theta\end{aligned}$$

$$=\int_{-\infty}^{\infty} h(\theta) R_{\mathrm{f}}(\tau-\theta) \mathrm{d}\theta=h(\tau) * R_{\mathrm{f}}(\tau) \tag{6-53}$$

对式(6-53) 做傅里叶变换得

$$S_{\mathrm{f}x}(\omega)=H(\omega) S_{\mathrm{f}}(\omega) \tag{6-54}$$

于是有

$$H(\omega)=S_{\mathrm{f}x}(\omega) / S_{\mathrm{f}}(\omega) \tag{6-55}$$

若系统受随机激励作用,随机激励 $f(t)$ 的统计规律用功率谱密度 $S_{\mathrm{f}}(\omega)$ 表示,响应的统计规律 —— 功率谱密度 $S_x(\omega)$ 可以用式(6-52) 进行计算,均方响应则通过下式进行计算:

$$\overline{x}^{2}=E\left[x^{2}(t)\right]=\frac{1}{2\pi} \int_{-\infty}^{\infty} S_{x}(\omega) \mathrm{d}\omega=\frac{1}{2\pi} \int_{-\infty}^{\infty}|H(\omega)|^{2} S_{\mathrm{f}}(\omega) \mathrm{d}\omega \tag{6-56}$$

在白噪声激励下,功率谱密度为常数,即 $S_{\mathrm{f}}(\omega)=S_0$,此时均方响应计算式转化为

$$\overline{x}^{2}=\frac{S_{0}}{2\pi} \int_{-\infty}^{\infty}|H(\omega)|^{2} \mathrm{d}\omega \tag{6-57}$$

有时为了得到数值近似解,将式(6-56) 改为求和形式,而且引入单边功率谱密度 $G_{\mathrm{f}}(f)$,其中自变量 f 为固有频率(Hz),于是得

$$\overline{x}^{2}=\sum_{i=1}^{\infty}\left|H(f_{i})\right|^{2} G_{\mathrm{f}}(f_{i})(\Delta f)_{i}$$

式中:$(\Delta f)_i$ 为频率间隔,Hz。

【例 6-1】 如图 6-14 所示为弹簧—质量—阻尼系统,求受白噪声激励时系统振动响应的均方值。

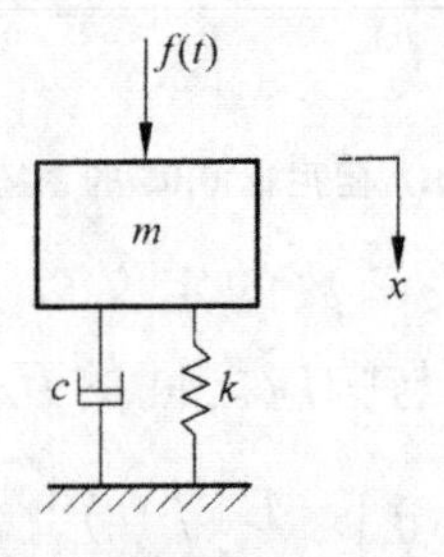

图 6-14 受随机激励的单自由度系统

解:系统的运动方程为

$$m\ddot{x}+c\dot{x}+kx=f(t)$$

对方程两边取傅里叶变换后成为

$$-m\omega^2X(\omega)+\mathrm{j}\omega cX(\omega)+kX(\omega)=F(\omega)$$

得到系统的频率响应函数

$$H(\omega)=\frac{X(\omega)}{F(\omega)}=\frac{1}{k-m\omega^2+\mathrm{j}c\omega}$$

当白噪声激励的功率谱为 S_0 时，得到系统的均方响应为

$$\bar{x}^2=\frac{S_0}{2\pi}\int_{-\infty}^{\infty}|H(\omega)|^2\mathrm{d}\omega=\frac{S_0\omega_n}{4\zeta k^2}$$

式中：$\omega_n=\sqrt{k/m}$ 为系统的固有频率；$\zeta=c/2\sqrt{km}$ 为阻尼比。

系统的均方响应与阻尼比成反比，因此增加阻尼可以降低均方响应。

【例 6-2】　单自由度系统受到基础速度激励，激励功率谱如图 6-15 所示。已知系统固有频率 $f_n=54\mathrm{Hz}$，阻尼比 $\xi=0.02$，求系统加速度均方值。

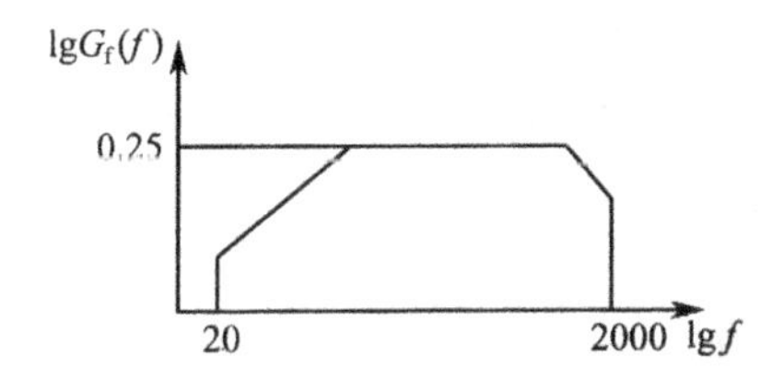

图 6-15　激励功率谱

解：已知基础激励时放大系数的平方值为

$$|H(f)|^2=\frac{1+(2\xi r)^2}{(1-r^2)^2+(2\xi r)^2}$$

求和计算列表如下(表 6-2)。

表 6-2　例 6-2 各项数据

f_k/Hz	f_i/Hz	$G_f(f_i)$/(g^2/Hz)	$\|H(f_i)\|^2$	$(\Delta f)_i$	Δa_i^2
20	28.5	0.024	1.9205	17	0.7836
37	45	0.0378	10.597	16	6.4091
53	54	0.045	625	2	56.35

续表

f_k/Hz	f_i/Hz	$G_l(f_i)/(g^2/\text{Hz})$	$\lvert H(f_i)\rvert^2$	$(\Delta f)_i$	Δa_i^2
55	65	0.0544	4.917	20	5.35
75	87.5	0.073	0.379	25	0.692
100	200	0.167	0.0063	200	0.21
300	650	0.25	0.00006	700	0.0105
1000	1100	0.25	0.00001	200	0.0005
1200 2000	1600	0.14	0	800	0

表中,f_k 为分区频率界,f_i 为中心频率。

$$\bar{a}^2=\sum\Delta\bar{a}^2=69.8g^2$$

所以得

$$\sqrt{\bar{a}^2}=\sqrt{69.8}\,g=8.335g$$

6.4　多自由度系统对随机激励响应

多自由度振动系统在平稳随机过程$\{F(t)\}$的激励下,响应$\{X(t)\}$也是平稳随机过程。$\{F(t)\}$和$\{X(t)\}$分别代表激励和响应列阵或矢量。求解多自由度系统对随机激励响应,可借助于多输入多输出(MIMO)系统的随机响应分析理论。

图 6-16 为多输入—多输出系统原理框图,根据叠加原理,对应线性系统的输出,可由各分输入的响应叠加而成,假定系统共有M个输入$x_1,x_2,\cdots,x_M$和N个输出$y_1,y_2,\cdots,y_N$。系统第i个输入x_i与第r个输出y_r之间的时域关系为单位脉冲响应函数$h_{ri}(t)$,频域关系为频率响应函数$H_{ri}(\omega)$。而对应于N个输出,就有$N\times M$脉冲响应函数和频率响应函数,它们分别构成脉冲响应函数矩阵和频率响应函数矩阵,即$h(t)=\lvert h_{ij}(t)\rvert$和$H(\omega)=\lvert H_{ij}(\omega)\rvert$。

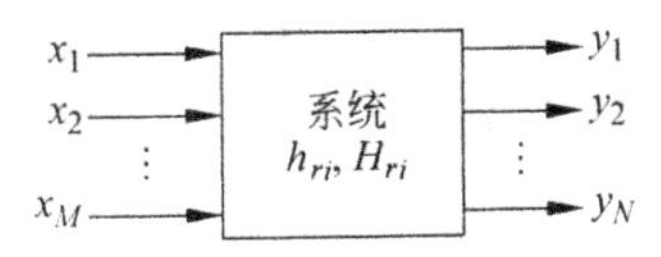

图 6-16　多输入 — 多输出系统

按照维纳 — 辛钦关系式，激励的相关函数矩阵与功率谱密度函数矩阵为

$$\begin{cases} R_F(\tau)=\int_{-\infty}^{+\infty} S_F(\omega)\,\mathrm{e}^{\mathrm{j}\omega\tau}\,\mathrm{d}\omega \\ S_F(\omega)=\int_{-\infty}^{+\infty} R_F(\tau)\,\mathrm{e}^{\mathrm{j}\omega\tau}\,\mathrm{d}\tau \end{cases} \tag{6-58}$$

响应的相关函数矩阵与功率谱密度函数矩阵为

$$\begin{cases} R_X(\tau)=\int_{-\infty}^{+\infty} S_X(\omega)\,\mathrm{e}^{\mathrm{j}\omega\tau}\,\mathrm{d}\omega \\ S_X(\omega)=\int_{-\infty}^{+\infty} R_X(\tau)\,\mathrm{e}^{\mathrm{j}\omega\tau}\,\mathrm{d}\tau \end{cases} \tag{6-59}$$

响应谱矩阵和激励谱矩阵之间存在下列重要关系

$$S_X(\omega)=H^*(\omega)S_F(\omega)H^T(\omega) \tag{6-60}$$

式中：$H^*(\omega)=H(-\omega)$ 是 $H(\omega)$ 的共轭矩阵，$II^T(\omega)$ 是 $H(\omega)$ 的转置矩阵。$h(t)$ 和 $H(\omega)$ 分别为系统的单位脉冲响应函数矩阵和频率响应函数矩阵；$R_X(\tau)$ 和 $S_X(\omega)$ 分别为输出的相关函数矩阵和谱密度矩阵：

$$h(t)=\begin{bmatrix} h_{11}(t) & h_{12}(t) & \cdots & h_{1M}(t) \\ h_{21}(t) & h_{22}(t) & \cdots & h_{2M}(t) \\ \vdots & \vdots & \vdots & \vdots \\ h_{N1}(t) & h_{N2}(t) & \cdots & h_{NM}(t) \end{bmatrix} \tag{6-61}$$

$$H(\omega)=\begin{bmatrix} H_{11}(\omega) & H_{12}(\omega) & \cdots & H_{1M}(\omega) \\ H_{21}(\omega) & H_{22}(\omega) & \cdots & H_{2M}(\omega) \\ \vdots & \vdots & \vdots & \vdots \\ H_{N1}(\omega) & H_{N2}(\omega) & \cdots & H_{NM}(\omega) \end{bmatrix} \tag{6-62}$$

$$R_X(\tau)=\begin{bmatrix} R_{y_1}(\tau) & R_{y_1y_2}(\tau) & \cdots & R_{y_1y_N}(\tau) \\ R_{y_2y_1}(\tau) & R_{y_2}(\tau) & \cdots & R_{y_2y_N}(\tau) \\ \vdots & \vdots & \vdots & \vdots \\ R_{y_Ny_1}(\tau) & R_{y_Ny_2}(\tau) & \cdots & R_{y_N}(\tau) \end{bmatrix} \tag{6-63}$$

$$S_X(\omega)=\begin{bmatrix} S_{y_1}(\omega) & S_{y_1y_2}(\omega) & \cdots & S_{y_1y_N}(\omega) \\ S_{y_2y_1}(\omega) & S_{y_2}(\omega) & \cdots & S_{y_2y_N}(\omega) \\ \vdots & \vdots & \vdots & \vdots \\ S_{y_Ny_1}(\omega) & S_{y_Ny_2}(\omega) & \cdots & S_{y_N}(\omega) \end{bmatrix} \tag{6-64}$$

式(6-60)建立了多输入—多输出系统的输出功率谱矩阵与输入功率谱矩阵之间的关系式。对于多自由度系统，当已知激励的功率谱矩阵后，就可以通过频响函数矩阵求出响应的功率谱矩阵。

作为多输入—多输出系统均方响应计算的实例，分析图 6-17 中汽车模型在路面不平顺随机激励下的均方响应计算问题。图中的汽车车身简化为平面刚体，悬挂装置与车轮简化为并联的弹簧和阻尼器。假定汽车的行驶速度为 v，前、后轮处的不平顺随机激励分别为 $x_1(t)$ 和 $x_2(t)$，以汽车质心的垂向位移 y 和绕质心的转角 θ 为广义坐标建立运动方程：

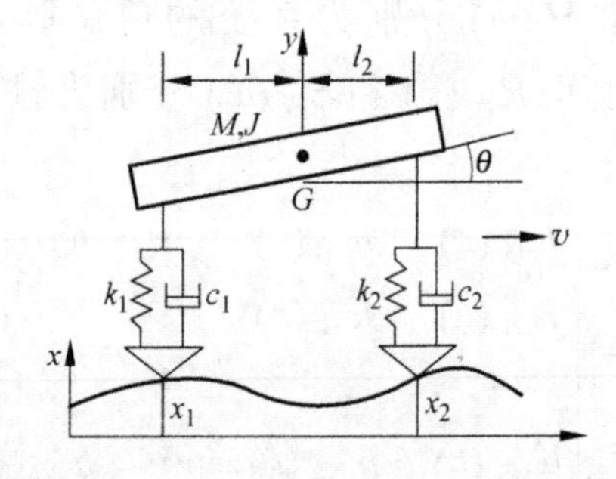

图 6-17　在不平路面上行驶的汽车

$$\begin{bmatrix} M & 0 \\ 0 & J \end{bmatrix}\begin{Bmatrix} \ddot{y} \\ \ddot{\theta} \end{Bmatrix}+\begin{bmatrix} c_1+c_2 & c_2l_2-c_1l_1 \\ c_2l_2-c_1l_1 & c_1l_1^2+c_2l_2^2 \end{bmatrix}\begin{Bmatrix} \dot{y} \\ \dot{\theta} \end{Bmatrix}$$

$$+\begin{bmatrix} k_1+k_2 & k_2l_2-k_1l_1 \\ k_2l_2-k_1l_1 & k_1l_1^2+k_2l_2^2 \end{bmatrix}\begin{Bmatrix} y \\ \theta \end{Bmatrix}$$

$$=\begin{bmatrix} c_1 & c_2 \\ -c_1l_1 & c_2l_2 \end{bmatrix}\begin{Bmatrix} \dot{x}_1 \\ \dot{x}_2 \end{Bmatrix}+\begin{bmatrix} k_1 & k_2 \\ -k_1l_1 & k_2l_2 \end{bmatrix}\begin{Bmatrix} x_1 \\ x_2 \end{Bmatrix} \quad (6\text{-}65)$$

对方程两边取傅里叶变换，经整理后得

$$\begin{bmatrix} k_1+k_2-M\omega^2+i(c_1+c_2)\omega & k_2l_2-k_1l_1+i(c_2l_2-c_1l_1)\omega \\ k_2l_2-k_1l_1+i(c_2l_2-c_1l_1)\omega & k_1l_1^2+k_2l_2^2-J\omega^2+i(c_1l_1^2+c_2l_2^2)\omega \end{bmatrix}\begin{Bmatrix} Y \\ \Theta \end{Bmatrix}$$
$$=\begin{bmatrix} k_1+ic_1\omega & k_2+ic_2\omega \\ -k_1l_1-ic_1l_1\omega & k_2l_2+ic_2l_2\omega \end{bmatrix}\begin{Bmatrix} X_1 \\ X_2 \end{Bmatrix} \quad (6\text{-}66)$$

根据系统的输入—输出关系

$$\begin{Bmatrix} Y \\ \Theta \end{Bmatrix}=\begin{bmatrix} H_{11}(\omega) & H_{12}(\omega) \\ H_{21}(\omega) & H_{22}(\omega) \end{bmatrix}\begin{Bmatrix} X_1 \\ X_2 \end{Bmatrix}$$

对式(6-66)通过矩阵求逆和相乘，得到系统以路面不平顺作为输入的频率响应函数矩阵为

$$H(\omega)=\begin{bmatrix} H_{11}(\omega) & H_{12}(\omega) \\ H_{21}(\omega) & H_{22}(\omega) \end{bmatrix}$$
$$=\begin{bmatrix} k_1+k_2-M\omega^2+i(c_1+c_2)\omega & k_2l_2-k_1l_1+i(c_2l_2-c_1l_1)\omega \\ k_2l_2-k_1l_1+i(c_2l_2-c_1l_1)\omega & k_1l_1^2+k_2l_2^2-J\omega^2+i(c_1l_1^2+c_2l_2^2)\omega \end{bmatrix}^{-1}$$
$$\begin{bmatrix} k_1+ic_1\omega & k_2+ic_2\omega \\ -k_1l_1-ic_1l_1\omega & k_2l_2+ic_2l_2\omega \end{bmatrix} \quad (6\text{-}67)$$

由于汽车的前后轮在同一路面上行驶，两个车轮处的不平顺激励具有相关性：

$$x_2(t)=x_1(t-l/v)$$

式中：$l=l_1+l_2$ 为前后轮之间的距离，故相关函数为

$$\begin{aligned} R_X(\tau) &= E\left[x_1(t)x_2(t+\tau)\right] \\ &= E\left[x_1(t)x_1(t-l/v+\tau)\right] \\ &= R_x(\tau-l/v) \end{aligned}$$

若已知路面不平顺功率谱密度为 $S_x(\omega)$，则前后轮处随机激励的互谱密度为

$S_X(\omega)=F[R_x(\tau-l/v)]=\mathrm{e}^{-\mathrm{j}\omega l/v}F[R_x(\tau)]=\mathrm{e}^{-\mathrm{j}\omega l/v}S_x(\omega)$ 和 $S_X(\omega)=\mathrm{e}^{\mathrm{j}\omega l/v}S_x(\omega)$

于是激励的谱密度矩阵为

$$S_X(\omega)=S_x(\omega)\begin{bmatrix}1 & \mathrm{e}^{-\mathrm{j}\omega l/v}\\ \mathrm{e}^{\mathrm{j}\omega l/v} & 1\end{bmatrix} \tag{6-68}$$

【例 6-3】 如图 6-18 所示汽车双质量系统的振动模型，如果路面不平度的激励谱为 $S_q(\omega)=S_0/(2\pi v)$，其中 v 为车速。分别求车身和车轴振动响应的功率谱。

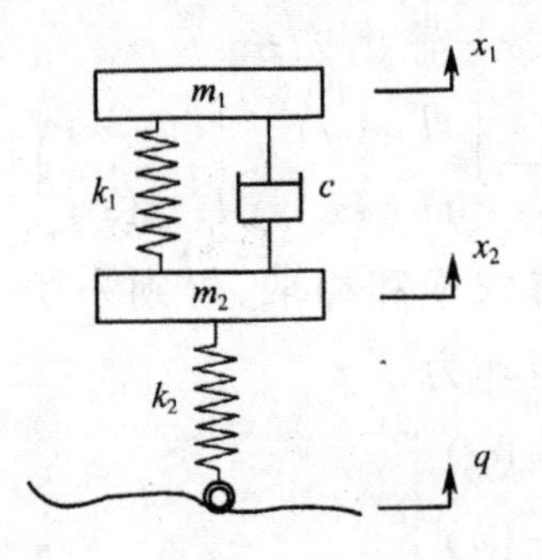

图 6-18 汽车双质量系统的振动模型

解：系统的振动微分方程为

$$\begin{bmatrix}m_1 & 0\\ 0 & m_2\end{bmatrix}\begin{Bmatrix}\ddot{x}_1\\ \ddot{x}_2\end{Bmatrix}+\begin{bmatrix}c & -c\\ -c & c\end{bmatrix}\begin{Bmatrix}\dot{x}_1\\ \dot{x}_2\end{Bmatrix}+\begin{bmatrix}k_1 & -k_1\\ -k_1 & k_1+k_2\end{bmatrix}\begin{Bmatrix}x_1\\ x_2\end{Bmatrix}=\begin{Bmatrix}0\\ k_2\end{Bmatrix}q$$

将上式进行简化，可以写成如下形式

$$M\ddot{X}+C\dot{X}+KX=K'q$$

上式两端进行拉普拉斯变换，得到频响函数矩阵

$$H(\omega)=\frac{1}{\Delta(\omega)}\begin{bmatrix}k_2(\mathrm{j}c\omega+k_1)\\ k_2(-m_1\omega^2+\mathrm{j}c\omega+k_1)\end{bmatrix}$$

即

$$H_{x1q}(\omega)=\frac{k_2(\mathrm{j}c\omega+k_1)}{\Delta(\omega)}$$

$$H_{x2q}(\omega)=\frac{k_2(-m_1\omega^2+\mathrm{j}c\omega+k_1)}{\Delta(\omega)}$$

响应的功率谱为

$$S_{x_1}(\omega)=|H_{x_1q}(\omega)|^2S_q(\omega)=\left|\frac{k_2(jc\omega+k_1)^2}{\Delta(\omega)}\right|^2\frac{S_0}{2\pi v}$$

$$S_{x_2}(\omega)=|H_{x_2q}(\omega)|^2S_q(\omega)=\left|\frac{k_2(-m_1\omega^2+jc\omega+k_1)^2}{\Delta(\omega)}\right|^2\frac{S_0}{2\pi v}$$

第 7 章　振动控制技术

振动和冲击的来源很多，如机器的不平衡往复运动、空气动力湍流、地震、公路和铁路运输等。在实际工程中，振动会引起机械结构的疲劳损坏，缩短零件的使用寿命，造成设备或仪器的损坏。长期处于振动环境中的人体会感到不适、疼痛和工作效率降低等。因此，在工程技术中常常要采取相应的措施对设备或结构振动进行控制。前几章节对振动的基础理论进行了论述，本章将在这些基础理论上，延伸出相应的振动控制原理。

7.1　振动的主动控制和被动控制

7.1.1　振动的主动控制

7.1.1.1　主动控制及特点

振动主动控制是指在振动控制过程中，根据所检测到的振动信号，应用一定的控制策略，经过实时计算，进而驱动作动器对控制目标施加一定的影响，达到抑制或消除振动的目的。由于其效果好、适应性强等潜在的优越性，正越来越受到人们的重视。

振动的主动控制也称为振动的有源控制，它是振动理论与现代控制理论相结合而形成的振动工程领域中的一个新分支。它利用控制技术抑制振动，这种控制需由外界提供能源(控制力)。振动的主动控制有开环控制与闭环控制两种。

第一种方法较简单，它在机械设备激励源一端设置传感器，根据激励源调整控制力；而结构振动响应并未反映在控制中，即形成了所谓的开环控制系统。

第二种控制方法要用传感器测量结构振动。根据结构响应调整控制力，形成闭环控制系统。这种控制方法可将结构的振动特性确切地反映到控制回路中，通过反馈提高控制精度或性能，具有较大的灵活性、较强的适应性和抑制超低振动与宽带随机振动的能力。此外，还可以同时考虑两种控制方法，采用开、闭环回路并联控制。

由于闭环控制具有较大的灵活性、较强的适应性和抑制超低振动与宽带随机振动的能力，所以研究得比较多，以单通道控制系统为例说明系统的工作原理。图 7-1 给出了相应的原理图。系统包括一个振动传感器及一个作动器，以及一个反馈控制器。受控结构在工作中出现振动后，安装在它上面的传感器感受到振动信号，此信号经测量系统传至控制系统，控制系统按预先设计好的控制律输出指令使执行机构工作，从而控制受控结构的振动，形成一闭合环路。传感器感受信号再传至控制系统，形成反馈回路，它是闭环控制特有的部分。正是由于采用了系统的运动信息作为反馈，所以闭环主动控制能适应外界有随机干扰以及系统参数具有不确定性的情况，从而达到控制的目的。这一特点是其他控制方式不具备的，也是闭环控制优越性的所在。

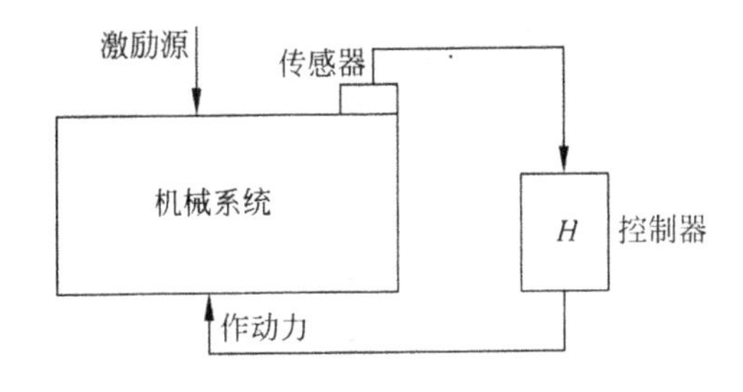

图 7-1　闭环控制系统原理图

图 7-2 给出了单通道闭环控制系统等效信号框图，可以看出，作用在整个系统上的激励力可以看成是外激励力与控制力之间的差。定义系统的传递函数 $G(s)$ 为输出信号的拉普拉斯变换

$w(s)$ 与输入信号的拉氏变换 $F_p(s)-F_s(s)$ 之比。相应的,控制通道的传递函数 $H(s)$ 则表示输出信号 $W(s)$ 与控制信号 $F_s(s)$ 之间的比值。

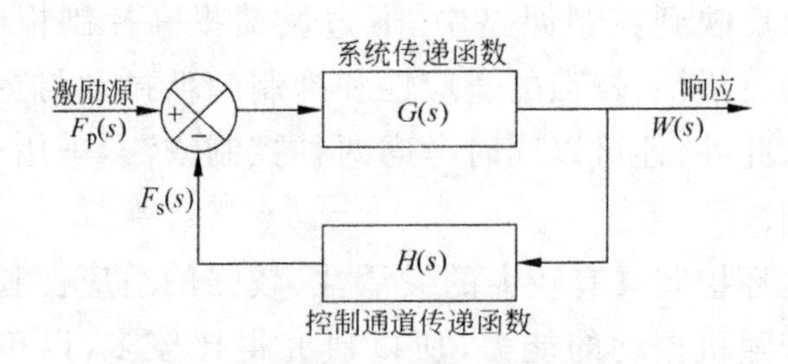

图 7-2　闭环控制系统等效信号框图

振动的主动控制需要消耗能量的做功机构,而能量要靠能源来补充。主动式动力吸振器有两种形式。一种是按干扰力频率主动改变吸振器的参数,如弹簧的刚度系数或重块的质量,使吸振器始终处于反共振状态,即使其固有频率始终“跟踪”外干扰力频率。另一种是通过反馈主动驱动吸振器的质量块,使对需要减振的结构或系统产生最有利的振动抑制。

如图 7-3 所示是一种连续系统和集中参数的有源减振器。在减振器中与子弹性系统并联一个附加的有源部件。主系统 m_1 的运动用加速度传感器来监测,其输出信号经相位补偿器和功率放大器后驱动液压执行机构,经改变相位可使有源部件作为正向或反向弹力。

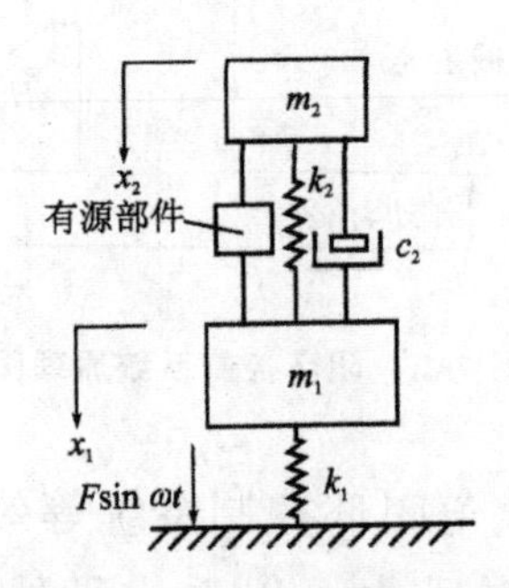

图 7-3　有源减振器原理图

设由有源部件产生的力正比于子系统质量 m_2 的绝对位移

x_2，比例系数 k_e 是常数，是有源部件的等效刚度，则 m_1 和 m_2 的运动微分方程为

$$\left.\begin{aligned} m\ddot{x}_1 + k_2(x_1 - x_2) + k_1 x_1 &= k_e x_2 + F\sin\omega t \\ m_2\ddot{x}_2 + k_2(x_2 - x_1) &= k_e x_2 \end{aligned}\right\}$$

设

$$x_1 = X_1\sin\omega t, x_2 = X_2\sin\omega t$$

其解为

$$X_1 = \frac{F(k_2 - k_e - m_2\omega^2)}{(k_1 + k_2 - m_1\omega^2)(k_2 - k_e - m_2\omega^2) - k_2(k_e + k_2)}$$

进而可解出包含有源部件时的振幅 X_1 与不含有源部件时的振幅之比

$$r = \frac{\left[1-\left(\frac{\omega}{p_2}\right)^2-\left(\frac{k_e}{k_2}\right)\right]\left\{\left[2-\left(\frac{\omega}{p_1}\right)^2\right]\left[1-\left(\frac{\omega}{p_1}\right)^2\right]-1\right\}}{\left[1-\left(\frac{\omega}{p_1}\right)^2\right]\left\{\left[1-\left(\frac{\omega}{p_1}\right)^2+\left(\frac{k_2}{k_1}\right)\right]\left[1-\left(\frac{\omega}{p_2}\right)^2-\left(\frac{k_e}{k_2}\right)\right]-\left[\left(\frac{k_e}{k_1}\right)+\left(\frac{k_2}{k_1}\right)\right]\right\}}$$

当比值 r 小于 1 时，说明有源部件的作用有所体现；当比值等于 1 时，相当于没有有源部件。

振动主动控制具有以下优点：

(1) 有效性

如主动式动力吸振器能始终跟踪外扰频率的变化而保持调谐状态；利用控制理论的成果还可提高振动主动控制的经济性(如以最小的控制能量达到预定的性能指标要求)。

(2) 适应性强

由于根据结构或系统的振动信息做反馈，因而能适应不能预知的外界扰动与结构或系统参数的不确定性。结合系统识别建模技术，由于能较符合实际地确定控制对象的数学模型(即使是时变系统)，所以可提高控制器设计的精确度。

(3) 对原结构或系统改动不大

调整与修改都较方便。如通过改变控制器中的电参数进而改变控制律。

振动主动控制具有以下不足：

(1) 可实现性问题

构成闭环控制系统需要有一定的条件,如有可能提供所需的能源设备、符合要求的作动机构硬件等。

(2) 经济性问题

构成闭环控制系统各环节的成本一般都高于被动控制所需的成本,但是为了满足高的振动性能指标要求,有时花些代价也是必要的。

(3) 可靠性问题

由于闭环控制系统的环节比被动控制的多,各环节都存在失效的可能性,因此必须在保证可靠方面采取措施。

7.1.1.2 振动的主动控制方法

振动主动控制主要应用主动闭环控制,其基本思想是通过适当的系统状态或输出反馈,产生一定的控制作用,主动改变被控制结构的闭环零、极点配置或结构参数,从而使系统满足预定的动态特性要求。控制规律的设计几乎涉及控制理论的所有分支,如极点配置、最优控制、自适应控制、鲁棒控制、智能控制以及遗传算法等。

(1) 独立模态空间法

独立模态空间法的基本思想是利用模态坐标变换把整个结构的振动控制转化为对各阶主模态控制,目的在于直接改变结构的特定振型和刚度。这种方法直观简便,充分利用模态分析技术的特点,但先决条件是被控系统完全可控和可观,且必须预先知道应该控制的特定模态。

(2) 极点配置法

极点配置法也称为特征结构配置,包括特征值配置和特征向量配置两部分。系统的特征值决定系统的动态特性,特征向量影响系统的稳定性。它是根据对被控系统动态品质的要求,确定系统的特征值与特征向量的分布,通过反馈或输出反馈来改变极点位置,从而实现规定要求。

(3) 最优控制

最优控制方法就是利用极值原理、最优滤波或动态规划等最优化方法来求解结构振动最优控制输入的一种设计方法。由于最优控制规律是建立在系统理想数学模型基础之上的,而实际结构控制中往往采用降阶模型且存在多种约束条件,因此,基于最优控制规律设计的控制器作用于实际的受控结构时,大多只能实现次最优控制。

(4) 自适应控制

自适应控制主要应用于结构及参数具有严重不确定性的振动系统,大致可分为自适应前馈控制、自校正控制和模型参考自适应控制三类。自适应前馈控制通常假定干扰源可测;自校正控制是一种将受控结构参数在线辨识与受控器参数整定相结合的控制方式;而模型参考自适应控制是由自适应机构驱动受控制结构,使受控结构的输出跟踪参考模型的输出。

(5) 鲁棒控制

虽然自适应控制可用于具有不确定性振动系统,但自适应控制本身并不具备强的鲁棒性。鲁棒控制设计选择线性反馈律,使得闭环系统的稳定性对于扰动具有一定的抗干扰能力。滑模变结构控制近年来在结构振动鲁棒控制中得到了成功的应用。其实质是一种模型参考自适应控制。参考模型是一条预先设计好的流形,用开关控制法迫使系统沿着这条轨迹滑动。由于开关切换频率高,易引起系统颤振。H_∞ 控制是设计控制器在保证闭环系统各回路稳定的条件下使相对于噪声干扰的输出取极小的一种优化控制法:它将鲁棒性直接反映在控制性能指标上,设计出的控制律具有其他方法无可比拟的稳定鲁棒性。

(6) 智能控制

智能控制理论的产生与发展为振动主动控制带来了新的活力。模糊控制作为智能控制的一个重要分支,它不仅能提供系统的客观信息,而且可将人类的主观经验和直觉纳入控制系统,为解决不易或无法建模的复杂系统控制问题提供了有力的手段。

神经网络系统是指利用工程技术手段模拟人脑神经网络的结构和功能的一种技术系统，是一种大规模并行的非线性动力学系统。神经网络以对信息的分布式存储和并行处理为基础，它具有自组织、自学习功能，对于非线性具有很强的逼近能力。

7.1.1.3　半主动控制

结构半主动控制的基本原理是：在线测试激振力和振动系统的响应，根据这些信息合理调整系统的结构参数（如刚度、阻尼、旋转半径等），以改变振动系统的模态参数或改变系统的工作状态，达到减振的目的。振动的半主动控制系统主要包括主动变刚度系统（Active Variable Stiffness System，AVS）、主动变阻尼系统（Active Variable Damper，AVD）和主动变刚度阻尼系统（Active Variable Stiffness Damping system，AVSD）等。

（1）主动变刚度控制系统（AVS）

图7-4是一个典型的主动变刚度隔振系统。质量块浮在空气弹簧上，并有轻质框架支撑整个系统。通过通气管道将气源与空气弹簧相连，这样可根据外界激励力的频率特性，来调节冲击阀的充气与放气状态，当处于充气状态时，气囊内的压力会增大，从而增加支撑刚度，整个隔振系统的频率也随之增加。相反，当释放气囊内的压力时，空气弹簧的刚度变低，整个系统的频率也随之降低，可以隔离的振动频率范围则向低频靠近。

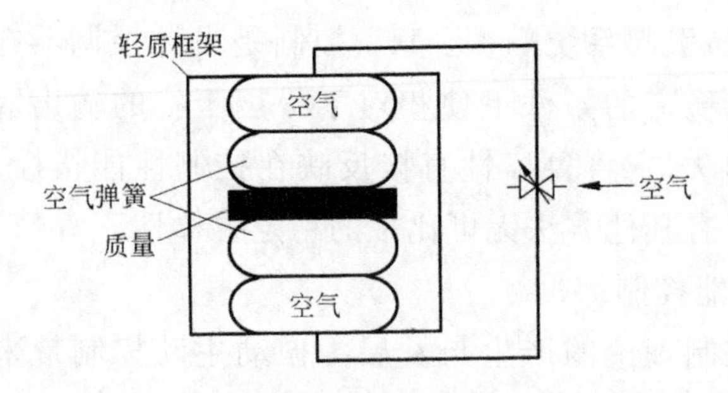

图7-4　变刚度空气弹簧隔振系统

(2) 主动变阻尼控制系统(AVD)

主动变阻尼控制系统通过主动调节阻尼装置的阻尼力,使其等于或接近主动控制力,从而达到与主动控制接近的减振效果。

图 7-5 所示的是一种电磁阀控制节流孔半主动可调阻尼器的工作原理。在该型阻尼器中,当活塞杆运动方向不同时,产生不同的阻尼特性。当向下运动时,位于活塞上的单向阀打开,而同活塞缸底部相连的单向阀关闭,此时同普通阻尼器一样工作。当活塞杆向上运动时,位于活塞上的单向阀关闭,液体无法从该处流过,但阻尼液可以从位于上部的管道处的开口流出,而开口的大小则用电磁比例阀控制,此时可以根据需要设置相应的增益,使得阻尼力发生变化。从上部流出的阻尼液又可以流回油箱,并重新通过下部单向阀补充进入活塞缸。

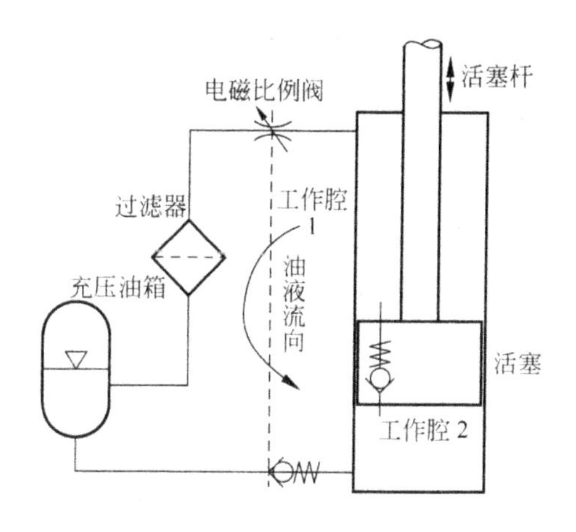

图 7-5　电磁阀控制节流孔半主动可调阻尼器的工作原理

为了检验半主动振动控制的控制效果,D.Karnopp 对车辆悬架分别采用被动控制、主动控制和半主动控制进行减振实验,实验结果如图 7-6 所示。图 7-6 表明,半主动控制隔振效果比被动隔振优越得多,与主动控制隔振相比,两者相差无几。可是,半主动控制隔振系统所需的控制能量比主动控制的能量要少许多,它可以由车辆发动机或蓄电池提供,因而它不要求专用能源装置,这个优点使其可能用于高速车辆的悬挂装置中。

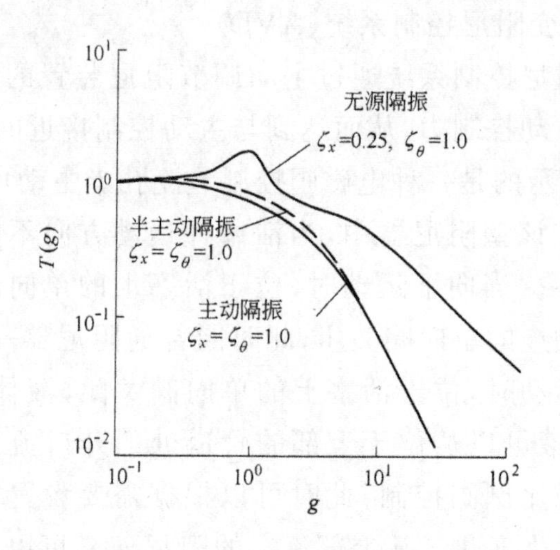

图 7-6　车辆悬架采用三种振动控制方法的效果对比

7.1.1.4　振动主动控制的实际应用

(1) 高层建筑的主动控制

随着材料强度和现代化建筑技术的发展,高层土木结构的高度不断地增加,使得按传统的设计方法设计的高层建筑在遭遇地震或飓风荷载情况下,刚度显著降低,舒适性、抗震性随之恶化。目前在国际上,一般采用拉索和液动机控制工程结构以及采用供结构减振用的主动调频消振器的减振方案,并已有许多巨型土木工程结构安装了主动调频消振器,抑制了风致振动,改善了舒适性。这种主动控制机理主要有 3 种:ATM(Active Tendon Mechanism),ATMDM(Active Tendon Mass Damper Mechanism)和 AAAM(Active Aerodynamic Appendage Mechanism)。ATM 和 ATMDM 的应用如图 7-7 所示。在图 7-7(a) 中,高层建筑的控制器是楼层之间的联结键(Tendon)。在图 7-7(b) 中,ATMDM 是放置在楼顶的一个质量块,如果作动器工作会对建筑物顶楼产生控制力,从而减小晃动。AAAM 一般用来控制桥梁的振动响应。

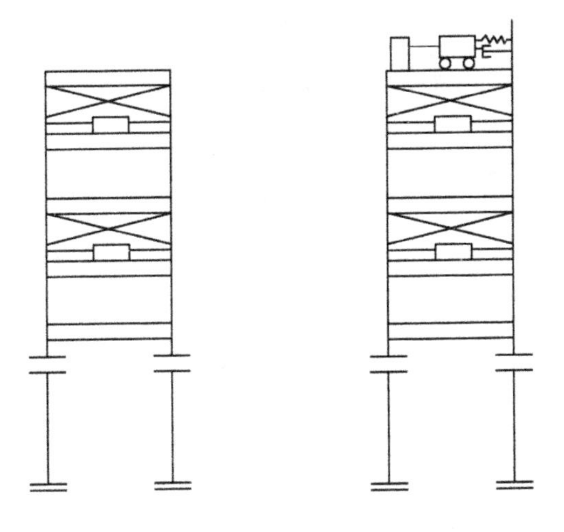

(a) 联结键机理　　(b) 主动调整质量阻尼机理

图 7-7　高层建筑的主动控制

美国结构主动控制抗震研究中心已建成 3.6m×3.6m 的地震试验台，用 1∶4 的三层楼模型进行主动控制抗震试验，按(只需观测地面加速度的开环控制方案；只需观测结构状态的闭环控制方案；同时观测地面加速度和结构状态的复合控制方案) 这 3 种控制方案计算最优控制力的程序预先编排在控制计算机内，用应变计作观测器，液动机作执行机，用计算机控制。试验结果表明，地震响应只减小 40% 远未达到预期水平，主要原因是数学模型与试验模型的动态特性不符。根据数学模型导出的最优控制对试验模型远非最优。

巨型土木工程结构主动控制抗震系统是具有时滞的非定常非线性控制系统，需要实时识别技术建模，设计自校正控制器，才能获得理想的控制效果。

(2) 汽车悬架的半主动模糊控制

悬架是汽车的重要组成部分，主要影响汽车的平顺性、操稳性等。汽车悬架是典型的非线性系统，但许多研究者将悬架近似为线性系统来研究其主动与半主动控制问题。众多研究表明，考虑悬架系统的非线性及控制具有重要的理论与实际意义。图 7-8 所示为 1/4 汽车半主动悬架模型。

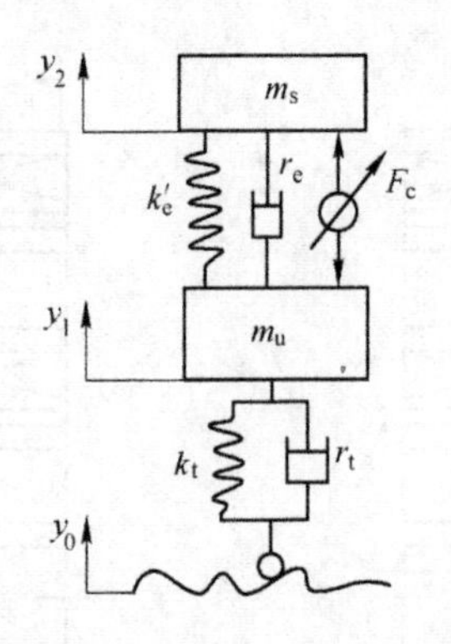

图 7-8　1/4 汽车半主动悬架模型

模糊控制具有超调小、鲁棒性强及能够解决非线性因素等特点，是解决复杂系统的一种有效控制策略，因此，可以利用模糊控制方法对所建半主动悬架非线性系统进行控制仿真。

以悬架非簧载质量和簧载质量的相对位移 y_2-y_1 及其变化率作为模糊控制器的输入量，记作 e、e_c；半主动悬架的磁流变减振器可调阻尼力 F_c 作为模糊控制器的输出量，它将改变减振器的阻尼值。控制框图如图 7-9 所示。

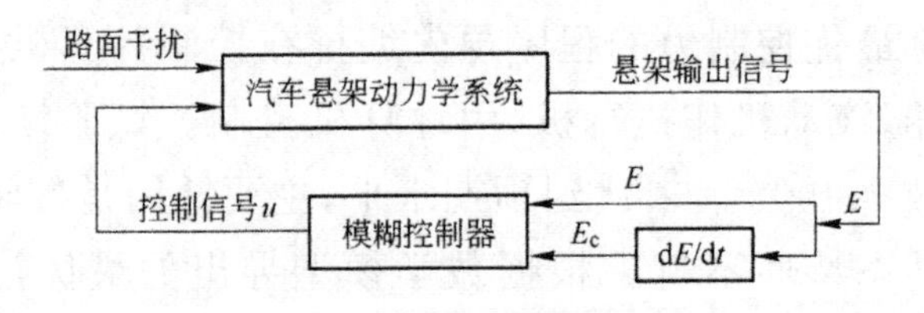

图 7-9　半主动悬架模糊控制系统

模糊化前先将各变量规范化，实际变量 e、e_c、u 和规范化后的变量 E、E_c 及 U 有如下关系

$$E=e/k_e$$

$$E_c=e_c/k_c$$

$$U=u/k_u$$

式中：k_e，k_c，k_u 为控制器规范化的比例因子，由悬架输出的变化范围及相应隶属函数论域确定。

7.1.2　振动的被动控制

由单自由度受简谐激励的振动系统的分析，得强迫振动的振幅

$$B=\frac{F}{k\sqrt{(1-\lambda^2)^2+(2\xi\lambda)^2}}$$

共振时有

$$B_{\max}=\frac{F}{2\xi\lambda k}=\frac{F}{c\omega_n}$$

由以上两式可见，强迫振动的振幅取决于激励力幅值的大小、频率比、系统的阻尼、刚度。在此基础上，可得到控制振动振幅的主要因素。

7.1.2.1　降低干扰力幅值 F

如对旋转组件的机械进行动平衡处理，包括在动平衡机上及在现场进行动平衡处理以减小不平衡质量达到降低干扰力幅值。还可以利用专门的装置降低振动的幅值，如使用抗振器，柴油机使用的多摆式抗振器就可以用来控制好几阶干扰力矩。

7.1.2.2　改变干扰力的频率与系统固有频率之比

通过旋转机械的工作转数使其脱离共振区，从而令系统处于非共振区，以达到减小振幅的目的；一般情况下，不能轻易改动机器转速的设计，因此通常借助改变结构的固有频率来降低振动幅值的，这可以通过改变刚度 k 或改变质量 m 来实现。

由以上两式可知，当 $\omega=\omega_n$ 时，振动幅值最大，如果 $\omega-\omega_n$ 的差值增大，则振幅会显著下降。一般情况下，机器转速的设计不可能随意变动，因此往往是通过改变结构的固有频率来降低振动幅值的。改变结构固有频率可通过改变刚度 k 或改变质量 m 来实现。假定机器工作转速 ω 不能改变，现以系统第一阶固有频率为准进行分析，则要分两种情况进行调整。当机器在亚共振区工

作,即工作转速 $\omega < \omega_n$ 时,若 ω 不变,则只有提高 ω_n,使 $\omega_n - \omega$ 的差值越大,则幅值越小。要使 ω_n 增大,一种方法是增加刚度,或减小质量 m;另一种方法是增加约束,使 ω_n 增加。当机器在超共振区工作,即 $\omega > \omega_n$ 时,只有减小 ω_n,即或者减小刚度或者增加重量,以使 $\omega - \omega_n$ 的差值越大,则振幅越小;另一种方法则是释放约束,使 ω_n 减小。在可能的情况下,有时可以通过改变机器的尺寸与零部件的形状,或者引入某些弹性元件就可以协调刚度气质量,也可以利用抗振器来改变系统的固有频率,而且使整个系统的振动特性发生变化。

7.1.2.3 在机械结构内增加阻尼力

在机械结构内增加阻尼力使共振振幅与非共振振幅降低,这可以通过在系统上加一个专门装置,或粘贴适当的阻尼材料来减小振幅。

利用改变系统的结构来达到控制危险振动有时是不现实的,因为部件的结构形式尚应满足其他性能的要求,而这些要求有一些是与减振相矛盾的。因此在设计新机械设备时,应进行全面优化设计,包括结构动态特性的优化,这也是最重要最根本的。对已投入运行的机械,或已经在使用着的机器,则应根据具体情况进行减振处理。

7.2 振源控制

研究振动控制首先要考虑的是从源头上降低振源强度,从而使整个系统的振动减小。为抑制振源,必须了解各种振源的特点,弄清振动的来源。不是所有振源都是可控的,如地震激励、大气湍流、路面不平度等都是不可控的。但也有一些情况下振源的强度是可以改变的。譬如在机械设备的振动中,回转机械和往复机械中的不平衡量可以通过合理改进使其变小。机械零部件较小的公差和较低的表面粗糙度都有利于降低振动的影响。具体而言,包括以下一些方面。

(1) 工作载荷的波动

工作载荷的波动会引起各种类型的激振力,如冲床、锻床一类的设备,其工作载荷带有明显的间歇冲击特征,产生冲击激励,每一次冲击都会引起系统的自由振动。这时的系统振动强度不仅决定于冲击频谱的宽度以及系统自身固有频率的分布,也与系统阻尼分布有很大关系,一般而言,增大系统结构阻尼有助于减小系统的振动响应,或者在离冲击力较近的区域进行隔振处理,减少振源对外围系统的影响。

(2) 不平衡的往复质量

对于部分机械设备,如电动机、风机、泵类、蒸汽轮机、燃气轮机等,振动的主要来源是振源本身的不平衡力和力矩引起的对设备的激励。这种激振力由基频和倍频两种频率成分构成,同时还含有一定的高次谐波。激振力的大小决定于往复部件的质量及其往复部件的对称性。对这类设备可通过提高加工装配精度使其振动达到最小。此类机械大部分属高速运转类,因而其微小的质量偏心或安装间隙的不均匀都有可能带来严重的振动危害。所以应尽可能地调整好其静、动平衡,提高其加工质量,严格控制其对中要求和安装间隙,从而有效地降低其离心、偏心惯性力的产生概率。

对于柴油机、空压机等往复运动机械主要是曲柄连杆机构所组成的,应从设计上采用对称布置的方式来改善其平衡性能。如,在柴油机曲轴上安装平衡质量块、增加气缸数目并按合理的角度布置等方式,都能改善其振动水平。

(3) 旋转质量的不平衡

当旋转质量中心与其回转轴线不重合时,就会产生惯性离心力,其大小与旋转部件质量、偏心距以及角速度 ω 的平方成正比,即

$$f(t)=me\omega^2\sin\omega t \tag{7-1}$$

很显然，要减小激励力的大小，减小偏心距 e 是最有效的方法。

由式(7-1)，可以得到一种判断系统是否转子不平衡的方法。即改变系统运转速度，测量系统强迫振动振幅变化。一般而言，在旋转不平衡系统中，振动加速度幅值随转速的增加而急剧增大。

转子不平衡是工程机械中最常见的振源。一个转子的完全平衡的充分必要条件是转子上各部分质量在旋转时的离心惯性力的合力与合力偶等于零，即满足静平衡和动平衡两个条件，有一项不满足就会引起振动。因此，为使旋转机器的振动得到抑制，必须对机器转子进行静平衡和动平衡试验。

(4) 设计安装缺陷或故障引起的振动

制造不良或安装不正确，或传动机构故障会产生周期性的激振力。如齿轮传动中的断齿、传动皮带的接缝都会引起周期性的冲击。此外，链轮、联轴器、间歇式运动机构等传动装置都包含有传动的不均匀性，从而引起周期性的激振力。

机械冲击会引起被加工零件、机器部件和基础振动。控制此类振动的有效方法是在不影响产品加工质量等的情况下，改进加工工艺，即用非撞击的方法来代替撞击方法，如用焊接代替铆接、用压延代替冲压、用滚轧代替锤击等。

通常在管道内流动的介质，其压力、速度、温度和密度等往往是随时间而变化的，这种变化又常常是周期性的。例如，与压缩机相衔接的管道系统，由于周期性地注入和吸走气体，激发了气流脉动，而脉动气流形成了对管道的激振力，使管道产生了机械振动。为此，在管道设计时，应注意合理配置各管道元件，以改善介质流动特性，避免气流共振，从而降低脉冲压力。

上述种种因素均可能形成激振源，但究竟是哪一种因素起主导作用，则与系统本身的性质有关。因此，要抑制振源，首先要找到激振源。

判断振动源的一种有效方法是，通过实测系统的振动响应，分析其主要频率成分，具有与此频率相同的激振力可能就是振源。

判断振源的另一种有效方法是对响应信号与可能的激励信号进行相关分析，这种方法特别适用于具有一定随机激励性质的系统。

7.3　隔振技术

机器运转时，会产生较大的振动，对周围其他的机械、仪表及建筑物都有影响；有些精密机械、精密仪器又往往需要防止周围环境对它的影响。这两种情形都需要实行振动隔离，简称隔振。隔振时使用的弹性支座称作隔振器，相对于机械设备，其质量可以忽略不计，看作只由弹性装置和能量消耗装置组成。隔振器是由一根弹簧和一个阻尼器组成的模型系统。

根据振源不同，可以将其分为如下两类。一类是对于本身是振源的机械设备，防止振动源产生的振动向外传播，称为主动隔振，如图 7-10(a) 所示；另一类是对于需要保护的设备与振动着的地基隔离开，称为消极隔振或被动隔振，如图 7-10(b) 所示。

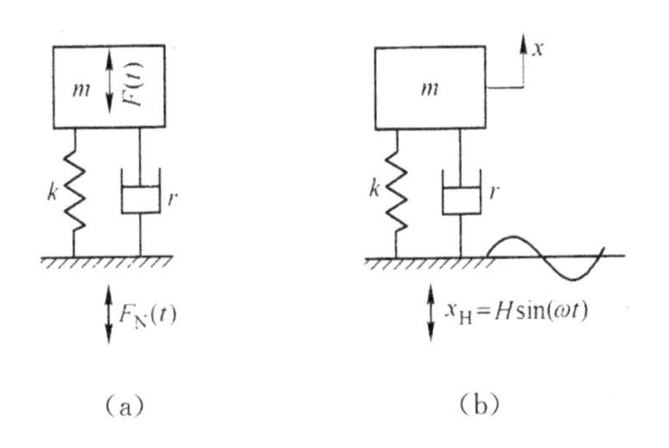

图 7-10　隔振原理示意图

7.3.1　隔振原理

振动会影响仪器设备的精度、功能和使用寿命，会造成事故。同样会危害人的身心健康，甚至造成器官损伤。

隔振就是将声源与结构之间形成弹性连接，实际上振动不可能完全隔绝，故通常也称为减振。

机械设备运转时，会存在一个周期性的力作用，从而使其产生振动。振动的机器通过基础、连接构件向四周传递。若在刚性连接之间安置弹簧或弹性衬垫组成弹性支座，由于支座可以发生弹性变形，起到缓冲作用，便减弱了机器对基础的冲击力，使基础的振动减弱；同时由于支座材料的阻力耗能，也减弱了传给基础的振动，从而使声辐射降低，这就是隔声降噪的基本原理。

7.3.1.1 隔振的评价

描述和评价隔振效果的物理量最常用的是振动传递系数 T，其定义是指通过隔振元件传递的力与扰动力之间的比值，或传递的位移与扰动之间的比值，即

$$T = \left|\frac{\text{传递力幅值}}{\text{扰动力幅值}}\right| \text{或 } T = \left|\frac{\text{传递位移幅值}}{\text{扰动位移幅值}}\right|$$

T 越小，说明通过隔振元件传递的振动越小，隔振效果也越好。如果 $T = 1$，则表明干扰全部被传递，没有隔振效果。如果在设备与基础之间安装隔振装置，使 $T = 0.2$，即传递过去的力只是干扰力的 20%。因此，传递系数的理论计算是隔振理论的关键所在。

在工程设计和分析时，通常采用理论计算传递系数的方法来分析系统的隔振效果，有时也采用隔振效率来描述隔振系统的性能，隔振效率 ε 的定义为

$$\varepsilon = (1 - T) \times 100\%$$

7.3.1.2 冲击隔离

和周期性激振力的振动隔离相似，对于脉冲冲击也可以考虑隔离，也分为积极与消极两类。积极的是隔离锻压机、冲床及其他具有脉冲冲击力的机械，以减小其对环境的影响；消极的冲击隔离是隔离基础的脉冲冲击，使安装在基础上的电子仪器及精密设备能正常工作，在舰船上的设备为了防止因爆炸引起的强烈冲击而设计的隔离系统属此。

冲击隔离可分为积极和消极冲击隔离，二者原理相同，传递率估算也基本相同。一般冲击传递与系统的固有频率成正比，系

统固有频率越小,传递率越小,隔离支撑的阻力有一定的作用,阻力越大,传递率也越小。

冲击隔离与缓冲是有区别的,缓冲是让缓冲材料介于相互碰撞的物体之间,使碰撞的冲击力要比直接碰撞低,如汽车缓冲器、飞机着陆架等。

7.3.1.3　隔振原理

(1) 无阻尼振动系统

无阻尼单自由度隔振系统,系统的运动方程式为

$$m\ddot{x}+kx=F_0 e^{j\omega t}$$

稳态解的数学表达式为

$$x=\frac{F_0}{k}\frac{1}{1-\left(\frac{\omega}{\omega_0}\right)^2}e^{j\omega t}$$

通过隔振系统传递给地基的干扰力为

$$P=kx=F_0\frac{1}{1-z^2}e^{j\omega t}$$

式中,参数 $z=\frac{\omega}{\omega_0}$,$z$ 称为归一化的频率,振动传递系数为

$$T=\left|\frac{P_0}{F_0}\right|=\left|\frac{1}{1-z^2}\right|$$

当 $z=1$,即 $\omega=\omega_0$ 时,隔振系统的振动传递系数将为无穷大。当隔振系统存在阻尼时,就不会出现这种情形。

(2) 有阻尼振动系统

对于有阻尼单自由度隔振系统,如图 7-11 所示。

隔振系统的运动方程为

$$m\ddot{x}+c\dot{x}+kx=F_0 e^{j\omega t}$$

式中:c 为阻尼系数,引入临界阻尼系数 $c_c=2\sqrt{mk}=2m\omega_0$ 和阻尼比 $\xi=c/c_c$,则可以方便地表示为

$$x=\frac{F_0}{k}\frac{1}{\sqrt{(1-z^2)^2+(2\xi)^2}}e^{j(\omega t-\varphi)}$$

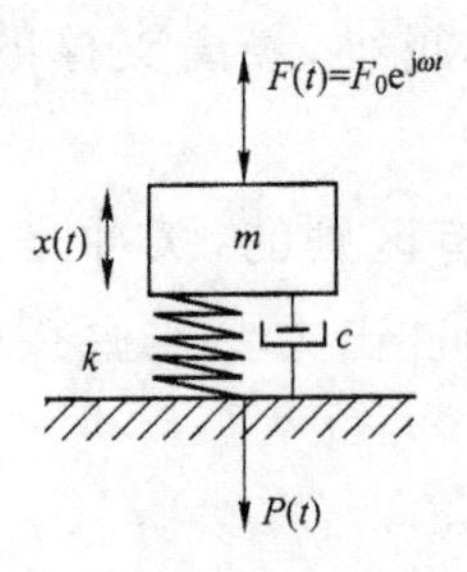

图 7-11 有阻尼的单自由度隔振系统

通过隔振系统传递的干扰力为

$$P=c\dot{x}+kx$$

在稳定状况下为

$$P=c\dot{x}+kx=\frac{F_0/k}{\sqrt{(1-z^2)^2+(2\xi)^2}}(k\,e^{j(\omega t-\varphi)}+j\omega c\,e^{j(\omega t-\varphi)})$$

传递干扰力的幅度为

$$P_0=\frac{F_0/k}{\sqrt{(1-z^2)^2+(2\xi)^2}}\sqrt{(k+\omega^2c^2)}$$

振动传递系数为

$$T=\frac{\sqrt{1+(2\xi)^2}}{\sqrt{(1-z^2)^2+(2\xi)^2}}$$

有阻尼时,隔振系统的传递系数的表达式要复杂得多。当系统出现 $\omega=\omega_0$ 时,隔振系统的振动传递系数将不再为无穷大,此时的传递系数由系统的阻尼决定。

7.3.1.4 隔振性能分析

隔振设计的目的就是选择并设计合适的隔振参数,使得 T 值较小。

(1) 振动传递系数 T 与频率比 f/f_0 的关系

振动传递系数 T 与频率比 f/f_0 的关系曲线如图 7-12 所示,可以看出

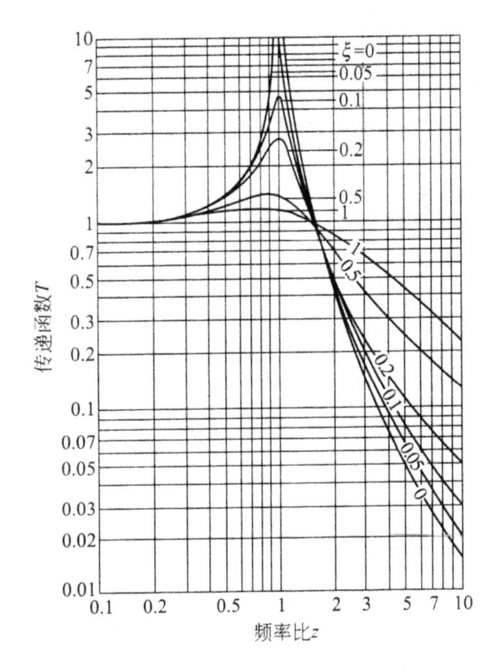

图 7-12　振动传递系数与频率比的关系曲线

① 当 $f/f_0<1$ 时，也就是干扰力的频率比隔振系统的固有频率小时，T 几乎为 1，隔振系统起不到隔振作用。

② 当 $f/f_0=1$ 时，也就是干扰力的频率与隔振系统的固有频率相等时，T 大于 1，隔振系统会起到放大系统振动的作用，有时会造成共振现象。

③ 当 $f/f_0>\sqrt{2}$ 时，也就是干扰力的频率比隔振系统的固有频率的$\sqrt{2}$ 倍还要大时，T 小于 1；f/f_0 越大，T 越小，就具有更好的隔振效果。

实际工程中常常设计为，$f/f_0=2.5\sim5$。

(2) 振动传递系数 T 与阻尼比 $\xi(c/c_c)$ 的关系

① 当 $f/f_0<\sqrt{2}$ 时，也就是隔振系统不具有隔振作用甚至造成共振的区域，阻尼比值越大，T 值越小，这表明在此种情况下增大阻尼有利于控制振动。

② 在 $f/f_0>\sqrt{2}$ 时，也就是隔振系统具有隔振作用的区域，阻尼比值越小，则 T 值越小，表明在此种情况下减小阻尼有利于

控制振动，即此时阻尼对隔振是不利的。

通常隔振器的阻尼比 ξ 在 2% ～ 20%，钢制弹簧 ＜ 1%，纤维垫 2% ～ 5%，合成橡胶可达到或超过 20%。

7.3.2 主动隔振

主动隔振，就是在振动源与地基、地基与需要防振的机器设备之间，安装具有一定弹性的装置，使得振动源与地基之间或设备与地基之间的近刚性连接成为弹性连接，以隔离或减少振动能量的传递，如图 7-13 所示。

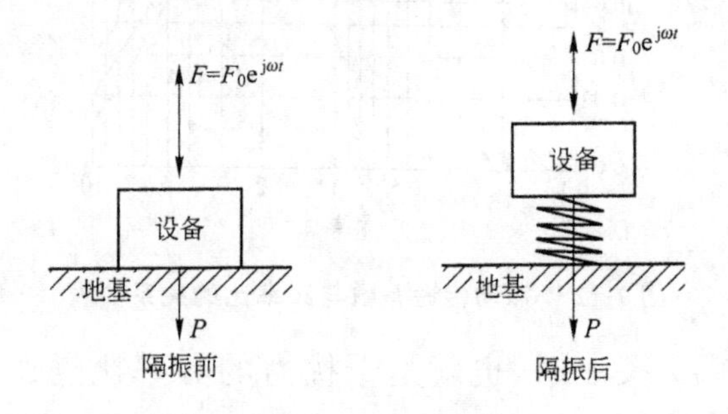

图 7-13 主动隔震示意图

积极隔振是通过与振源隔离，防止或减小传递到地基上的动压力，从而有效控制振源对周围环境的影响。振源是机器本身工作时产生的激振力。积极隔振的效果用力传递率或隔振系数来衡量，定义为

$$\eta_a = \frac{F_T}{F}$$

式中：F 和 F_T 分别为隔振前后传递到地基上的力的幅值。

为了减小机器振动传递给机器的支承结构或基础，应采用主动隔振措施，将机器安装在合理设计的柔性支承上，这一支承就叫作隔振装置或隔振基础。其理论模型如图 7-14 所示，作用在质量为 m 的机器上的激振力

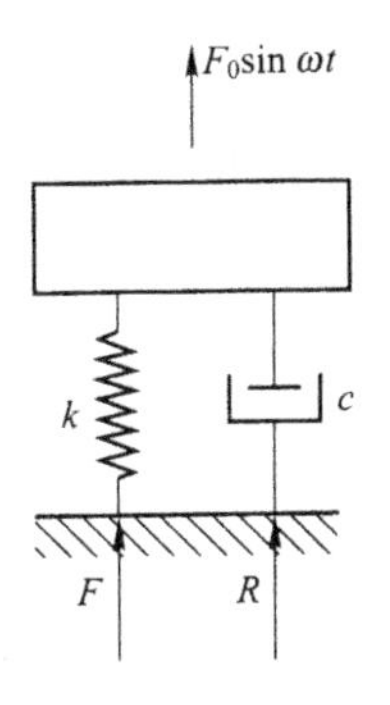

图 7-14　主动隔振

$$F=F_0\sin\omega t$$

在采取隔振措施前，机器传递到地基的最大动压力 $F_{max}=F_0$，安装上隔振器。其中的弹簧常数为 k、阻尼系数为 c，系统的受迫振动方程为

$$x=B\sin(\omega t-\varphi)$$

$$B=\frac{H}{k}\frac{1}{\sqrt{(1-\lambda^2)+(2\xi\lambda)^2}}$$

经阻尼传到地基上的动压力为

$$F_D=F+R=-kx-c\dot{x}=-kB\sin(\omega t-\varphi)-cB\omega\cos(\omega t-\varphi)$$

即 F 和 R 是相同频率，在相位上相差 $\pi/2$ 的简谐力。因此，传给地基的动压力的最大值为

$$H_T=\sqrt{(kB)^2+(cB\omega)^2}=kB\sqrt{1+(2\xi\lambda)^2}$$

则

$$H_T=H\frac{\sqrt{1+(2\xi\lambda)^2}}{(1-\lambda^2)^2+(2\xi\lambda)^2}$$

$$\eta_a=\frac{H_T}{H}=\frac{\sqrt{1+(2\xi\lambda)^2}}{(1-\lambda^2)^2+(2\xi\lambda)^2}$$

则 H_T 和 H 之比 $\eta_a=\dfrac{H_T}{H}$ 表示隔振效果，称为隔振系数（或传递系数）。

7.3.3　被动隔振

周围的振动经过地基的传递会使机器产生振动，被动隔振系统可以减少地基的振动对设备的影响,使设备的振动小于地基的振动,达到保护设备的目的,如图7-15所示。消极隔振的振源是支承的运动,消极隔振是将需要防振的物体与振源隔离,防止或减小地基运动对物体的影响。

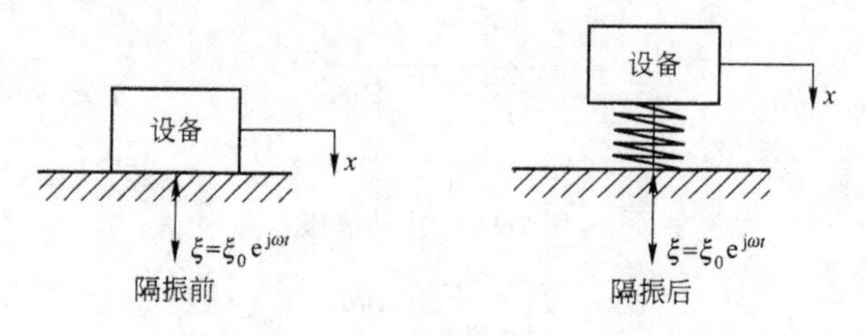

图 7-15 被动隔振示意图

隔振效果用设备隔振后的振幅(或振动速度、加速度)与振源振幅(或振动速度、加速度)的比值 η'_a 来表示,也称为隔振系数。

评价消极隔振的效果的指标为传递率,定义为

$$\eta'_a=\frac{B}{b}$$

式中:B 和 b 分别为隔振后传到物体上的振动幅值和地基运动的振动幅值。设地基为简谐运动

$y=b\sin\omega t$,隔振后系统稳态响应的振幅为

$$B=b\,\frac{\sqrt{1+(2\xi\lambda)^2}}{(1-\lambda^2)^2+(2\xi\lambda)^2}$$

则

$$\eta'_a=\frac{B}{b}=\frac{\sqrt{1+(2\xi\lambda)^2}}{(1-\lambda^2)^2+(2\xi\lambda)^2}$$

当无阻尼(即 $\xi=0$)时,隔振系数可表达为如下简单形式:

$$\eta'_a=\frac{1}{|1-\lambda^2|}$$

当 η'_a 选定后,所需频率比可按下式计算:

$$\lambda^2=\frac{1}{\eta'_a}+1$$

可以看出,位移传递率 η'_a 与力传递率 η_a 的表达式是完全相同的。由它们描绘的曲线族如图7-16所示。它表示各种阻尼情

况下(即各种 ξ 值),η_a 值随频率比 λ 变化的规律。

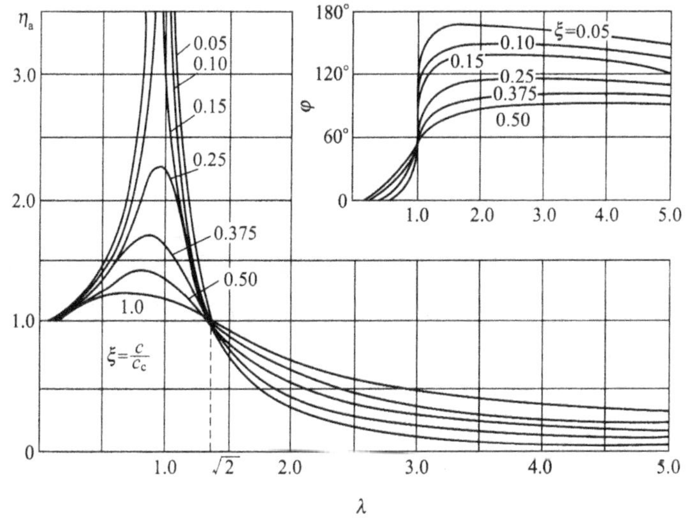

图 7-16　η_a 曲线族

当 $\lambda > \sqrt{2}$,$\eta_a < 1$ 时,才隔振,且 λ 值越大,η_a 越小,隔振效果越好。常选 λ 为 2.5～5 之间。

另外 $\lambda > \sqrt{2}$ 后,增加阻尼反而使隔振效果变坏。

因此,设计隔振器的参数时,为了取得较好的隔振效果,系统应当具有较低的固有频率和较小的阻尼。不过阻尼也不能太小,否则振动系统在通过共振区时会产生较大的振动。

【例 7-1】　如图 7-17 所示,已知电机转速 $\omega = 60\pi \text{rad/s}$,全机质量 $m = 100\text{kg}$,欲使传到地上的干扰力降为原干扰力的 $\frac{1}{10}$,求隔振弹簧刚度系数 k。

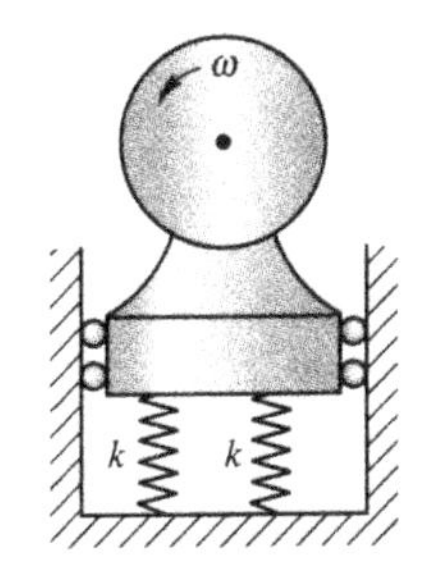

图 7-17　电机振动系统

解:按照主动隔振公式,力的传递率为

$$\eta=\frac{1}{\lambda^2-1}\ 即\frac{1}{10}=\frac{1}{\frac{\omega^2 m}{k}-1}$$

可解出隔振弹簧总刚度为

$$k=\frac{\omega^2 m}{11}=323\text{kN/m}$$

【例 7-2】 混凝土振动台满载时,参振质量 $m=8820\text{kg}$,用双轴惯性激振器激振,激振频率为 $\omega=289\text{rad/s}$,要求隔振系数 $\eta'_{\text{a}}=0.03$,试确定隔振弹簧的刚度。

解:该种振动台通常采用无阻尼隔振器,所以满足 η'_{a} 要求的频率比 λ 可按下式计算

$$\lambda^2=\frac{1}{\eta'_{\text{a}}}+1=1+\frac{1}{0.03}\approx 34.3,\lambda=5.84$$

$$\omega_{\text{n}}=\frac{\omega}{\lambda}=\frac{289}{5.84}=49.5\text{rad/s}$$

$$k=m\omega_{\text{n}}^2=8820\times 49.5^2=21611205\text{N/m}$$

【例 7-3】 某直升机在旋翼额定转速 360r/min 时机身强烈振动,为使直升机上某电子设备的隔振效果达到 $\eta'_{\text{a}}=0.2$,试求隔振器弹簧在设备自重下的静变形。

解:记隔振器弹簧在设备自重作用下的静变形为 δ_{s},则隔振系统的固有频率可写作

$$\omega_{\text{n}}=\sqrt{\frac{k}{m}}=\sqrt{\frac{g}{\delta_{\text{s}}}}$$

若工作频率为 ω,要求隔振效果达到 $\eta'_{\text{a}}<1$,又由于

$$\eta'_{\text{a}}=\frac{1}{|1-\lambda^2|}$$

得到隔振器弹簧的静变形

$$\delta_{\text{s}}=\frac{g}{\omega^2}\left(1+\frac{1}{\eta'_{\text{a}}}\right)$$

将参数 $\omega=(2\pi\times 360/60)\text{rad/s}$,$\eta'_{\text{a}}=0.2$ 和 $g=9.8\text{m/s}^2$ 代入,得到

$$\delta_s = \frac{9.8\text{m/s}^2}{[(2\pi \times 360/60)\ \text{rad/s}]^2}\left(1+\frac{1}{0.2}\right) \approx 4.14 \times 10^{-2}\text{m}$$

由此例可见,低频隔振器的弹簧必须很柔软。柔软弹簧带来的问题一是隔振系统要有足够大的静变形空间,二是侧向稳定性差。对于本例,这样静变形量级的隔振器只能适用于大中型机载电子设备。因此,隔离低频振动是工程实践中的难题。

7.4　阻尼减振技术

固体振动时,可以通过阻尼层来消耗振动的能量,这便是阻尼减振。适当增大系统的阻尼,是振动控制的一种重要手段。像梁和板一类的构件,理论上是无限多自由度系统,存在无限多个谐振点,如果这些构件承受可变频率的激励或宽频带随机振动,就可能激励起许多谐振,在这种情况下,应用单个的动力吸振器是不实际的。因此,对这些构件进行阻尼处理。增大系统中阻尼的方法很多,如采用高阻尼材料制造零件、选用阻尼好的结构形式、在系统中增加阻尼、增加运动件的相对摩擦、在振动系统中安装阻尼器等。尤其是钢、铝、铜等大多数工程材料的固有阻尼都很小,一般都要进行特别的阻尼处理,以减小谐振。

7.4.1　阻尼的特点

7.4.1.1　阻尼的定义

阻尼是指系统损耗能量的能力。从减振的角度看,就是将机械振动的能量转变成热能或其他可以损耗的能量,从而达到减振的目的。阻尼技术就是充分运用阻尼耗能的一般规律,发挥阻尼在减振方面的潜力,进而提高机械结构的抗振性、降低机械产品的振动、增强机械与机械系统的动态稳定性。

7.4.1.2 阻尼的作用

① 阻尼有助于减小机械结构的共振振幅,从而避免结构因动应力达到极限所造成的破坏。对于任一结构,当激励频率 ω 等于共振频率 ω_n 时,其位移响应的幅值 X 与各阶模态的阻尼损耗因子 η_n 成反比,即

$$X \propto \frac{1}{\eta_n}$$

阻尼损耗因子用结构损耗的能量与结构振动能之比加以定义。

$$\eta_n = \frac{E_{n损耗}}{E_{n能量}}$$

η_n 是无量纲的参量,表明结构损耗振动能量的能力。

② 阻尼有助于机械系统受到瞬态冲击后,尽快恢复稳定。机械结构受冲击后的振动水平可表示为

$$L_x = 10\log\left(\frac{x^2}{x_{ref}^2}\right)$$

其中,x 表示受冲击瞬时达到的位移,x_{ref} 是位移参考值。若以 Δ_t 表示振动水平的降低率,则

$$\Delta_t = -\frac{dL_x}{dt} = 8069\xi\omega_n = 54.6\xi f_n$$

结构受瞬态激励后产生自由振动时,要使振动水平迅速下降,必须增大结构的阻尼比。

③ 阻尼有助于减少因机械振动所产生的声辐射,降低机械噪声。许多机械构件,如交通运输工具的壳体、锯片等的噪声主要是共振引起的,采用阻尼能有效地抑制共振,从而降低噪声。阻尼还可以延长脉冲噪声的脉冲持续时间,减小峰值噪声强度。

④ 可以提高各类机床、仪器等的加工、测量和工作精度。各类机器尤其是精密机床,在动态环境下工作,对其抗振性和动态稳定性要求较高,通过阻尼技术可以大大提高其动态性能。

⑤ 阻尼有助于降低结构传递振动的能力。在机械系统的隔

振结构设计中，合理地运用阻尼技术，可以使隔振、减振效果显著提高。

7.4.2 阻尼的作用机制

从工程应用的角度讲，阻尼的作用机制就是将广义振动的能量转换成可以损耗的能量，从而抑制振动、噪声。

按照物理现象来分，阻尼机制有如下分类。

① 材料的内阻尼。

② 流体的黏滞阻尼。

③ 接合面阻尼与库仑摩擦阻尼。

④ 冲击阻尼。

⑤ 磁电效应阻尼。

7.4.2.1 材料的内阻尼

工程材料种类繁多，尽管其耗能的微观机制有所不同，宏观效应却基本一致，对振动系统都具有阻尼作用，由于此类阻尼来自于介质内部，故称为材料内阻尼。材料阻尼的机理是：宏观上连续的金属材料会在微观上由应力或交变应力的作用产生分子或晶界之间的位错运动、塑性滑移等，从而产生阻尼效应，如图 7-18 所示。

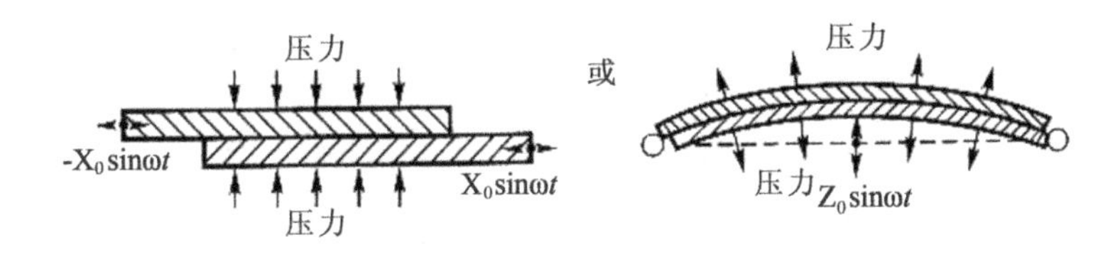

图 7-18 材料内阻尼

在周期性的应力和应变作用下，金属材料的加载线和卸载线在一次周期的应力循环中，构成了应力 — 应变的封闭回线 ABCDA，阻尼耗能的值与封闭回线的面积成正比。如图 7-19 所示。

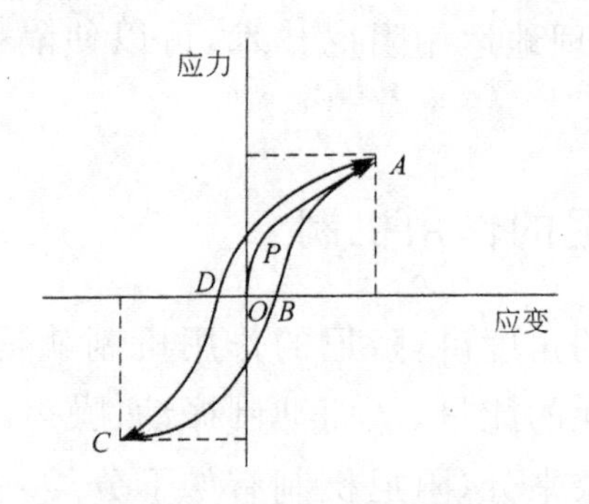

图 7-19　应力应变滞迟回线

7.4.2.2　流体的黏性阻尼

在实际应用中，各种结构往往和流体相接触，大部分流体具有黏滞性，在运动过程中会损耗能量。

若流体无黏滞性，那么流体在管道中的运动速度相等；反之，流体以不同的速度在管道中运动，且通常为抛物面形。这样，流体内部的速度梯度、流体和管壁的相对速度，均会因流体具有黏滞性而产生能耗及阻尼作用，称为黏性阻尼。黏性阻尼的阻力正比于速度。为了增大黏性阻尼的耗能作用，制成具有小孔的阻尼器，当流体通过小孔时，形成涡流并损耗能量，所以小孔阻尼器的能耗损失实际包括黏滞损耗和涡流损耗两部分。

7.4.2.3　接合面阻尼与库仑摩擦阻尼

在一机械设备中，相接触的两零件均承载动态负荷，则可以产生接合面阻尼或库仑摩擦阻尼。这两种阻尼均由接合面之间的相对运动产生，其不同之处为接合面阻尼是由微观的变形所产生的，而库仑摩擦阻尼则由接合面之间相对宏观运动的干摩擦耗能所产生，它的耗能量可以通过分析摩擦力—位移滞迟回线所包围的面积得到。具体来说，两个用螺钉连接或用自重相贴合的结构原件，若承受一激励力，当逐渐增强激励力时，假设零件不发生变形，但在接合面之间仍将产生相对的位移或产生接触应力和应变。此时，变形或位移和外力之间的关系就是库仑摩擦阻尼和接合面阻尼产生的机理。一般来说，库仑摩擦阻尼要比接合面阻尼大一到两个数量级，因此在实际工程中往往应用库仑摩擦阻尼。

7.4.2.4 冲击阻尼

冲击阻尼是一种结构耗能，一般利用冲击阻尼器来实现冲击阻尼，砂、细石、铅丸或其他金属块以至硬质合金均能作为冲击块。此种机理已广泛用于雷达天线、涡轮机叶片、继电器、机床刀杆及主轴等方面。通过附加冲击块，将主系统的振动能量转换为冲击块的振动能量，从而减小主系统的振动，这就是冲击阻尼产生的机理。

7.4.2.5 磁电效应阻尼

机械能转变为电能的过程中，由磁电效应产生阻尼，称之为涡流阻尼。涡流阻尼的能量损耗由电磁的磁滞损失和涡流通过电阻的能量损失组成。

7.4.3 阻尼器原理

依据不同阻尼的作用机制，可以设计相应的阻尼元器件。阻尼器的实现原理可根据黏性阻尼和摩擦阻尼的成因得到。下面简要介绍液压阻尼器和摩擦阻尼器。

图7-20是一个典型的同弹簧并联的双出杆式阻尼器。在该阻尼器中，当阻尼器两端做相对运动时，同时受到弹簧力和阻尼力。弹簧力与位移成正比，而阻尼力则主要是阻尼室中的流体从活塞的小孔流过时产生的黏滞阻尼力。小孔由机械加工制成，也可采用钻孔、弹簧压力球、提升阀或卷筒制成。根据流体力学，按照下式计算阻尼液流过小孔时的阻尼力。

$$F_{\mathrm{d}}=\left[8\pi\nu L+\frac{A\dot{u}_{\mathrm{d}}}{2C_{\mathrm{D}}^{2}}\right]\cdot\left(\frac{A^{2}\rho}{A_{0}^{2}}\dot{u}_{\mathrm{d}}\right)$$

式中：F_{d}为阻尼力，N；A为节流孔面积$\frac{\pi}{4}D^{2}$，m^{2}；υ为流体动黏度

系数，m^2/s；ρ 为流体密度，kg/m^3；L 为节流孔长度，m；C_D 为流量系数，$\dot{u}_d$ 为活塞速度，m/s。可以看出，阻尼力实际上不是完全的线性项，也包括了二次项。

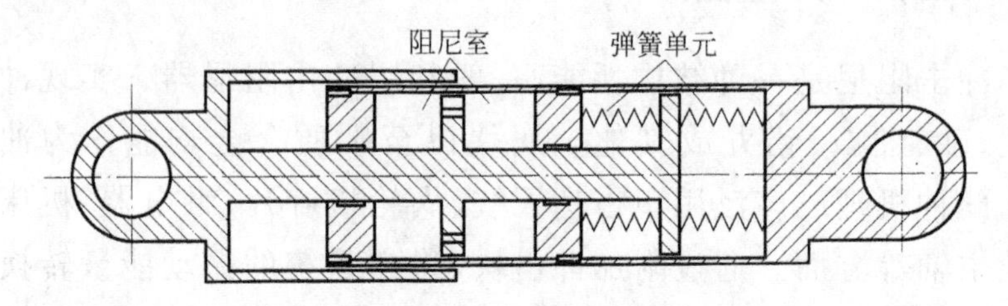

图 7-20　典型的液压阻尼器结构图

典型的摩擦筒式阻尼器如图 7-21 所示。带有外楔块的铜合金衬垫和钢筒表面相互滑动从而产生摩擦阻尼。当阻尼器两段的活塞杆相互运动时，内楔块带动外楔块运动，外楔块与筒壁上的摩擦块相接触。二者之间持续相对运动时，则会产生持续的库仑摩擦力，消耗能量，起到阻尼器的作用。

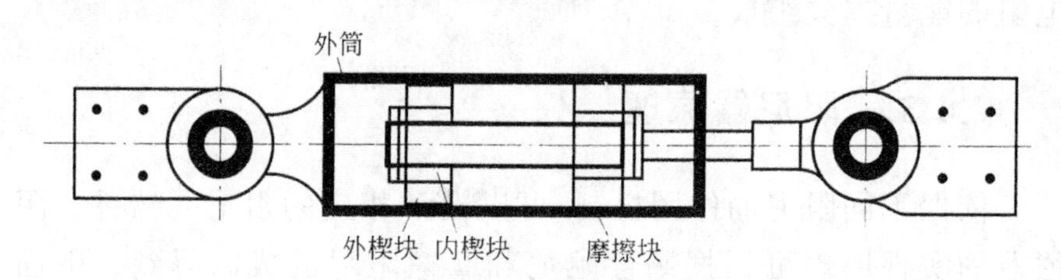

图 7-21　典型的摩擦筒式阻尼器

7.4.4　黏弹性阻尼材料

黏粘弹性阻尼材料近几十年来迅速发展，在实际应用中，通过对材料的成分及结构做出一定的调整，从而达到特定温度及频率下的不同要求。主要是橡胶类和塑料类材料，它们是高分子聚合物，分子量超过 10000。受到外力时，曲折状分子链会产生拉伸、扭曲等变形，分子之间的链段又会产生相对滑移及错位。外力去除后，变形的分子链要恢复原位，分子之间的相对运动也会部分复原，释放外力所做的功，这就是材料的弹性。但分子链段之间的滑移和错位却不能完全复原，一部分产生永久变形，这部分功转变为热能耗散掉，这就是材料的黏性。

一般加工为胶片式，使用时可用专用的黏结剂将它贴在需要减振的结构上。压敏型阻尼胶片的出现使得应用更加便捷，与普通胶片的不同之处在于，需要提前在胶片上涂一层专用胶，接着覆盖一层隔离纸，使用前把隔离纸撕掉，贴在设备上，再施加一定压力即可。

将阻尼材料直接黏附在薄板上，称为"自由阻尼层"结构。发生弯曲振动时阻尼层承受的是拉压变形。另一种是，基板上黏附阻尼层，阻尼层上再黏附一层金属薄板（约束层）构成"约束阻尼层"结构，这种结构发生弯曲振动时阻尼层承受剪切变形。由于剪切变形比拉压变形消耗较多能量，所以两者相比后者阻尼效果更好。

对于自由阻尼层受拉压应力的情况，类似地可以用材料杨氏弹性模量的实部 E' 和损耗因子 η 作为性能指标。对于自由阻尼层结构，阻尼层与基板厚度比越大，则结构损耗因子也越大。但是厚度比的增加也有一定限度，超过限度再增大无益。当阻尼层与基板的弹性模量之比小于 10^{-2} 时，一般阻尼层厚度比取5左右。大多数材料常温下在 $30 \sim 500$Hz 频率范围内 η 接近于常数。金属材料 η 值数量级为 $10^{-5} \sim 10^{-4}$，木材为 $10^{-3} \sim 10^{-2}$，软橡胶为 $10^{-2} \sim 10^{-1}$，而黏弹性材料的 η 峰值一般可达 $1 \sim 1.8$，即为 10^{0} 数量级。

在特定温度范围内阻尼材料具有较好的阻尼性能，图7-22是某一频率下黏弹性阻尼材料性能随温度变化的典型曲线。根据性能的不同，可将其划分为三个温度区：温度较低时呈玻璃态，在此区内模量高而损耗因子比较小；温度较高时呈橡胶态，此区内模量和损耗因子都不高；在过渡区内材料模量急剧下降，而损耗因子较大。损耗因子最大处称为阻尼峰值，此时的温度为玻璃态转变温度。

除最大损耗因子 η_{max} 以外，黏弹性材料还有另一个重要特性参数，是 η 达到0.7以上的温度宽度 $\Delta T_{0.7}$，表示材料适用的温度范围。在工程中有时需要选择尽可能大的 $\Delta T_{0.7}$，甚至比追求更

大的 η_{max} 还重要。

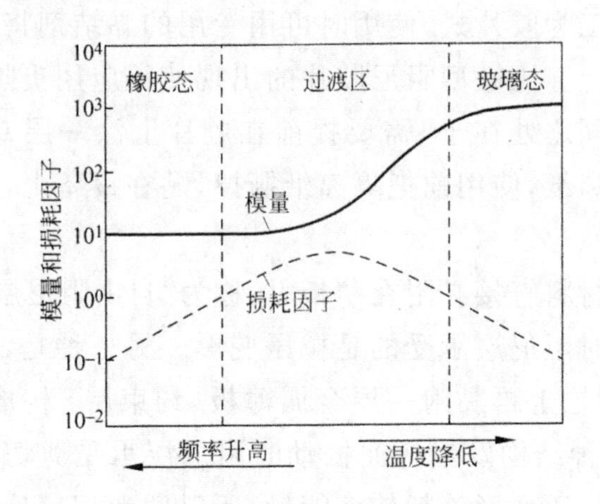

图 7-22　模量和损耗因子的温频特性

除温度这个重要因素以外，阻尼材料的性能与频率也有密切关系，其影响与材料的使用温度有关。在确定温度下，阻尼材料的模量大致随频率的增高而增大，损耗因子并不随频率单调变化，而是在某一频率时达到最大值。

图 7-23 是阻尼材料性能随频率变化的示意图。对大多数阻尼材料来说，温度与频率两个参数之间具有等同的作用。对其性能的影响，高温相当于低频，低温相当于高频。可以利用这种关系把这两个参数合成为一个参数，即当量频率 $f_{\alpha T}$。对于每一种阻尼材料，都可以通过试验测量其温度及频率与阻尼性能的关系曲线，从而求出其温频等效关系，绘制出一张综合反映温度与频率对阻尼性能影响的总曲线图，也叫示性图。

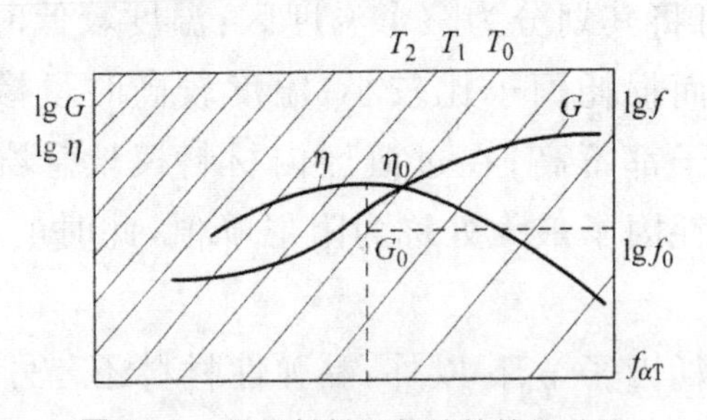

图 7-23　阻尼材料温频特性转换曲线

图 7-23 就是一张典型的阻尼材料性能总曲线图。图中横坐

标为当量频率 $f_{\alpha T}$，左边纵坐标是实剪切模量 G 和损耗因子 η，右边纵坐标是实际工作频率 f，斜线坐标是测量温度 T。例如求频率为 f_0、温度为 T_0 时的实剪切模量 G_0 和损耗因子 η_0 之值，只需要在图上右边频率坐标找出 f_0 点，做水平线与 T_0 斜线相交，然后画交点的垂直线，与 G 和 η 曲线的交点所对应的分别为所求的 G_0 和 η_0 的值。

为了达到好的阻尼效果，根据示性图选择材料时应考虑以下要求：

① 损耗因子峰值 η_{max} 大，且峰值温度与工作温度接近。

② $\eta \geqslant 0.7\eta_{max}$ 的温度范围 $\Delta T_{0.7}$ 宽，且与工作环境温度相吻合。

③ 材料的剪切模量 G 适合要求。

④ 不易老化，工作寿命长。

⑤ 工艺性好，尤其是粘贴牢度大。

⑥ 适应一定环境条件，如耐油、耐腐蚀、耐高温，具有阻燃性等。

7.4.5 阻尼结构及其应用

阻尼减振技术是依靠阻尼结构得以实际应用的，而阻尼结构是由阻尼基本结构与实际工程结构组成的。阻尼基本结构大致可分为如下两类。

离散型阻尼器件，其中包括：一类用于振动隔离，如金属弹簧减振器、黏弹性材料减振器、空气弹簧减振器及干摩擦减振器等；另一类用于吸收振动，如阻尼吸振器、冲击阻尼吸振器等。

附加型阻尼结构，主要包括：一类是直接黏附阻尼结构，如自由层阻尼结构、约束层阻尼结构、多层的约束阻尼结构、插条式阻尼结构等；第二类是直接附加固定的阻尼结构，如封砂阻尼结构、空气挤压薄膜阻尼结构；第三类是直接固定组合的阻尼结构，如接合面阻尼结构等。

在上述阻尼结构中，经常采用附加阻尼结构来增强机械结构阻尼。通过在各种结构件上直接附加阻尼材料结构层，可增强其抗振性和稳定性。黏附的阻尼结构主要有自由阻尼结构和约束阻尼结构，自由阻尼层结构结合梁的结构如图 7-24 所示。

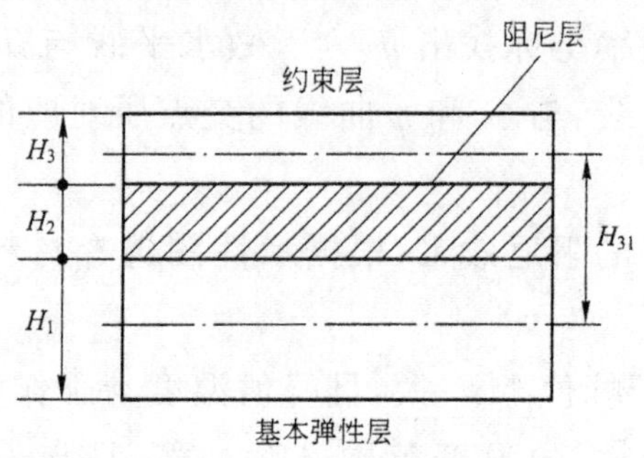

图 7-24　自由阻尼结构

自由阻尼结构是将一层大阻尼材料直接安置在需要做减振处理的机器零件或结构件上，机械结构振动时，阻尼层随结构件变形，产生交变的应力和应变，起到减振和阻尼的作用。

自由阻尼层结构结合梁的损耗因子与结构参数的关系式如下：

$$\eta_n = \eta \frac{eh(2+6h+4h^2)}{1+eh(5+6h+4h^2)}$$

式中：$h=H_1/H_2$，是阻尼层厚度 H_2 与基本弹性层厚度 H_1 之比值；$e=E_2/E_1$，是阻尼层杨氏模量 E_2 与基本弹性层杨氏模量 E_1 之比值；η 为阻尼层材料的损耗因子；η_n 为组合梁结构的损耗因子。

自由阻尼处理组合梁结构的损耗因子，损耗因子既是阻尼厚度比 h 的函数，也是阻尼层模量比 e 的函数，如图 7-25 所示。

只有在 e 较大时，η_n/η 才随 h 的增大而增大，直到具有实际工程意义。自由阻尼层结构组合板的损耗因子关系式

$$\eta_n = \eta k \frac{12h_{21}^2 + h^2(1+k^2)}{(1+k)[12h_{21}^2 + (1+k)(1+hk^2)]}$$

式中：η_n 为组合板结构的损耗因子；η 为阻尼层材料的损耗因子；$h=H_2/H_1$，是阻尼层厚度 H_2 与基本弹性层厚度 H_1 之比值；$k=K_2/K_1$，是阻尼层拉伸刚度 K_2 与基本弹性层拉伸刚度 K_1 之比

值；h_{21} 为阻尼层厚度和基本弹性层厚度中线间的距离与基本弹性层厚度之比值。

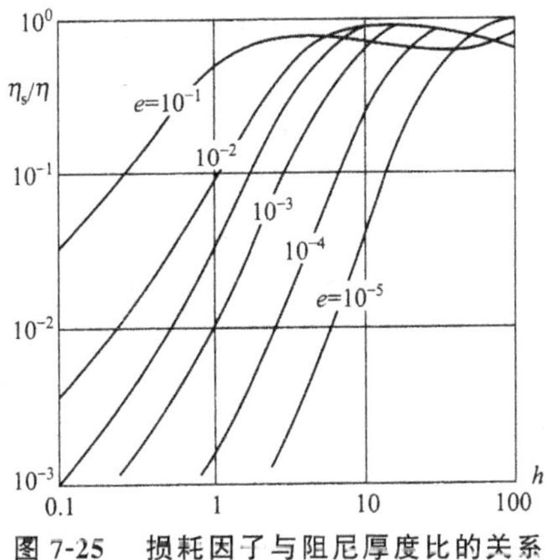

图 7-25　损耗因子与阻尼厚度比的关系

具有隔离层的自由阻尼处理结构，具有阻尼高、质量轻和刚度好的特点。隔离层用轻质高刚度材料制作。当基本弹性层产生弯曲振动时，隔离层有类似于杠杆的放大作用，可增加阻尼层的拉压变形，从而增加阻尼材料的耗能作用。自由阻尼结构更多地用于薄壳结构减振，例如鼓风机的外壳、各种管道、车辆等。

约束阻尼结构由基本弹性层、阻尼层和弹性材料层（称约束层）构成，如图 7-26 所示。当基本弹性层发生弯曲振动时，阻尼层上下表面产生变形，使阻尼层受剪切应力和应变，从而消耗结构的振动能量。约束阻尼结构比自由阻尼结构可消耗更多的能量，故具有更好的减振效果。

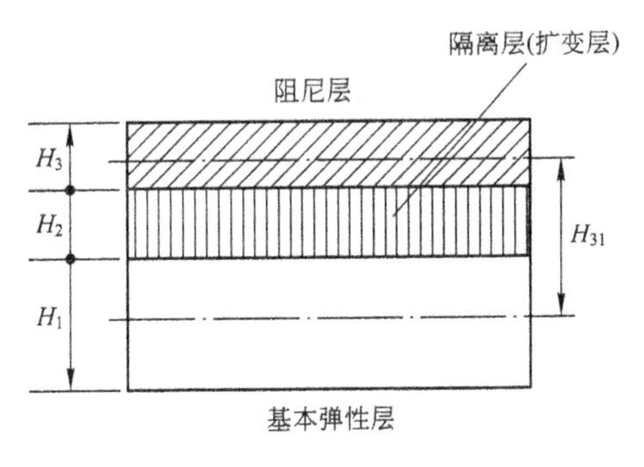

图 7-26　约束阻尼结构

约束阻尼层具有三明治结构的形式，其能量损耗主要是通过阻尼层的剪切变形来消耗能量，所以阻尼材料的剪切损耗因子是主要的性能参数。同时，其约束层自身的拉伸刚度必须比较大，这样较薄的阻尼层可能产生较好的阻尼效果。当然，总的阻尼效果仍然是频率相关的。

约束阻尼结构梁的损耗因子

$$\eta_n = \frac{\eta XY}{1 + (2 + Y)X + (1 + Y)(1 + \eta^2)X^2}$$

其中 X 为剪切参数，Y 为刚度参数。

X 的表达式为

$$X = \frac{G_2 b}{k^2 H_2}\left(\frac{1}{K_1} + \frac{1}{K_3}\right)$$

Y 的表达式为

$$Y = \left(\frac{H_{31}^2}{D}\right)\left(\frac{K_1 K_3}{K_1 + K_3}\right)$$

式中：G_2 为阻尼层材料模量的实部；b 为约束阻尼梁的宽度；k 为约束阻尼梁弯曲振动的波数 $k = \omega\sqrt{m/D}$；组合梁的弯曲刚度 $D = \frac{b}{12}(E_1 H_1^3 + E_3 H_3^3)$；$H_1$、$H_2$ 和 H_3 分别为基本弹性层、阻尼层和约束层的厚度；K_1 和 K_3 分别为基本弹性层和约束层的刚度；E_1 和 E_3 分别为基本弹性层和约束层梁的杨氏模量；$H_{31} = (H_1 + H_3)/2 + H_2$，是基本弹性层中性面至约束层中性面的距离。

在不同的工作环境下，应综合考虑其他要求，合理选择阻尼结构。通常，自由阻尼结构适合于拉压变形，而约束阻尼结构适合于剪切变形。图 7-27 为几种典型的约束阻尼处理结构。

用两种以上不同质地的阻尼材料制成多层结构，可提高阻尼性能。由于多层结构同时使用不同的玻璃态转变温度和模量的阻尼材料，这样可加宽温度带宽和频率带宽。

进行阻尼处理的位置不同，其减振效果会有明显差异。在工程应用中，往往是对结构的局部进行阻尼处理，若在全面积上进行阻尼处理可能会造成浪费。如何使局部阻尼处理达到最佳的阻尼效果是阻尼处理位置的优化问题。可以根据不同阻尼结构的阻尼机理,相应地进行优化处理,以达到最佳的性能价格比。

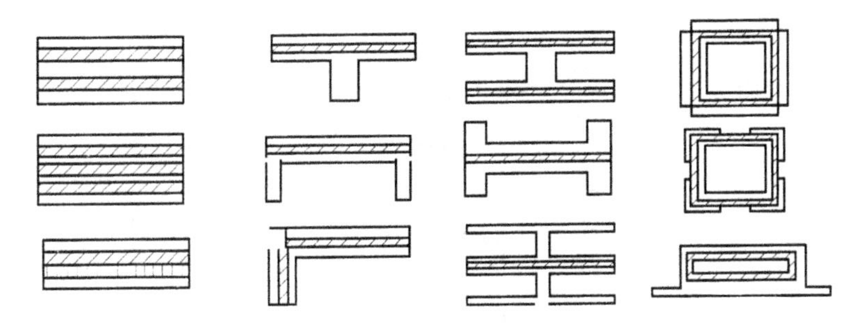

图 7-27　典型的约束阻尼处理结构

7.5　动力吸振器

7.5.1　吸振

吸振就是借助于转移振动系统的能量来实现对振动的控制,如动力吸振器、摆式吸振器等。被动吸振在外激励频率变化较大时不再适用,质量较小的吸振器,其振幅过大。主动式动力吸振器是按一定的规律主动地改变动力吸振器中弹性元件或惯性元件的特性,或者主动地驱动吸振器质量块的一种动力吸振器。根据工作原理和设计准则的不同,可分为如下两类。

① 频率可调式动力吸振。频率可调式动力吸振器的工作原理是:识别外激励频率与动力吸振器固有频率之差,在线调节动力吸振器的弹性元件的刚度或惯性元件的质量,使动力吸振器的固有频率始终与外激励的频率相同,也就是令动力吸振器一直保持在调谐状态。

② 非频率可调式动力吸振器。在土木工程中应用较多的主动式调谐质量阻尼器(TMD)(见图 7-28) 的工作原理是:根据传感器测出的受控对象的振动,按照一定的准则设计控制器,作动

器的控制力、作用于质量块的弹性力和阻尼力反作用于受控对象，达到控制受控对象振动的目的。

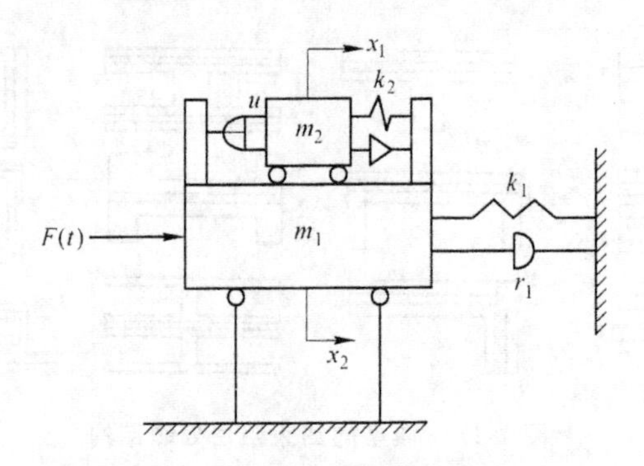

图 7-28　主动式调谐质量阻尼器

7.5.2　动力吸振器的原理

J.奥蒙德罗伊德等在 1928 年提出了动力吸振器的方法，其原理是在振动物体上附加质量弹簧共振系统，这种附加系统在共振时产生的反作用力可使振动物体的振动减小。

7.5.2.1　无阻尼动力吸振器的原理

动力吸振器是一种常用的振动控制技术，机器—动力吸振器的力学模型如图 7-29 所示。设机器质量 m_1 和弹簧 k_1 组成的单自由度系统受简谐激励的作用，振幅较大。为了减小机器的振动，把质量 m_2 和弹簧 k_2 作为附加系统连接到原受迫振动系统上组成两自由度系统。原有的振动系统和动力吸振器组成一个二自由度系统，为简便起见不考虑阻尼，其振动微分方程如下

$$\begin{bmatrix} m_1 & 0 \\ 0 & m_2 \end{bmatrix} \begin{Bmatrix} \ddot{x}_1 \\ \ddot{x}_2 \end{Bmatrix} + \begin{bmatrix} k_1 + k_2 & -k_2 \\ -k_2 & k_2 \end{bmatrix} \begin{Bmatrix} x_1 \\ x_2 \end{Bmatrix} = \begin{Bmatrix} F e^{j\omega t} \\ 0 \end{Bmatrix} \tag{7-2}$$

设方程(7-2) 的解为

$$\begin{Bmatrix} x_1 \\ x_2 \end{Bmatrix} = \begin{Bmatrix} X_1 \\ X_2 \end{Bmatrix} e^{j\omega t}$$

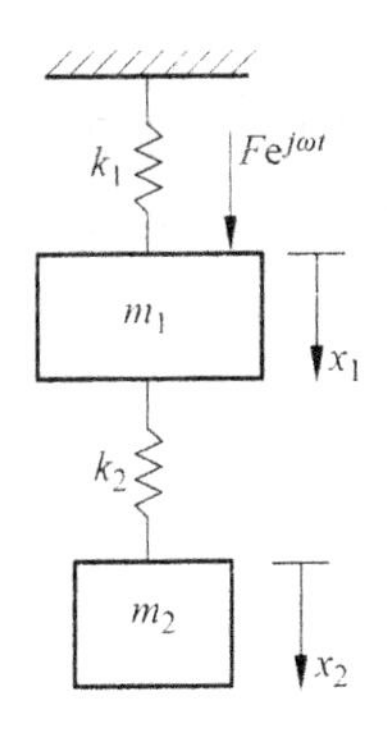

图 7-29　动力吸振器

代入微分方程(7-2),可得

$$\begin{bmatrix} k_1+k_2-m_1\omega^2 & -k_2 \\ -k_2 & k_2-m_2\omega^2 \end{bmatrix}\begin{Bmatrix} X_1 \\ X_2 \end{Bmatrix}=\begin{Bmatrix} F \\ 0 \end{Bmatrix}$$

用伴随矩阵计算逆矩阵的方法求解以上方程,得到

$$\begin{Bmatrix} X_1 \\ X_2 \end{Bmatrix}=\frac{\begin{bmatrix} k_2-m_2\omega^2 & k_2 \\ k_2 & k_1+k_2-m_1\omega^2 \end{bmatrix}}{(k_1+k_2-m_1\omega^2)(k_2-m_2\omega^2)-k_2^2}\begin{Bmatrix} F \\ 0 \end{Bmatrix}$$

展开后得到

$$X_1=\frac{F}{\Delta(\omega)}(k_2-m_2\omega^2),X_2=\frac{F\cdot k_2}{\Delta(\omega)} \tag{7-3}$$

$$\Delta(\omega)=|\boldsymbol{K}-\omega^2\boldsymbol{M}|=(k_1+k_2-m_1\omega^2)(k_2-m_2\omega^2)-k_2^2 \tag{7-4}$$

式中:$\Delta(\omega)$为特征行列式,是激振频率ω的函数。

如果动力吸振器的固有频率设计成$\sqrt{k_2/m_2}=\omega$,即等于原系统外激励频率,则根据式(7-3)可知$X_1=0$,即主系统将保持不动,或者说主系统的激振点固定不动。这种现象称为反共振,而且有

$$k_2X_2=-F,k_2x_2=-Fe^{j\omega t}$$

这时原系统的m_1完全停止运动,而动力吸振器的振动与激励力频率相同,产生的动态力作用于m_1,与外激励力互相抵消。即使在主系统的共振点位置,也能使原系统的振幅趋于零,这种现象称为动力吸振,该附加子系统称为动力吸振器或动力减振器。在

主系统上附加动力吸振器后，改变了原系统的动态特性。

下面探讨动力吸振器适用的频率范围。

定义质量比 ε，主系统共振频率 ω_{01}，子系统共振频率 ω_{02}，频率比 r_1 和 r_2，由式(7-3) 得主系统的失衡放大系数，表示机器响应振幅后 k_1X_1 与失衡力振幅 F 之比，即

$$\frac{k_1X_1}{F}=\frac{1-r_2^2}{[1+\varepsilon(r_1/r_2)^2-r_1^2](1-r_2^2)-\varepsilon(r_1/r_2)^2} \tag{7-5}$$

式(7-5) 中的各项无量纲参数为

$$\omega_{01}=\sqrt{\frac{k_1}{m_1}},\omega_{02}=\sqrt{\frac{k_2}{m_2}},r_1=\omega/\omega_{01},r_2=\omega/\omega_{02},\varepsilon=\frac{m_2}{m_1}$$

若以 $\omega=\omega_{n0}$ 表示机器运行的额定角速度，一般动力吸振器设计成 $\omega_{01}=\omega_{02}=\omega_{n0}$，这样若机器在不变的额定角速度下运转，机器的振动便可完全消除。因此，令 $r_1=r_2=r$，则主系统振幅响应式(7-5) 简化为

$$\frac{k_1X_1}{F}=\frac{1-r_2^2}{(1+\varepsilon-r^2)(1-r^2)-\varepsilon} \tag{7-6}$$

以上无因次的振幅放大系数与频率比 r 的关系示于图 7-30。由图可见，当 $r=1$，$X_1=0$，这是新系统的反共振频率。因此，若机器在一种不变的速度下运转时，采用这种反共振式吸振器效果显著。但是，从图中还可以看到，在机器启动后达到额定速度之前，当通过 $r=0.762$ 时，X_1 达到了新系统的第一共振幅。为了避免机器通过第一共振幅时产生过大的振幅，可采用机械挡止装置。

在 $r_1=r_2=r$ 情况下，令式(7-5) 等于零，得频率方程

$$r_{\mathrm{n}}^2-(2+\varepsilon)r_{\mathrm{n}}^2+1=0 \tag{7-7}$$

式中：频率比 $r_{\mathrm{n}}=\omega_{\mathrm{n}}/\omega_{01}$。

由式(7-7) 解得新系统的两个共振频率比为

$$r_{\mathrm{n1,n2}}^2=1+\frac{\varepsilon}{2}\mp\sqrt{\varepsilon\left(1+\frac{\varepsilon}{4}\right)} \tag{7-8}$$

从式(7-8) 可以看出，当质量比 ε 比较小时，也就是当子系统吸振器比较小时，新系统的两个共振频率很接近反共振频率，对减振不利。因此，无阻尼吸振器所起作用的频率范围很窄。为了扩大动

力吸振器的使用频率范围，需要在动力吸振器上附加阻尼。

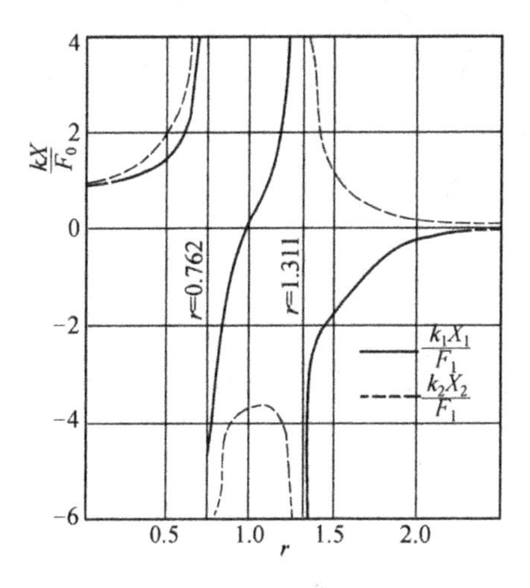

图 7-30　具有吸振器的系统响应

【例 7-4】　一电动机的转速为 1500r/min，由于转子不平衡而使机壳发生较大的振动，为了减少机壳的振动，在机壳上安装了数个如图 7-31 所示的动力吸振器，该吸振器由一钢制圆截面弹性杆和两个安装在杆两端的重块组成。杆的中部固定在机壳上，重块到中点的距离 l 可用螺杆来调节。重块质量为 $m=5\text{kg}$，圆杆的直径为 $D=20\text{mm}$。问重块距中点的距离 l 应等于多少时，吸振器的减振效果最好？

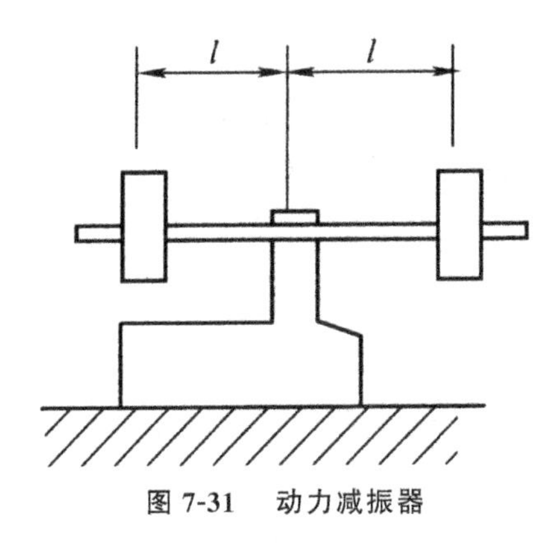

图 7-31　动力减振器

解：电动机机壳受迫振动的圆频率为

$$\omega = 2\pi f = 2\pi\frac{n}{60} = 2\pi \times \frac{1500}{60}\text{rad/s} = 50\pi\text{rad/s}$$

由前面的分析可知，当吸振器自身的固有频率 ω_n 与受迫振动频率 ω 相等时，吸振器的减振效果最好。重块的质量为 m，螺杆的质量忽略不计，螺杆的刚度系数 k 可由材料力学公式计算，有

$$k = \frac{3EI}{l^3}$$

式中：$I = \frac{\pi D^4}{64}$ 是螺杆截面惯性矩；$E = 2.1 \times 10^5\text{MPa}$ 是材料的弹性模量；l 为悬臂杆的杆长。

吸振器自身的固有频率为

$$\omega_n = \sqrt{\frac{k}{m}} = \sqrt{\frac{3E\pi D^4}{64ml^3}}$$

令 $\omega = \omega_n$，得杆长

$$l = \sqrt[3]{\frac{3E\pi D^4}{64m\omega^2}} = \sqrt[3]{\frac{3 \times 2.1 \times 10^5 \times \pi \times 20^4 \times 1000}{64 \times 5 \times 50^2 \times \pi^2}} = 342\text{mm}$$

以上计算由于没有考虑螺杆的质量，也没有考虑电动机转速的波动情况，所以计算结果只是近似值。实际安装重块时，还要对其位置进行微调。

7.5.2.2　阻尼动力吸振器的原理

工程实际中外激励频率不可能固定在某个频率不变，而是在一定范围内变动，因此需要动力吸振器在一定频率范围内起作用。有阻尼的动力吸振器可以满足上述要求，因此得到了较广泛的应用。图 7-32 表示了对应力激励下的单自由度系统采用有阻尼动力吸振器的情形。

对该系统进行分析建模，两个质量块的运动微分方程为

$$m_1\ddot{x}_1 + k_1x_1 + k_2(x_1 + x_2) + c_2(\dot{x}_1 - \dot{x}_2) = F_0\sin\omega t \quad (7\text{-}9)$$

$$m_2\ddot{x}_2 + k_2(x_2 - x_1) + c_2(\dot{x}_2 - \dot{x}_1) = 0 \quad (7\text{-}10)$$

假设其解的形式为

$$x_j(t) = X_j e^{j\omega t}\ (j = 1,2) \quad (7\text{-}11)$$

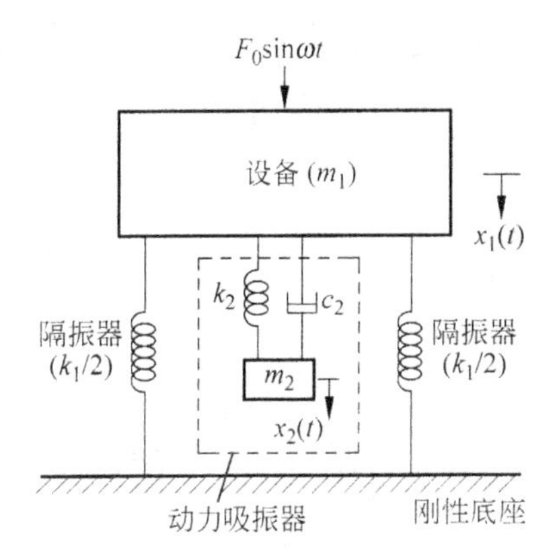

图 7-32　有阻尼动力吸振器

代入式(7-9)和式(7-10)后可以求出稳态解的振幅为

$$X_1=\frac{F_0(k_2-m_2\omega^2+\mathrm{j}c_2\omega)}{[(k_1-m_1\omega^2)(k_2-m_2\omega^2)-m_2k_2\omega^2]+\mathrm{j}\omega c_2(k_1-m_1\omega^2-m_2\omega^2)} \tag{7-12}$$

$$X_2=\frac{X_1(k_2+\mathrm{i}c_2\omega)}{k_2-m_2\omega^2+\mathrm{i}\omega c_2} \tag{7-13}$$

为了方便分析，引入下列无量纲的记号：

$\mu=m_2/m_1$—— 质量比＝吸振器质量 / 主质量

$\delta_{st}=F_0/k_1$—— 系统静变形

$\omega_a^2=k_2/m_2$—— 吸振器固有频率的平方

$\omega_n^2=k_1/m_1$—— 主质量固有频率的平方

$f=\omega_a/\omega_n$—— 固有频率比

$g=\omega/\omega_n$—— 激励频率比

$c_c=2m_2\omega_n$—— 临界阻尼系数

$\zeta=c_2/c_c$—— 阻尼比

X_1 和 X_2 的大小可以表示为

$$\frac{X_1}{\delta_{st}}=\left[\frac{(2\zeta g)^2+(g^2-f^2)^2}{(2\zeta g)^2(g^2-1+\mu g^2)^2+\{\mu f^2g^2-(g^2-1)(g^2-f^2)\}^2}\right]^{1/2} \tag{7-14}$$

$$\frac{X_2}{\delta_{st}}=\left[\frac{(2\zeta g)^2+f^4}{(2\zeta g)^2(g^2-1+\mu g^2)^2+\{\mu f^2g^2-(g^2-1)(g^2-f^2)\}^2}\right]^{1/2} \tag{7-15}$$

式(7-14)表明,主质量的振幅是μ,f,g和ζ的函数。图7-33、图7-34是当$f=1$,$\mu=1/20$时不同的ζ值对应的$|X_1/\delta_{st}|$与频率比$g=\omega/\omega_n$的关系曲线。

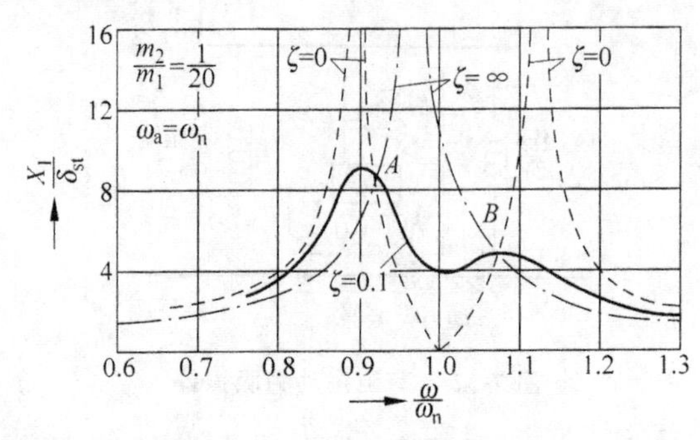

图7-33　动力吸振器的传递特性

分析图7-33可以看出,无论阻尼比为何值,X_1/δ_{st}响应曲线均经过A、B两点,也就是说,当频率比位于A点和B点相应的频率比f_1和f_2值时,主机械系统受迫振动的振幅与阻尼比的大小无关。这一物理现象是设计有阻尼动力吸振器的重要依据。其减振作用主要是阻尼元件在振动过程中吸收振动能量来达到减振的目的。

将$\zeta=0$和$\zeta=\infty$两种临界情况代入式(7-14),并令两者相等,可以确定A点和B点的横坐标:

$$g^4-2g^2\left(\frac{1+f^2+\mu f^2}{2+\mu}\right)+\frac{2f^2}{2+\mu}=0 \tag{7-16}$$

方程(7-16)的两个根对应着A和B两点的频率比,$g_A=\omega_A/\omega$和$g_B=\omega_B/\omega$。代入式(7-14)就得到A点和B点的纵坐标。既然无论ζ值如何,所有的幅频响应曲线都要经过A、B两点。因此,X_1/δ_{st}的最高点都不会低于A、B两点的纵坐标。为了获得较好的消振效果,就应该设法降低A、B两点,并使A、B两点的纵坐标相等,且成为曲线上的最高点。设计有阻尼动力减振器时,使主系统振幅X_1与静变位δ_{st}的比值就会减小,并限制在A、B两点所对应的振幅以下。如图7-34所示,为调整后的吸振器的传递特性。这种情况要求

$$f=\frac{1}{1+\mu} \tag{7-17}$$

满足式(7-17)的吸振器称为调谐吸振器。先将式(7-17)代入式(7-14),使所得方程对应着最优调谐设计的情况。然后将化简后的式(7-14)对 g 求导,得到曲线 X_1/δ_{st} 的斜率。令斜率在 A 和 B 处为零,可得

$$\text{对 } A \text{ 点:} \zeta^2=\frac{\mu\left\{3-\sqrt{\frac{\mu}{\mu+2}}\right\}}{8(1+\mu)^3} \tag{7-18}$$

$$\text{对 } B \text{ 点:} \zeta^2=\frac{\mu\left\{3+\sqrt{\frac{\mu}{\mu+2}}\right\}}{8(1+\mu)^3} \tag{7-19}$$

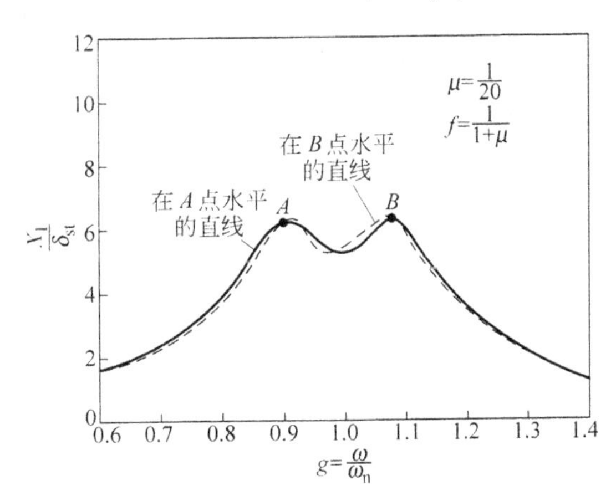

图 7-34　调整后的吸振器

从而得出最优的阻尼比 ζ 以及相应的 X_1/δ_{st}。设计时一般可以按下式取式(7-18)和式(7-19)的平均值:

$$\zeta^2_{\text{optimal}}=\frac{3\mu}{8(1+\mu)^3} \tag{7-20}$$

相应的 X_1/δ_{st} 的最优解为

$$\left(\frac{X_1}{\delta_{st}}\right)_{\text{optimal}}=\left(\frac{X_1}{\delta_{st}}\right)_{\max}=\sqrt{1+\frac{2}{\mu}} \tag{7-21}$$

此动力减振器有如下一些特点。

(1) 能够使小振幅继续减小

经典动力减振器的作用是直接减小振体的振幅,因此当原振幅很小时就难以起到应有的作用。而这种动力减振器的作用是直接减小振体所受到的惯性激振力,间接减小振体的振幅。由于使用它总能使激振力减小,所以对于即使原来已经很小的振幅,也能起到继续减幅的作用。

(2) 便于灵活使用

由于这种动力减振器使主质量振幅 $x_{10}=0$ 所对应的频率点,既可以在两个共振峰所对应的频率点之间,也可以在它们之外,这就为更加合理地使用减振器提供了有利的条件。

(3) 可以提高机械效率

当主系统的振幅 $x_{10}=0$ 时,主质量与惯性质量的相互作用力 $F_0=0$。这就意味着,在理想状态下系统的运动不再需要输入能量,虽然在实际应用中由于阻尼的存在而不可能不需要输入能量,但对处于正常状态下工作的系统,总可以减小所需要的输入功率。因此使用这种动力吸振器,为在不增加动力系统功率的条件下提高机械转速提供了可能性。并且,由于主质量与惯性质量之间相互作用力的减小,机械传动机构的受力状况也得到了改善。

(4) 减振效果好

如果参数选得合适可使振幅减小 60% 以上。动力减振器不仅能减小作为刚体的主系统振动,而且也能用于减小结构(指弹性体)的振动。如加拿大多伦多的世界最高的电视塔与美国纽约的 Citicorp 顶部都装有动力吸振器以减小风激振动。后者的吸振器质量为 400t,能使高层建筑摆动幅值减小到原来的 40% 以下。

【例 7-5】 试设计一阻尼吸振器,已知主系统的质量 $m_1=100\text{kg}$,其静刚度 $k_1=196\times10^3\text{N/m}$,受到一简谐激振力 $Q_1\sin\omega t$ 的作用,激振力幅值 $Q_1=98\text{N}$。要求安装阻尼吸振器后,主系统最大振幅 $X_1\leqslant2.3\text{mm}$。

解:主系统的静变位为

$$\delta_{st}=\frac{Q_1}{k_1}=\frac{98}{196\times103}=0.0005\text{m}=0.5\text{mm}$$

根据消振要求，质量比 μ 为

$$\mu=\frac{2}{\left(\frac{X_1}{\delta_{st}}\right)^2-1}=\frac{2}{\left(\frac{2.3}{0.5}\right)^2-1}=0.099\approx\frac{1}{10}$$

故吸振器的质量 m_2 为

$$m_2=\mu m_1=100\times\frac{1}{10}=10\text{kg}$$

最佳频率比 f 为

$$f=\frac{1}{1+\mu}=\frac{10}{11}$$

所以，吸振器的弹簧刚度 k_2 为

$$k_2=f^2\frac{k_1m_2}{m_1}=\left(\frac{10}{11}\right)^2\times\frac{196\times10^3\times10}{100}=16200\text{N/m}$$

吸振器的最佳阻尼比为

$$\zeta_{op}=\sqrt{\frac{3\mu}{8(1+\mu)^3}}=\sqrt{\frac{\frac{3}{10}}{8\left(\frac{11}{10}\right)^3}}=0.168$$

吸振器的固有频率 ω_{02} 为

$$\omega_{02}=\sqrt{\frac{k_2}{m_2}}=\sqrt{\frac{16200}{10}}=40.25\text{rad/s}$$

吸振器的最佳阻尼系数 c_{op} 为

$$c_{op}=2m_2\zeta_{op}\omega_{02}=2\times10\times0.168\times40.25=135\text{N}\cdot\text{s/m}$$

最后，验算一下主系统安装阻尼消振器后的最大振幅

$$X_1=\frac{Q_1}{k_1}\sqrt{1+\frac{2}{\mu}}=\frac{98}{196\times10^3}\sqrt{1+\frac{2}{\frac{1}{10}}}=2.29\text{mm}<2.3\text{mm}$$

7.5.3　动力吸振器的应用

图 7-35 中给出了一个针对动力吸振器在弹性支撑杆的应用

实例。图(a)表示一个控制器的主结构，为一个由两个弹簧支撑的刚性杆，杆上有两个质量块。考虑系统在平面内的运动，包含了一个平动自由度和一个转动自由度。当采用动力吸振器对主系统进行振动控制时，图(b)中在两个质量系统中间的质心处放置一个单自由度平动弹簧和质量，当整个系统作平动时，就能起到一个动力吸振器的作用。而在图(c)中，用一个两端带质量的悬臂梁刚性连接在主杆的质心处。此时，新增加的悬臂梁系统既可以起到平动动力吸振器的作用，同时可以起到转动动力吸振器的作用。根据外力的激励力特性，通过改变吸振器上的质量，就可以调节最优的吸振频率，最终起到降低主系统的平动方向和转动方向的振动量的作用。

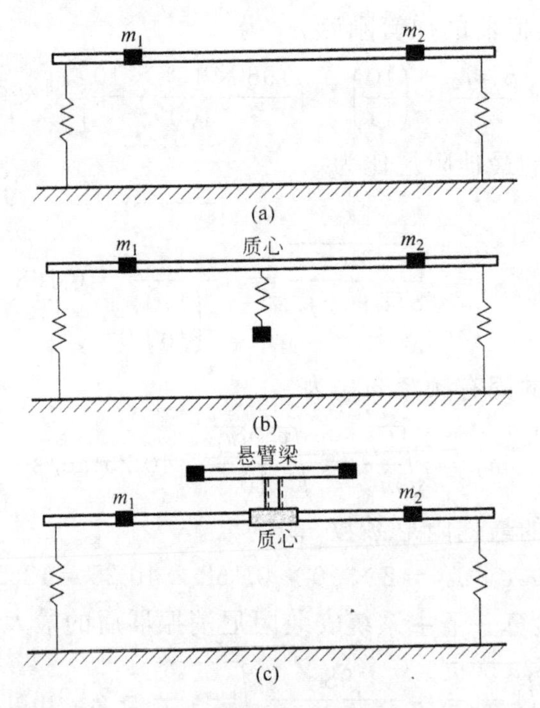

图 7-35　动力吸振器在弹性支撑杆的应用实例

阻尼动力吸振器适用于较宽的频率范围。这种阻尼器实际应用于柴油机或往复式发动机中，以吸收扭转振动为主。如图 7-36 所示，当吸振器做成扭转式时，它实际上是一个惯性矩为 J_d 的圆盘，在充满油的圆盘形空腔内自由旋转，油的黏性起了阻尼作用。若主系统惯性矩为 J，扭转刚度为 k_t，则扭转阻尼吸振器的力学模型与图 7-31 等效，通常称为霍戴尔（Houdaille）阻尼器。

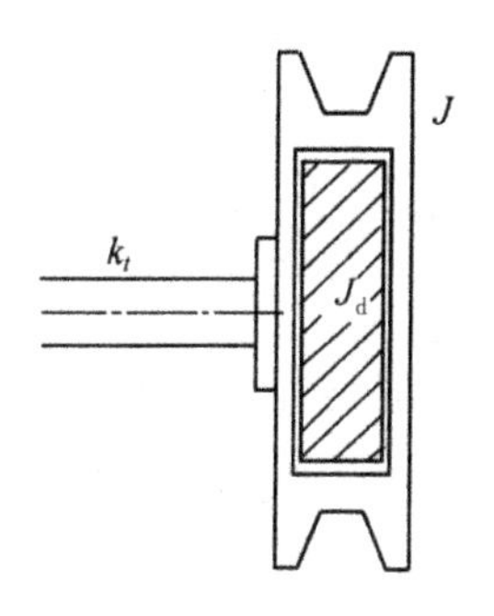

图 7-36　阻尼吸振器结构

参考文献

[1] 胡海岩.机械振动基础[M].北京:北京航空航天大学出版社,2005.

[2] 闻邦椿,刘树英,张纯宇.机械振动学[M].2 版.北京:冶金工业出版社,2011.

[3] 闻邦椿,刘树英,张纯宇.机械振动学[M]. 北京:冶金工业出版社,2000.

[4] 赵玫,周海亭,陈光冶,等.机械振动与噪声学[M]. 北京:科学出版社,2004.

[5] 王孚懋,任勇生,韩宝坤.机械振动与噪声分析基础[M]. 北京:国防工业出版社,2015.

[6] 吴天行,华宏星. 机械振动[M]. 北京:清华大学出版社,2014.

[7] 陈奎孚. 机械振动基础[M]. 北京:中国农业大学出版社,2010.

[8] 许福东,徐小兵,易先中.机械振动学[M].北京:机械工业出版社,2015.

[9] 陈奎孚. 机械振动教程[M]. 北京:中国农业大学出版社,2014.

[10] 程耀东,李培玉.机械振动学(线性系统)[M].杭州:浙江大学出版社,1988.

[11] 蔡敢为,陈家权,李兆军,等.机械振动学[M].武汉:华中科技大学出版社,2012.

[12] 杨国安. 机械振动基础[M]. 北京:中国石化出版社,2012.

[13] 王克,樊鹏.机械振动与噪声控制的理论、技术及方法

[M].北京:机械工业出版社,2015.

[14] 李晓雷,俞德孚,孙逢春.机械振动基础[M].2 版.北京:北京理工大学出版社,2013.

[15] 毛君.机械振动学[M].北京:北京理工大学出版社,2016.

[16] 张力.机械振动实验与分析[M].北京:北京交通大学出版社,2013.

[17] 闻邦椿.机械振动理论及应用[M].北京:高等教育出版社,2009.

[18] 张义民.机械振动 [M].北京:清华大学出版社,2007.

[19] 张春良,梅德庆,陈子辰.振动主动控制及应用[M].哈尔滨:哈尔滨工业大学出版社,2011.

[20] 欧珠光.工程振动[M].武汉:武汉大学出版社,2010.

[21] 张义民,李鹤.机械振动学基础[M].北京:高等教育出版社,2010.

[22] 刘习军,贾启芬,张素侠.振动理论及工程应用[M].北京:机械工业出版社,2016.

[23] 羊拯民.机械振动与噪声[M].北京:高等教育出版社,2011.

[24] 任兴民,秦卫阳,文立华.工程振动基础[M].北京:机械工业出版社,2006.

[25] 李有堂.机械振动理论与应用[M].北京:科学出版社,2012.

[26] 胡宗武,吴天行.工程振动分析基础[M].上海:上海大学出版社,2010.

[27]Rao S S.机械振动[M].4 版.李欣业,等,译.北京:清华大学出版社,2009.

[28] 盛美萍.噪声与振动控制技术基础[M].北京:科学出版社,2007.

[29] 吴天行,华宏星.工程振动分析基础[M].北京:清华大学

出版社，2014.

[30] 刘惠玲.环境噪声控制[M].哈尔冰：哈尔冰工业大学出版社，2002.

[31] 胡准庆.机械振动基础[M].北京：北京交通大学出版社，2013.